变频器工程应用

BIANPINQI GONGCHENG YINGYONG

周志敏　纪爱华　编

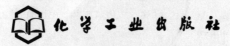

·北京·

图书在版编目（CIP）数据

变频器工程应用/周志敏，纪爱华编著. —北京：化学
工业出版社，2013.3
（跟工程师学技术）
ISBN 978-7-122-16255-7

I. ①变… II. ①周…②纪… III. ①变频器 IV. ①TN773

中国版本图书馆 CIP 数据核字（2013）第 003711 号

责任编辑：宋 辉　　　　　　　　　文字编辑：孙 科
责任校对：工素芹　　　　　　　　　装帧设计：王晓宇

出版发行：化学工业出版社（北京市东城区青年湖南街 13 号　邮政编码 100011）
印　　刷：北京云浩印刷有限责任公司
装　　订：三河市宇新装订厂
787mm×1092mm　1/16　印张 16½　字数 387 千字　2013 年 5 月北京第 1 版第 1 次印刷

购书咨询：010-64518888（传真：010-64519686）　售后服务：010-64518899
网　　址：http://www.cip.com.cn
凡购买本书，如有缺损质量问题，本社销售中心负责调换。

定　　价：48.00 元

前 言

FOREWORD

变频技术是采用电力半导体器件，将电压和频率固定不变的交流电变换为电压或频率可变的交流电能的一种静止变流技术。变频技术是应交流电动机无级调速的需要而诞生的，电力电子器件的发展促使变频技术不断发展。在以工频交流电为主的用电场合，变频技术具有广泛的应用前景。

变频器在结构和性能上的不断创新，使由其构成的变频调速系统在性能上不断完善，因此在电气传动领域得以广泛地应用，现已成为具有发展前景和影响力的一项高新技术产品。近年来随着工业自动化产业的高速发展，现代变频技术日益广泛地应用于电气传动领域。变频器已是现代电气传动领域的重要组成部分，由变频器构成的交流调速系统性能的优劣直接关系到整个系统的安全性和可靠性指标。为此，本书根据国内即将从事或已从事变频器工程应用的一线工程技术人员的实际需求，将变频器的理论基础、变频调速系统的工程设计、参数设置、系统调试、维护与试验有机地结合于一体，系统介绍变频器的工程应用技术。全书在写作上力求做到通俗易懂和结合实际，以使从事变频器工程应用的工程技术人员从中获益，本书是即将从事或已从事变频器工程应用技术人员必备的参考工具书。

本书由周志敏、纪爱华编著，参加本书编写工作的还有周纪海、纪达奇、刘建秀、顾发娥、刘淑芬、纪和平、纪达安等。本书在写作过程中，无论从资料的收集和技术信息交流上都得到了国内专业学者、同行及国内变频器制造商的大力支持，在此表示衷心地感谢。

由于时间短，水平有限，不妥之处，敬请读者批评指正。

编著者

目 录
CONTENTS

第1章

现代变频技术

1.1 变频器基础知识

1.1.1 变频器的基本原理及分类

(1) 变频器的基本原理

变频技术是应交流电动机无级调速的需要而诞生的，异步电动机调速的基本原理基于以下公式

$$n_1 = \frac{60 f_1}{p} \tag{1-1}$$

式中，n_1 为同步转速，r/min；f_1 为定子供电电源频率，Hz；p 为磁极对数。

一般异步电动机转速 n 与同步转速 n_1 存在一个滑差关系

$$n = n_1(1-s) = \frac{60 f_1}{p}(1-s) \tag{1-2}$$

式中，n 为异步电动机转速，r/min；s 为异步电动机转差率。

由式(1-2)可知，调速的方法可改变 f_1、p、s 其中任意一种达到，对异步电动机最好的方法是改变频率 f_1 实现调速控制。由电动机理论可知，三相异步电动机每相电势的有效值与下式有关

$$E_1 = 4.44 f_1 N_1 \Phi_m \tag{1-3}$$

式中，E_1 为定子每相电势有效值，V；f_1 为定子供电电源频率，Hz；N_1 为定子绕组有效匝数；Φ_m 为定子磁通，Wb。

针对式(1-3)可分成两种情况分析。

① 在频率低于供电的额定电源频率时属于恒转矩调速　变频器设计时为维持电动机输出转矩不变，必须维持每极气隙磁通 Φ_m 不变，从式(1-3)可知，也就是要使 $E_1/f_1 =$ 常数。如忽略定子漏阻抗压降，可以认为供给电动机的电压 U_1 与频率 f_1 按相同比例变化，即 $U_1/f_1 =$ 常数。但是在频率较低时，定子漏阻抗压降已不能忽略，因此要人为地提高定子电压，以作漏抗压降的补偿，维持 $E_1/f_1 \approx$ 常数。

② 在频率高于定子供电的额定电源频率时属于恒功率调速　此时变频器的输出频率 f_1 提高，但变频器的电源电压由电网电压决定，不能继续提高。根据式(1-3)，E_1 不能变，f_1 提高必然使 Φ_m 下降，由于 Φ_m 与电流或转矩成正比，因此也就使转矩下降，转矩虽然下降了，但因转速升高了，所以它们的乘积并未变，转矩与转速的乘积表征着功率。

因此这时候电动机处在恒功率输出的状态下运行。

由以上分析可知通用变频器对异步电动机调速时，输出频率和电压是按一定规律改变的，在额定频率以下，变频器的输出电压随输出频率升高而升高，即所谓变压变频调速（VVVF）。而在额定频率以上，电压并不变，只改变频率。

实际上多数变频调速场合是用于额定频率以下，低频时采用的补偿都是为了解决低频转矩的下降，其采用的方式多种多样。有矢量控制技术，直接转矩控制技术以及拟超导技术（森兰变频特有专利技术）等。其作用不外乎动态地改变低频时的变频器输出电压、输出相位或输出频率以达到低速时力矩的提升，并且稳定运行，又不至于电流太大而造成故障。

交-直-交变频器的工作原理是把工频交流电通过整流器变成平滑直流，然后利用半导体器件（GTO、GTR 或 IGBT）组成的三相逆变器，将直流电变成可变电压和可变频率的交流电，由于采用微处理器编程的正弦脉宽调制（SPWM）方法，使输出波形近似正弦波，用于驱动异步电动机，实现无级调速。利用变频器可以根据电动机负载的变化实现自动、平滑的增速或减速，基本保持异步电动机固有特性转差率小的特点，具有效率高、范围宽、精度高且能无级变速的优点。

（2）通用变频器的主要功能

① 基本功能

a. 基本频率。通常指输入工频交流的频率。

b. 自动加、减速控制。按照机械惯量 GD^2、负载特性自动确定加、减速时间，这一功能通常用于大惯性负载。

c. 加、减速时间。加、减速时间的选择决定调速系统的快速性，如果选择较短的加、减速时间，会提高生产效率。但是，若加速时间选择得太短，会引起过电流；若减速时间选择得太短，则会使频率下降得太快，电动机容易进入制动状态（电动机转速大于定子频率对应的同步转速，转差率变负），可能会引起过电压。

d. 加、减速方式。可选择线性加、减速方式和 S 形加、减速方式。

② 特殊功能

a. 低频定子电压补偿功能，通常称为电动机的转矩提升。

b. 跳频功能，由变频器供电的调速系统可能发生振荡，其发生振荡的原因是：电气频率与机械频率发生共振或是由纯电气引起。通常发生振荡是在某些频率范围内，为了避免发生振荡，可采用跳频功能。

c. 瞬时停电再启动功能，由于电动机有很大的惯性，在停电的数秒时间内，电动机的转速可能还在期望值的范围内。这样，变频器可以在恢复供电后继续给电动机按正常运行供电，而不需要将电动机停止后再重新启动。

（3）变频器的分类

① 按变换的环节分类

a. 交-交变频器。交-交变频器是将工频交流直接变换成频率电压可调的交流（转换前后的相数相同），又称直接式变频器。

b. 交-直-交变频器。交-直-交变频器是先把工频交流通过整流器变成直流，然后再把直流变换成频率电压可调的交流，又称间接式变频器，交-直-交变频器是目前广泛应用的通用型变频器。

② 按直流电源性质分类

a. 电流型变频器。电流型变频器的特点是中间直流环节采用大电感器作为储能环节来缓冲无功功率，即扼制电流变化，使电压波形接近正弦波，由于该直流环节内阻较大，故称电流源型变频器。电流型变频器的特点是能扼制负载电流的频繁而急剧的变化，常应用于负载电流变化较大的场合。

b. 电压型变频器。电压型变频器特点是中间直流环节的储能元件采用大电容器作为储能环节来缓冲无功功率，直流环节电压比较平稳，直流环节内阻较小，相当于电压源，故称电压型变频器，常应用于负载电压变化较大的场合。

③ 根据电压的调制方式分类

a. 脉宽调制（SPWM）变频器。脉宽调制变频器是通过调节脉冲占空比来实现变压、变频的，中、小容量的通用变频器几乎全都采用此类变频器。

b. 脉幅调制（PAM）变频器。脉幅调制变频器是通过调节直流电压幅值来实现变压、变频的。

④ 根据输入电源的相数分类

a. 三进三出变频器。三进三出变频器的输入侧和输出侧都是三相交流电。绝大多数变频器都属此类。

b. 单进三出变频器。单进三出变频器的输入侧为单相交流电，输出侧是三相交流电。家用电器里的变频器均属此类，通常容量较小。

（4）变频器的额定数据

① 输入侧的额定数据

a. 输入电压 U_{IN} 即电源侧的电压，在我国低压变频器的输入电压通常为 380V（三相）和 220V（单相）。中高压变频器的输入电压通常为 0.66kV、3kV、6kV（三相）。此外，变频器还对输入电压的允许波动范围作出规定，如 $\pm10\%$、$-15\%\sim+10\%$ 等。

b. 输入侧电源的相数如单相、三相。

c. 输入侧电源的频率 f_{IN}，即电源频率（常称工频），我国为 50Hz，频率的允许波动范围通常规定 $\pm5\%$。

② 输出侧的额定数据

a. 额定电压 U_N。因为变频器的输出电压要随频率而变，所以，U_N 定义为输出的最高电压。通常，它总是和输入电压 U_{IN} 相等的。

b. 额定电流 I_N。变频器允许长时间输出的最大电流。

c. 额定容量 S_N。由额定线电压 U_N 和额定线电流 I_N 的乘积决定：

$$S_N = U_N I_N \qquad (1-4)$$

d. 过载能力。指变频器的输出电流允许超过额定值的倍数和时间，大多数变频器的过载能力规定为 $150\%/\text{min}$。变频器的允许过载能力与电动机的允许过载能力相比，变频器的过载能力是很低的。

（5）电压源型变频器和电流源型变频器的特点

电压源型和电流源型变频器都属于交-直-交变频器，其主电路由整流器、平波电路和逆变器三部分组成。由于负载一般都是感性的，它和电源之间必有无功功率传送，因此在中间的直流环节中，需要有缓冲无功功率的元件。如果采用电容器来缓冲无功功率，则构成电压源型变频器；如采用电抗器来缓冲无功功率，则构成电流源型变频器，电压源型变频器和电流源型变频器的特点见表 1-1。

表 1-1　电压源型变频器和电流源型变频器的特点

项目	电流源型变频器	电压源型变频器
电流滤波方式	电感滤波	电容滤波
电压波形	近似正弦波（电动机负载）	矩形波（或阶梯形波）
电流波形	矩形波	近似正弦波
电动运行		
再生发电运行		
电源阻抗	大	小
适用范围	适用于单机拖动，频繁加、减速情况下运行，并需经常反向的场合	适用于向多台电动机供电，不可逆拖动，稳速工作，快速性要求不高的场合
其他	①对于电流源型变频器不需要换流电感器 ②可使用关断时间较长的普通晶闸管 ③过电流保护容易 ④不需要滤波电容	①对于电压源型变频器需要换流电感器 ②晶闸管承受电压低，要求晶闸管关断时间短 ③过电流保护困难 ④需要滤波电容

1.1.2　变频器主电路的结构

(1) 主电路

变频器给负载提供调压调频电源的功率变换部分称为变频器的主电路。典型的电压型变频器的主电路如图 1-1 所示。其主电路由三部分构成，将工频电源变换为直流的整流器、吸收整流器、逆变器产生的电压脉动的平波电路，以及将直流功转换为交流的逆变器。若系统的负载为异步电动机，在变频调速系统需要制动时，还需要附加制动回路。

① 整流器　变频器一般使用的是二极管整流器，如图 1-1 所示，它与单相或三相交流电源相连接，它把工频电源变换为直流电源。也可用两组晶体管整流器构成可逆变整流器，由于可逆变整流器功率方向可逆，可以进行再生运行。

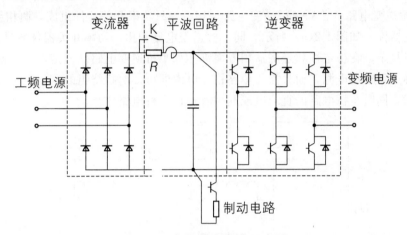

图 1-1　变频器主电路示意图

② 平波电路　整流后的直流电压中含有电源 6 倍频率脉动电压，而逆变器产生的脉动电流也使直流电压变动，为了抑制电压波动采用电感和电容吸收脉动电压（电流），一般通用变频器采用简单电容滤波平波电路。

③ 逆变器　同整流器相反，逆变器是将直流变换为所要求的可变压变频的交流，控制电路以所确定的时间控制 6 个开关器件导通、关断就可以得到 3 相变压变频交流输出。

④ 制动回路　异步电动机负载在再生制动区域使用时（转差率为负），再生能量储存在平波回路电容器中，使直流环节电压升高。一般说来，由机械系统（含电动机）惯量积累的能量比电容能储存的能量大，为抑制直流电路电压上升，需采用制动回路消耗直流电路中的再生能量，制动回路也可采用可逆整流器把再生能量向工频电网反馈。

⑤ 限流电路　限流电路由图 1-1 中限流电阻 R 及开关 K 构成，由于上电瞬间滤波电容端电压为零，上电瞬间电容充电电流较大，过大的电流可能损坏整流电路，为保护整流电路在变频器上电瞬间限流电阻串联到直流回路中，当电容充电到一定时间后通过开关 K 将电阻短路。

(2) 单相逆变主电路

① 半桥逆变电路　由于只需要输出两相电压，使得单相半桥逆变电路结构简单，仅需要 4 只功率变换器件组成两个桥臂即可。半桥逆变电路具有结构简单，功率开关器件数

目最少，成本低廉，稳定性高等优点。但是，对于单相电动机，采用半桥逆变电路面临这样一个问题：由于电动机的两相电流 I_1 及 I_2 在相位上相差 90°，因而流向中性点 N 的两相电流之和 I 是两相电流的矢量和。

$$i = i_1 + i_2 \tag{1-5}$$

对于用两只电容串联构成的中点电源，回馈电流 I 会使得变频器输出电压波动加大，而使电源的输出电容增大；同时，由于负载不对称带来的直流偏量还会使得中点电位向正（或负）方向持续漂移，给供电带来极大影响。所以，如何获得高质量的双极性直流电源是采用半桥逆变电路的关键所在。而采用 Cuk 和 Sepic 电路并联方式，来获取双极性直流电源的方式。但受到功率开关容量的限制，功率和输出电压的大小都有待提高，整个电路的实用性还有待验证。

② 全桥逆变电路　普通全桥逆变电路每相由 4 只功率开关器件组成，两相绕组共需 8 只功率开关器件，如图 1-2(a) 所示。同半桥逆变电路相比，功率开关器件数量比为 2：1，结构上变得复杂，在稳定性和经济适用方面都不如半桥逆变电路。但是，全桥逆变电路不再需要对称正负输出电源，而只需要单路稳压电源即可。两相绕组的电流也不再对电源形成大的干扰，同时全桥电路的直流电压利用率也比半桥电路要高。

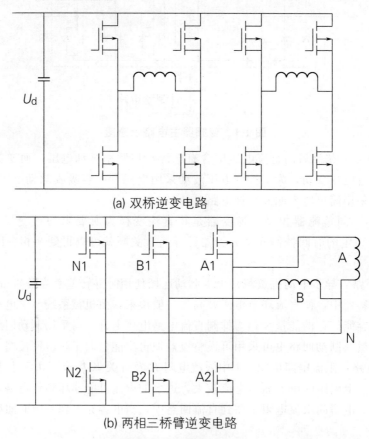

(a) 双桥逆变电路

(b) 两相三桥臂逆变电路

图 1-2　全桥逆变电路

鉴于开关器件的数目较多，在实际应用中将图 1-2(a) 中的中间两只桥臂合二为一，成为两套绕组的公共桥臂，就得到了图 1-2(b) 所示的两相三桥臂全桥逆变电路。其中的公共桥臂分别同左、右桥臂组合，构成两相全桥逆变。

两相三桥臂全桥逆变电路继承了全桥逆变电路的优点，同时有效地减少了开关器件的数目。在直流电压 U_d 相同的情况下，其输出电压值可达到全桥电路的 70% 以上。在逆变桥结构上，两相三桥臂电路同三相半桥逆变电路完全一致，因此，容易从已有的六单元功率模块移植过来使用，其输出也可在三相同两相之间灵活转换。而目前三相逆变电路用的六单元功率模块的发展已经成熟，尤其是在小功率应用场合。

（3）变频器的功率开关器件

门极可关断（GTO）晶闸管是目前能承受电压最高和流过电流最大的全控型（亦称自关断）开关器件。它能由门极控制导通和关断，具有电流密度大、管压降低、导通损耗小、可承受高 du/dt 变化率等突出优点，目前 GTO 额定电压和额定电流已达 6kV/6kA 的生产水平，最适合大功率应用。但是 GTO 有不足之处，那就是门极为电流控制，驱动电路复杂，驱动功率大（关断增益 $\beta=3\sim5$）；关断过程中内部成百甚至上千个 GTO 元胞不均匀性引起阴极电流收缩（挤流）效应，在应用中必须采取相应的措施限制 du/dt。为此需要缓冲电路（亦称吸收电路），采用缓冲电路既增大变频器的体积、重量、成本，又增加损耗。另外，GTO "拖尾" 电流使关断损耗大，因而开关频率低。

在 GTO 的基础上，近年开发出一种门极换流晶闸管（GCT），它采用了一些新技术，如穿透型阳极，使电荷存储时间和拖尾电流减小，制约了二次击穿，可无缓冲器运行；GCT 的 N 缓冲层，使硅片厚度以及通态损耗和开关损耗减少；GCT 的特殊的环状门极，使 GCT 开通时间缩短且串、并联容易。因此，GCT 除有 GTO 高电压、大电流、低导通压降的优点，又改善了其开通和关断性能，使工作频率有所提高。

为了尽快将开关器件关断（例如 1μs 内），要求在门极 PN 不致击穿的电压下（-20V）能获得快于 4000A/μs 的变化率，以使阳极电流全部经门极极快泄流（即关断增益为1），必须采用低电感触发电路。为此，将这种门极电路配以 MOSFET 器件与 GCT 功率组件集成在一起，构成集成门极换流晶闸管（IGCT）。IGCT 还可将续流二极管做在同一芯片上集成逆导型，可使装置中器件数量减少。

绝缘栅双极晶体管（IGBT）是一种复合型全控器件，具有 MOSFET（输入阻抗高、开关速度快）和 GTR（耐压高、电流密度大）二者的优点。栅极为电压控制，驱动功率小；开关损耗小，工作频率高；没有二次击穿，不需缓冲电路；是目前中等功率电力电子装置中的主流器件。除低压 IGBT（1700V/1200A）外，已开发出高压 IGBT，可达 3.3kV/1.2kA 或 4.5kV/0.9kA 的水平。IGBT 的不足之处是：高压 IGBT 内阻大，因而导通损耗大；低压 IGBT 应用于高压电路需多个串联。表 1-2 为 GTO、IGCT、IGBT 的一些技术参数的比较。由表 1-2 可以得出，在 1kHz 以下，IGCT 有一定优点；在较高工作频率下，高压 IGBT 更具优势。

除上述几种器件外，现在还在开发一些新器件，例如新型大功率 "注入增强栅极晶体管"（IEGT），它兼有 IGBT 和 GTO 二者优点，即开关特性相当于 IGBT，工作频率高，栅极驱动功率小（比 GTO 小两个数量级）；而由于电子发射区注入增强，使器件的饱和压降进一步减小；功率相同时，缓冲电路的容量为 GTO 的 1/10，安全工作区宽。现已有 4.5kV/1kA 的器件，可应用于高频电路。

表 1-2　GTO、IGCT、IGBT 参数比较

器　　件	GTO	IGCT	IGBT
通态压降 /V	3.2	1.9	3.4
门极驱动功率 /W	80	15	1.5
存储时间 /μs	20	1～3.4	0.9
尾部电流时间 /μs	150	0.7	0.15
工作频率 /kHz	0.5	1	20

1.1.3　变频器控制电路构成

变频器的控制电路是给变频器主电路提供控制信号的回路，变频器控制电路如图 1-3 所示，它将信号传送给整流器、中间电路和逆变器，同时它也接收来自这些部分的信号。其主要组成部分是：输出驱动电路、操作控制电路。主要功能是：

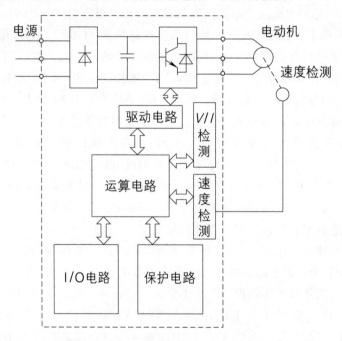

图 1-3　变频器控制电路图

① 利用信号来开关逆变器的半导体器件。
② 提供操作变频器的各种控制信号。
③ 监视变频器的工作状态，提供保护功能。

（1）控制电路

控制电路包括：频率、电压的运算电路、主电路的电压、电流检测电路，用于变频调速系统的电动机速度检测电路，将运算电路的控制信号进行放大的驱动电路，以及逆变器和负载的保护电路。

① 运算电路　运算电路的功能是将变频器的电压、电流检测电路的信号及变频器外部负载的非电量（速度、转矩等经检测电路转换为电信号）信号与给定的电流、电压信号进行比较运算，决定逆变器的输出电压、频率。

② 电压、电流检测电路　变频器的电压、电流检测电路是采用电隔离检测技术来检测主回路的电压、电流，检测电路对检测到的电压、电流信号进行处理和转换，以满足变频器控制电路的需要。

③ 驱动电路　变频器驱动电路的功能是在控制电路的控制下，产生足够功率的驱动信号使主电路开关器件导通或关断，控制电路是采用电隔离技术实现对驱动电路的控制。

④ I/O 输入输出电路　变频器的 I/O 输入输出电路的功能是为了使变频器更好地实现人机交互，变频器具有多种输入信号（如运行、多段速度运行等），还有各种内部参数的输出（如电流、频率、保护动作驱动等）信号。

⑤ 速度检测电路　速度检测电路以装在电动机轴上的速度检测器（TG、PLG 等）为核心，将检测到的电动机速度信号进行处理和转换，送入运算回路，根据指令和运算可使电动机按指令速度运转。

（2）保护电路

变频器的保护电路是通过检测主电路的电压、电流等参数来判断变频器的运行工况，当发生过载或过电压等异常时，为了防止变频器的逆变器和负载损坏，使变频器中的逆变电路停止工作或抑制输出电压、电流值。变频器中的保护电路，可分为变频器保护和负载（异步电动机）保护两种，表 1-3 为保护功能一览。

表 1-3　保护功能一览

保护对象	保护功能	保护对象	保护功能
变频器保护	瞬时过电流保护 过载保护 再生过电压保护 瞬时停电保护 接地过电流保护 冷却风机保护	异步电动机保护 其他保护	过载保护 超频(超速)保护 防止失速过电流 防止失速再生过电压

① 变频器保护功能

a. 瞬时过电流保护。在变频器逆变器的负载侧发生短路时，流过逆变器开关器件的电流达到异常值（超过容许值）时，瞬时过电流保护动作停止逆变器运行。当整流器的输出电流达到异常值，也同样停止逆变器运行。

b. 过载保护。在变频器逆变器的输出电流超过额定值，且电流持续时间达到规定值以上时，为了防止逆变器的开关器件损坏，过载保护动作停止逆变器运行。过载保护需要反时限特性，采用热继电器或者电子热保护（由电子电路构成）。

c. 再生过电压保护。变频调速系统在电动机快速减速时，由于再生功率使变频器的直流电路电压升高，有时会超过容许值。可以采取停止逆变器运行或停止快速减速的方法，防止变频器过电压。

d. 瞬时停电保护。对于数毫秒以内的瞬时停电，变频器控制电路是可以正常工作的。但瞬时停电时间如果达数 10ms 以上时，通常不仅控制电路误动作，主电路也不能供电，所以变频器应设置瞬时停电保护，在发生瞬时停电后使变频器逆变器停止运行。

e. 接地过电流保护。变频器逆变器负载接地时，为了保护逆变器需要设置接地过电流保护功能。但为了确保人身安全，还需要装设漏电断路器。

f. 冷却风机异常。有冷却风机的变频器，当风机异常时变频器内温度将上升，因此采用风机热继电器或器件散热片温度传感器，检出异常后停止变频器逆变器运行。

② 负载的保护

a. 过载保护。负载过载检出单元与变频器逆变器过载保护共用，但考虑变频调速系统电动机在低速运转时过热，在电动机定子内埋入温度传感器，或者利用装在逆变器内的电子热保护来检出电动机的过热。当电动机过载保护动作频繁时，可以考虑减轻电动机负载、增加电动机及变频器容量等。

b. 超额（超速）保护。变频器的输出频率或者变频调速系统的电动机的速度超过规定值时，超额（超速）保护动作，停止变频器运行。

③ 其他保护

a. 防止失速过电流。变频调速系统在急加速时，如果电动机跟踪迟缓，则过电流保护电路动作，运转就不能继续进行（失速）。所以，在负载电流减小之前要进行控制，抑制频率上升或使频率下降。对于恒速运转中的过电流，有时也进行同样的控制。

b. 防止失速再生过电压。变频调速系统在减速时产生的再生能量使主电路直流电压上升，为了防止再生过电压电路保护动作，在直流电压上升之前要进行控制，抑制频率下降，防止调速系统失速。

（3）半桥、全桥逆变器控制

单相电动机采用半桥逆变电路时，可将诸如 SPWM 和 SVPWM 等调速技术方便地移植到单相电动机调速中来。在分析单相控制电路时，假设单相电动机的两绕组对称，即两相绕组相同，空间上相互垂直。同时假定正负电源对称，幅值恒定，中性点 N 不因电流 I 的注入而浮动。

① 半桥 SPWM 控制　单相电动机采用 SPWM 控制技术时，由于要保证两相绕组中的电流相位差为 90°，所以，两路调制信号的相位也要设定为相差 90°。SPWM 控制的优点是谐波含量低，滤波器设计简单，容易实现调压、调频功能。但是，SPWM 的缺点也很明显，即直流电压利用率低，适合模拟电路，不便于数字化方案的实现。

② 半桥 SVPWM 控制　依据电动机学的知识可知，电压空间矢量同气隙磁场之间存在如下关系：

$$U = \mathrm{d}\varphi / \mathrm{d}t \tag{1-6}$$

通过控制电压空间矢量来控制电动机气隙磁场的旋转，所以 SVPWM 控制又称为磁链轨迹控制。两相半桥逆变电路中开关器件 S_1 和 S_2，S_3 和 S_4 的开关逻辑互补，则 4 只开关器件只能产生 4 个电压矢量，如图 1-4 所示。

从矢量图来看，在两相半桥逆变电路中，不会产生零电压矢量。为了合成一个幅值为 U_α，相角为 α 的电压矢量，在矢量分解时，其 X 轴的分量要有 E_1 和 E_2 共同完成，而 Y 轴分量要由 E_3 和 E_4 共同完成。

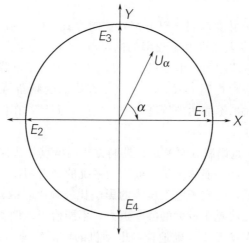

图 1-4　电压矢量图

在一个开关周期 T 内，E_1 作用的时间为 t_1，则 E_2 作用的时间为 $T-t_1$。E_3 作用的时间为 t_2，而 E_4 作用的时间为 $T-t_2$。根据矢量分解可以得到式(1-7) 和式(1-8) (矢量 E_1、E_2、E_3、E_4 的大小均为 $U_d/2$)：

$$t_1 = \frac{U_a\cos\alpha + U_d/2}{U_d}T \tag{1-7}$$

$$t_2 = \frac{U_a\sin\alpha + U_d/2}{U_d}T \tag{1-8}$$

半桥逆变电路在采用 SVPWM 控制时，输出相电压的最大值为 $U_d/2$。

③ 两相三桥臂全桥逆变 SPWM 控制　三桥臂全桥逆变器采用 SPWM 控制时，在图 1-2(b) 中由 N_1 及 N_2 构成的公共桥臂要同时接入电动机的两相绕组中，所以在调制时，公共桥臂的调制波就不同于 A 及 B 桥臂的调制波。整个逆变电路具体调制方法为：在载波相同的情况下，A 及 B 相调制波为正弦波，相位上 A 相超前 B 相 90°(电动机正转，反之，B 相超前 A 相 90°，则电动机反转)；公共桥臂则采用恒定占空比的方法调制，上下桥臂占空比均为 50%。为此在 A 及 B 绕组上得到幅值相等，相位相差 90°的正弦电压。电压幅值与调制度 m 成正比。当 $m=1$ 时，输出电压峰值达到最大，为 $U_d/2$。依据电动机的 U/F 曲线和输出电压与 m 的关系，即可实现两相电动机的变压变频调速控制。

1.1.4　变频器控制方式的分类

变频器对电动机进行控制是根据电动机的特性参数及电动机运转要求，为电动机提供可控的电压、电流、频率以达到负载的要求。即使变频器的主电路一样，逆变器件也相同，单片机位数也一样，只是控制方式不一样，其控制效果是不一样的，目前变频器常用的控制方式分为非智能控制方式和智能控制方式。

（1）非智能控制方式

在交流变频器中使用的非智能控制方式有 U/f 协调控制、转差频率控制、矢量控制、直接转矩控制等。低压通用变频器的最高输出电压为 380V 或 650V，输出功率在 $0.75\sim 400\mathrm{kW}$，工作频率在 $0\sim 400\mathrm{Hz}$，它的主电路都采用交-直-交电路。其控制方式经历以下四代。

①U/f＝常数的正弦脉宽调制（SPWM）控制方式　U/f控制是为了得到理想的转矩-速度特性，基于在改变电动机电源频率的同时改变电动机电源的电压，使电动机磁通保持一定，在较宽的调速范围内，电动机的效率、功率因数不下降的思想而提出的，通用型变频器基本上都采用这种控制方式。U/f控制方式的变频器结构非常简单，但是这种变频器采用开环控制方式，不能达到较高的控制性能，而且，在低频时，必须进行转矩补偿，以改变低频转矩特性。

U/f＝常数的正弦脉宽调制（SPWM）控制方式的特点是：控制电路结构简单、成本较低，机械特性硬度也较好，能够满足一般传动系统的平滑调速要求。这种控制方式在低频时，由于输出电压较低，受定子电阻压降的影响比较显著，故造成输出最大转矩减小。转速极低时，电磁转矩无法克服较大的静摩擦力，不能恰当地调整电动机的转矩补偿和适应负载转矩的变化；其次是无法准确地控制电动机的实际转速。由于恒U/f变频器是转速开环控制，由异步电动机的机械特性可知，设定值为定子频率也就是理想空载转速，而电动机的实际转速由转差率所决定，所以U/f恒定控制方式存在的稳定误差不能控制，故无法准确控制电动机的实际转速。另外，其机械特性没有直流电动机硬，动态转矩能力和静态调速性能都不理想，所以U/f＝常数控制方式的系统性能不高、控制曲线会随负载的变化而变化，转矩响应慢、电动机转矩利用率不高，低速时因定子电阻和逆变器死区效应的存在而性能下降，使系统的稳定性变差等。

②电压空间矢量（磁通轨迹法，又称SVPWM）控制方式　它是以三相波形整体生成为前提，以逼近电动机气隙的理想圆形旋转磁场轨迹为目的，一次生成三相调制波形。以内切多边形逼近圆的方式而进行控制的。经实践使用后又有所改进：引入频率补偿，能消除速度控制的误差；通过反馈估算磁链幅值，消除低速时定子电阻的影响；将输出电压、电流构成闭环，以提高动态的精度和稳定度。但控制电路环节较多，且没有引入转矩调节，所以系统性能没有得到根本改善。

③矢量控制（磁场定向法）又称VC控制　20世纪70年代西门子工程师F. Blaschke首先提出异步电动机矢量控制理论来解决交流电动机转矩控制问题，矢量控制变频调速的方法是：将异步电动机在三相坐标系下的定子交流电流I_a、I_b、I_c通过三相-两相变换，等效成两相静止坐标系下的交流电流I_{a1}、I_{b1}，再通过按转子磁场定向旋转变换，等效成同步旋转坐标系下的直流电流I_{m1}、I_{t1}（I_{m1}相当于直流电动机的励磁电流；I_{t1}相当于直流电动机与转矩成正比的电枢电流），然后模仿直流电动机的控制方法，求得直流电动机的控制量，经过相应的坐标反变换，实现对异步电动机的控制。

矢量控制的实质是将交流电动机等效为直流电动机，分别对速度、磁场两个分量进行独立控制。通过控制转子磁链，以转子磁通定向，然后分解定子电流而获得转矩和磁场两个分量，经坐标变换，实现正交或解耦控制。矢量控制方法的提出具有划时代的意义，然而在实际应用中，由于转子磁链难以准确观测，系统特性受电动机参数的影响较大，且在等效直流电动机控制过程中所用矢量旋转变换较复杂，使得实际的控制效果难以达到理想分析的结果。

矢量控制方式又分为基于转差频率的矢量控制方式、无速度传感器矢量控制方式和有速度传感器的矢量控制方式等。基于转差频率的矢量控制方式与转差频率控制方式两者的主要区别是：基于转差频率的矢量控制还要经过坐标变换对电动机定子电流的相位进行控制，使之满足一定的条件，以消除转矩电流过渡过程中的波动。因此，基于转差频率的矢量控制方式比转差频率控制方式在输出特性方面能得到很大的改善。但是，这种控制方式属于闭环控制方式，需要在电动机上安装速度传感器，因此，应用范围受到限制。

无速度传感器矢量控制是通过坐标变换处理，分别对励磁电流和转矩电流进行控制，然后通过控制电动机定子绕组上的电压、电流辨识转速以达到控制励磁电流和转矩电流的目的。这种控制方式调速范围宽，启动转矩大，工作可靠，操作方便，但计算比较复杂，一般需要专门的处理器来进行计算，因此，实时性不是太理想，控制精度受到计算精度的影响。

采用矢量控制方式的通用变频器不仅可在调速范围上与直流电动机相匹配，而且可以控制异步电动机产生的转矩。由于矢量控制方式所依据的是准确的被控异步电动机的参数，有的通用变频器在使用时需要准确地输入异步电动机的参数，有的通用变频器需要使用速度传感器和编码器。目前新型矢量控制通用变频器中已经具备异步电动机参数自动检测、自动辨识、自适应功能，带有这种功能的通用变频器在驱动异步电动机进行正常运转之前可以自动地对异步电动机的参数进行辨识，并根据辨识结果调整控制算法中的有关参数，从而对普通的异步电动机进行有效的矢量控制。

④ 直接转矩控制（DTC 控制） 在 20 世纪 80 年代中期，德国学者 Depenbrock 于 1985 年提出直接转矩控制，其思路是把电动机和逆变器看成一个整体，采用空间电压矢量分析方法在定子坐标系进行磁通、转矩计算，通过跟踪 PWM 逆变器的开关状态直接控制转矩。因此，无需对定子电流进行解耦，免去矢量变换的复杂计算，控制结构简单。该技术在很大程度上解决了矢量控制的不足，并以新颖的控制思想、简洁明了的系统结构、优良的动静态性能得到了迅速发展。目前，该技术已成功地应用在电力机车牵引的大功率交流传动上。

直接转矩控制技术是利用空间矢量、定子磁场定向的分析方法，直接在定子坐标系下分析异步电动机的数学模型，计算与控制异步电动机的磁链和转矩，采用离散的两点式调节器（Band-Band 控制），把转矩检测值与转矩给定值作比较，使转矩波动限制在一定的误差范围内，误差的大小由频率调节器来控制，并产生 PWM 脉宽调制信号，直接对逆变器的开关状态进行控制，以获得高动态性能的转矩输出。它的控制效果不取决于异步电动机的数学模型是否能够简化，而是取决于转矩的实际状况，它不需要将交流电动机与直流电动机作比较、等效、转化，即不需要模仿直流电动机的控制，由于它省掉了矢量变换方式的坐标变换与计算和为解耦而简化异步电动机数学模型，没有通常的 PWM 脉宽调制信号发生器，所以它的控制结构简单、控制信号处理的物理概念明确、系统的转矩响应迅速且无超调，是一种具有高静、动态性能的交流调速控制方式。即使在开环的状态下，也能输出 100％的额定转矩，对于多拖动具有负荷平衡功能。

⑤ 矩阵式交-交方式 VVVF 变频、矢量控制变频、直接转矩控制变频都是交-直-交变频控制方式中的一种，其共同缺点是输入功率因数低，谐波电流大，直流回路需要大的储能电容，再生能量又不能反馈回电网，即不能进行四象限运行。为此，矩阵式交-交变频应运而生。由于矩阵式交-交变频省去了中间直流环节，从而省去了体积大、价格贵的电解电容。它能实现功率因数为 1，输入电流为正弦且能四象限运行，系统的功率密度

大。该技术目前虽尚未成熟，但仍吸引着众多的学者深入研究。其实质不是间接控制电流、磁链等量，而是把转矩直接作为被控制量来实现的。具体方法是：

a. 引入定子磁链观测器，实现无速度传感器方式。

b. 依靠精确的电动机数学模型，对电动机参数自动识别。

c. 依据定子阻抗、互感、磁饱和因素、惯量等算出实际的转矩、定子磁链、转子速度进行实时控制。

d. 按磁链和转矩的 Band-Band 控制产生 PWM 信号，对逆变器开关状态进行控制。

矩阵式交-交方式具有快速的转矩响应（<2ms），很高的速度精度（±2%，无 PC 反馈），高转矩精度（<+3%）。具有较高的启动转矩，尤其在低速时（包括 0 速度时），可输出 150%~200%转矩。

⑥ 最优控制 最优控制是基于最优控制理论，根据最优控制的理论对某一个控制要求进行个别参数的最优化。在实际的应用中，控制系统根据要求的不同而有所不同，例如在高压变频器的控制应用中，就成功地采用了时间分段控制和相位平移控制两种策略，以实现一定条件下的电压最优波形。

⑦ 其他非智能控制方式 在实际应用中，还有一些非智能控制方式在变频器的控制中得以实现，例如自适应控制、滑模变结构控制、差频控制、环流控制、频率控制等。

（2）智能控制方式

智能控制方式主要有神经网络控制、模糊控制、专家系统、学习控制等，目前智能控制方式在变频调速控制系统中的具体应用中已取得一些成功的经验。

① 神经网络控制 神经网络控制方式通常应用在比较复杂的变频调速控制系统中，由于对于系统的模型了解甚少，因此神经网络既要完成系统辨识的功能，又要进行控制。而且神经网络控制方式可以同时控制多个变频器，因此神经网络控制在多个变频器级联时进行控制比较适合，但是神经网络的层数太多或者算法过于复杂都会在具体应用中带来不少实际困难。

② 模糊控制 在变频调速控制系统中采用模糊控制，通过控制变频器的电压和频率，使电动机的升速时间得到控制，以避免升速过快对电动机使用寿命的影响；以及升速过慢影响系统的工作效率。模糊控制的关键在于论域、隶属度以及模糊级别的划分，这种控制方式尤其适用于多输入单输出的控制系统。

③ 专家系统 专家系统是利用所谓"专家"的经验进行控制的一种控制方式，因此，专家系统中一般要建立一个专家库，存放一定的专家信息，另外还要有推理机制，以便于根据已知信息寻求理想的控制结果。专家库与推理机制的设计是尤为重要的，关系着专家系统控制的优劣。应用专家系统既可以控制变频器的电压，又可以控制其电流。

④ 学习控制 学习控制主要是用于重复性的输入，规则的 PWM 信号（例如中心调制 PWM）恰好满足这个条件，因此学习控制也可用于变频器的控制中。学习控制不需要了解太多的系统信息，但是需要 1~2 个学习周期，因此快速性相对较差，而且，学习控制的算法中有时需要实现超前环节，这用模拟器件是无法实现的，同时，学习控制还涉及一个稳定性的问题，在应用时要特别注意。

（3）变频器控制方式的合理选用

变频器控制方式决定了由其构成的变频调速控制系统的动态性能，目前市场上低压通用变频器品牌很多，包括欧、美、日及国产的共近百种。选用变频器时不要认为档次越高越好，只要按负载的特性，满足使用要求即可，以使构成的变频调速控制系统具有高的性能价格比。表1-4给出了变频器不同控制方式的技术参数。

表1-4 变频器不同控制方式的技术参数

控制方式	$U/f=C$控制		电压空间矢量控制	矢量控制		直接转矩控制
反馈装置	不带PG	带PG或PID调节器	不需要反馈装置	不带PG	带PG或编码器	不带PG
速比I	<1:40	1:60	1:100	1:100	1:1000	1:100①
启动转矩（在3Hz）	150%	150%	150%	150%	零转速时为150%	启动转矩（在0Hz）>150%~200%
静态速度精度/%	±（0.2~0.3）	±（0.2~0.3）	±0.2	±0.2	±0.02	±0.2②
适用场合	一般风机、泵类等	较高精度调速,控制	一般工业上的调速或控制	所有调速或控制	伺服拖动、高精传动、转矩控制	重负载启动、恒转矩波动大负载

① 直接转矩控制，在带PG或编码器后，速比I可拓展至1:1000。
② 在带PG或编码器后，静态速度精度达+0.01%。

1.2 变频调速系统

1.2.1 变频调速系统的构成

（1）变频调速原理

变频调速是通过改变电动机定子绕组供电的频率来达到调速的目的，当在定子绕组上接入三相交流电时，在定子与转子之间的空气隙内产生一个旋转磁场，它与转子绕组产生相对运动，使转子绕组产生感应电势，出现感应电流，此电流与旋转磁场相互作用，产生电磁转矩，使电动机转动起来。电动机磁场的转速称为同步转速，用N表示

$$N=60f/p \tag{1-9}$$

式中，f为三相交流电源频率，一般为50Hz；p为磁极对数。当$p=1$时，$N=3000 \text{r/min}$；$p=2$时，$N=1500 \text{r/min}$。

由式(1-9)可见磁极对数p越多，转速N越慢。转子的实际转速n比磁场的同步转速N要慢一点，所以称为异步电动机，这个差别用转差率s表示：

$$s=(n_1-n)/n_1 \times 100\% \tag{1-10}$$

当电动机定子加上电源转子尚未转动瞬间，$n=0$，这时$s=1$；启动后的极端情况$n=N$，则$s=0$，即s在0~1之间变化。一般异步电动机在额定负载下的$s=(1~6)\%$。综合

式(1-9) 和式(1-10) 可以得出

$$n=60f(1-s)/p \qquad\qquad (1\text{-}11)$$

由式(1-11) 可以看出，对于成品电动机，其磁极对数 p 已经确定，转差率 s 变化不大，则电动机的转速 n 与电源频率 f 成正比，因此改变输入电源的频率就可以改变电动机的同步转速，进而达到异步电动机调速的目的。

但是，为了保持在调速时电动机的最大转矩不变，必须维持电动机的磁通量恒定，因此定子的供电电压也要作相应调节。变频器就是在调整频率（VariableFrequency）的同时还要调整电压（VariableVoltage），故简称 VVVF（装置）。

(2) 变频调速系统的构成

要实现变频调速，必须有频率可调的交流电源，但电力系统却只能提供固定频率的交流电，因此需要一套变频装置来完成变频的任务。历史上曾出现过旋转变频机组，但由于存在许多缺点而现在很少用。现代的变频器都是由大功率电子器件构成的，相对于旋转变频机组，被称为静止式变频装置，它是构成变频调速系统的中心环节。

一个变频调速系统主要由静止式变频装置、交流电动机和控制电路三大部分组成，如图 1-5 所示。在图 1-5 中，静止式变频装置的输入是三相恒频、恒压电源，输出则是频率和电压均可调的三相交流电。变频调速系统的控制电路要比直流调速系统的控制电路复杂，这是由于被控对象为感应电动机，由于感应电动机本身的电磁关系以及变频器的控制均较复杂所致。因此变频调速系统的控制任务大多是由微处理机承担的。图 1-6 绘出了间接变频装置的主要构成环节。按照不同的控制方式，它又可分成图 1-7 中的三种。

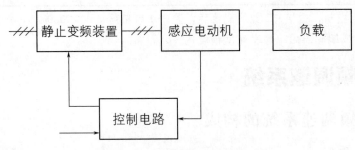

图 1-5　变频调速系统的构成

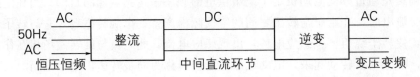

图 1-6　间接变频装置（交-直-交）

① 可控整流器变压、变频器变频　调压和调频分别在两个环节上进行，两者要在控制电路上协调配合。这种装置结构简单，控制方便，输出环节用由晶闸管（或其他电子器件）组成的三相六拍变频器（每周换流 6 次），但由于输入环节采用可控整流器，在低压深控时电网端的功率因数较低，还将产生较大的谐波成分，一般用于电压变化不太大的场合。

② 直流斩波器调压、变频器变频　采用不可控整流器，保证变频器的电网侧有较高

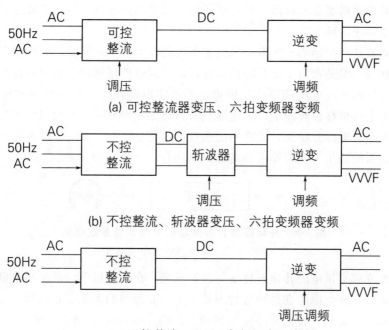

图 1-7　间接变频装置各种结构形式

的功率因数，在直流环节上设置直流斩波器完成电压调节。这种调压方法有效地提高了变频器电网侧的功率因数，并能方便灵活地调节电压，但增加了一个电能变换环节（斩波器），该方法仍有谐波较大的问题。

③ 变频器自身调压、变频　采用不可控整流器，通过变频器自身的电子开关进行斩波控制，使输出电压为脉冲列。改变输出电压脉冲列的脉冲宽度，便可达到调节输出电压的目的。这种方法称为脉宽调制（Pulse Width Modulation，PWM）。因采用不可控整流，则功率因数高；用 PWM 逆变，则谐波可以大大减少。谐波减少的程度取决于开关频率，而开关频率则受器件开关时间的限制。若仍采用普通晶闸管，开关的频率并不能有效地提高，只有采用全控型器件，开关频率才得以大大提高，输出波形为非常逼真的正弦波，因而又称正弦波脉宽调制（SPWM）变频器，该变频器将变频和调压功能集于一身，主电路不用附加其他装置，结构简单，性能优良，成为当前最有发展前途的一种结构形式。

1.2.2　变频调速系统控制方案

（1）变频调速控制方案比较

根据生产工艺的要求，所选用变频器的形式和电动机的种类，会出现多种多样的变频调速控制方案。本节只介绍采用交-直-交（AC-DC-AC）变频器构成调速系统的四种控制方案。

① 通用变频器开环控制的异步电动机调速系统　变频调速系统可分为转速开环和转速闭环两大类，在不要求动态特性或电动机经常处于恒速运行的传动系统中，可以采用转速开环方案，其结构简单，成本比较低，例如风机、水泵等通常采用这一方案。此外，在由一台变频器向多台电动机供电的传动系统中，不可能使用测速反馈，也只能采用转速开

环方案。如果稳态精度要求较高，并有快速加、减速的要求时，转速开环方案不能满足要求，必须采用转速闭环方案。

通用变频器开环控制的异步电动机调速系统框图如图 1-8 所示，该控制方案具有结构简单，可靠性高。但是，由于是开环控制方式，其调速精度和动态响应特性并不是十分理想。尤其是在低速区域电压调整比较困难，不可能得到较大的调速范围和较高的调速精度。由于异步电动机存在转差率，转速随负荷力矩变化而变动，即使目前有些变频器具有转差补偿功能及转矩提升功能，转速精度也难以达到 0.5%，所以这种通用变频器异步电动机开环调速系统适用于一般要求不高的调速场合。

图 1-8　开环控制异步电动机变频调速系统框图

VVVF—通用变频器；IM—异步电动机

由电压源变频器供电的转速开环变频调速系统，在基频以下一般采用带低频电压补偿的恒压频比运行方式，因为在这种运行方式下电压和频率的关系非常简单，使控制系统得以简化。恒压频比控制、转速开环变频调速系统的基本结构如图 1-9 所示，图 1-9 中 UR 是可控整流器，用电压控制环节控制它的输出电压；VSI（Voltage Source Inverter）是电压源逆变器，用频率控制环节控制它输出频率。电压和频率控制采用同一个控制信号 U_ω^*，以保证二者的协调。

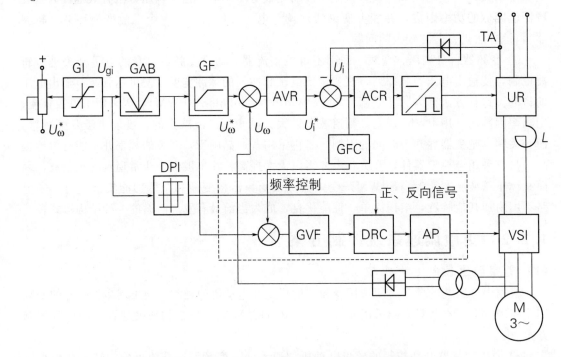

图 1-9　转速开环交-直-交电流源变频调速系统

② 无速度传感器的矢量控制异步电动机变频调速系统　无速度传感器的矢量控制异步电动机变频调速系统控制框图如图 1-10 所示，对比图 1-8 和图 1-10 控制框图，两者的

差别仅在使用的变频器不同。由于使用无速度传感器矢量控制的变频器，可以分别对异步电动机的磁通和转矩电流进行检测、控制，自动改变电压和频率，使电动机转速的指令值和检测实际值达到一致，从而实现了矢量控制。虽说它是开环控制系统，但是大大提升了静态精度和动态品质。转速精度约等于 0.5%，转速响应也较快。

图 1-10　矢量控制变频器的异步电动机变频调速系统框图

VVVF—通用变频器；IM—异步电动机

如果生产工艺设备对调速精度要求不是十分高，采用无传感器矢量控制的异步电动机变频调速是非常合适的，可以达到控制结构简单，可靠性高的实效。

③ 带速度传感器的矢量控制异步电动机闭环变频调速系统　带速度传感器的矢量控制异步电动机闭环变频调速系统框图如图 1-11 所示。矢量控制异步电动机闭环变频调速是一种理想的控制方式。它有以下优点。

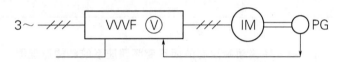

图 1-11　异步电动机闭环控制变频调速系统框图

VVVF—通用变频器；IM—异步电动机；PG—速度脉冲发生器

a. 可以从零转速起进行速度控制，在低速运行时也能有较好的特性，因此调速范围很宽，可达 100∶1 或 1000∶1。

b. 可以对转矩实行精确控制。

c. 系统的动态响应速度快。

d. 电动机的加速度特性好。

带速度传感器的矢量控制异步电动机闭环变频调速技术性能虽好，但是毕竟它需要在异步电动机轴上安装速度传感器，对于异步电动机而言，已经降低了异步电动机固有的结构坚固、可靠性高的特性。而在某些情况下，由于异步电动机本身或环境的因素而无法安装速度传感器。再则，多了反馈电路和环节，也增加了整个系统发生故障的概率。

因此，对于调速范围、转速精度和动态品质要求都特别高的生产工艺设备，才采用带速度传感器矢量控制的异步电动机闭环变频调速系统。

④ 转速闭环转差频率控制的变频调速系统　转速开环变频调速系统可以满足一般平滑调速的要求，但静、动态性能都有限，要提高静、动态性能，首先要用转速反馈的闭环控制，转差频率控制的转速闭环变频调速系统结构原理如图 1-12 所示。

该系统采用电流源变频器，使控制对象具有较好的动态响应，而且便于回馈制动，这是提高系统动态性能的基础。和直流电动机双闭环调速系统一样，外环是转速环，内环是电流环。转速调节器 ASR 的输出是转差频率给定值 $U_{\omega S}^*$，代表转矩给定。转差频率 $U_{\omega S}^*$ 分两路分别作用在可控整流器 UR 和逆变器 CSI 上。前者通过 $I_1 = f(U_{\omega S}^*)$ 函数发生器 GF，按 $U_{\omega S}^*$ 的大小产生相应的 U_{i1}^* 信号，再通过电流调节器 ACR 控制定子电流，以保持

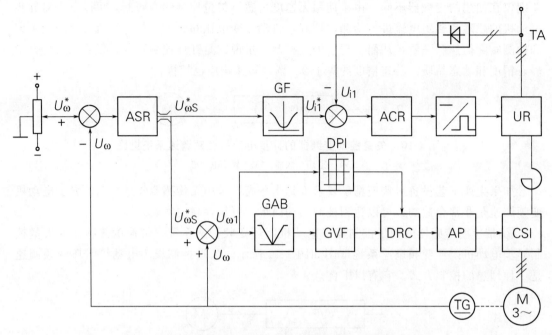

图 1-12　转差频率控制的闭环变频调速系统结构原理图

Φ_m 为恒值。另一路按 $\omega_S + \omega = \omega_1$ 的规律产生对应于定子频率 ω_1 的控制电压 $U_{\omega 1}^*$ 决定逆变器的输出频率。这样就形成了在转速外环内的电流频率协调控制。

转速给定信号 U_ω^* 反向时，$U_{\omega S}^*$、U_ω^*、$U_{\omega 1}^*$ 都反向。用极性鉴别器 DPI 判断 $U_{\omega 1}^*$ 的极性以决定环形分配器 DRC 的输出相序，而 $U_{\omega 1}^*$ 信号本身则经过绝对值变换器 GAB 决定输出频率的高低，这样就很方便地实现了可逆运行。

由此可见，转速闭环转差频率控制的变压变频调速系统基本上具备了直流电动机双闭环控制系统的优点，是一个比较优越的控制策略，结构也不算复杂，有广泛的应用价值。但其动态性能还不能完全达到直流双闭环调速系统的水平，这是因为在分析转差频率控制规律时，是从异步电动机稳态等效电路和稳态转矩公式出发的，所得到的"保持磁通 Φ_m 恒定"的结论也只有在稳态情况下才成立。在动态中 Φ_m 不会恒定，这不得不影响系统的实际动态性能。电流 ASR 只控制了定子电流的幅值，并没有控制电流的相位，而在动态中电流相位如果不能及时赶上去，将延缓动态转矩的变化。存在上述问题的基本原因就是系统仅从异步电动机的稳态数学模型出发的，所以转差频率控制系统还不能像直流双闭环系统那样对异步电动机进行瞬时转矩控制。

⑤ 永磁同步电动机开环控制的变频调速系统　永磁同步电动机开环控制的变频调速系统控制框图如图 1-13 所示。该控制方案具有控制电路简单，可靠性高的特点。由于是同步电动机，它转速始终等于同步转速 $n_0 = 60f/P$，转速只取决于电动机供电频率 f，而与负载大小无关（除非负载力矩大于或等于失步转矩，同步电动机会失步，转速迅速停止），永磁同步电动机开环控制的变频调速系统的机械特性为硬特性，曲线为一根平行横轴直线。

如果采用高精度的变频器（数字设定频率精度可达 0.01%），在开环控制下，同步电动机的转速精度为 0.01%。因为同步电动机转速精度与变频器频率精度相一致（在开环

图 1-13　永磁同步电动机开环控制变频调速系统框图

VVVF—通用变频器；SM—同步电动机

控制方式时），所以特别适合多电动机同步传动，静态转速精度要求高（0.5%～0.01%）的机械设备。至于同步电动机变频调速系统的动态品质问题，若采用通用变频器 U/f 控制，响应速度较慢；若采用矢量控制变频器，响应速度很快。

（2）变频调速系统中的矢量控制和转矩控制

① 矢量控制　仿照直流电动机的控制特点，对于调节频率的给定信号，分解成和直流电动机具有相同特点的磁场电流信号 i_M^* 和转矩电流信号 i_T^*，并且看作是两个旋转着的直流磁场的信号。当给定信号改变时，也和直流电动机一样，只改变其中一个信号，从而使异步电动机的调速控制具有和直流电动机类似的特点。

按转子磁链定向的动态模型实现了定子电流两个分量的解耦，属于电流控制型，可以通过励磁分量 i_{sm} 控制转子磁链幅值，通过转矩分量 i_{st} 控制电磁转矩。由于电流的动态方程中存在定子电流两个分量间的交叉耦合及感应电势的扰动，理应采用定子电流闭环控制，使实际电流快速跟随给定值。

矢量控制有无反馈和有反馈之分，无反馈矢量控制是根据测量到的电流、电压和磁通等数据，间接地计算出当前的转速，并进行必要的修正，从而在不同频率下运行时，得到较硬机械特性的控制模式。由于计算量较大，故动态响应能力稍差。

有反馈矢量控制则必须在电动机输出轴上增加转速反馈环节，由于转速大小直接由速度传感器测量得到，既准确、又迅速。与无反馈矢量控制模式相比，具有机械特性更硬、频率调节范围更大、动态响应能力强等优点。

要实现矢量控制功能，必须根据电动机自身的参数进行一系列等效变换计算。而进行计算的最基本条件，是必须尽可能多地了解电动机的各项数据。因此，把电动机铭牌上的额定数据以及定、转子的参数输入给变频器，是实现矢量控制的必要条件。

由于矢量控制必须根据电动机的参数进行一系列的运算，因此，其使用范围必将受到一些限制。在设计矢量控制的变频调速系统时，电动机的容量应尽可能与变频器说明书中标明的"配用电动机容量"相符，最多低一个档次。

当采用有反馈矢量控制模式时，变频器为此专门配置了 PID 调节系统。以利于在调节转速的过程中，或者拖动系统发生扰动（负载突然加重或减轻）时，能够使控制系统反应迅速，又运行稳定。因此，在具有矢量控制功能的变频器中，有两套 PID 调节功能：

a. 用于速度闭环控制的 PID 调节功能。

b. 用于系统控制（例如供水系统的恒压控制等）的 PID 调节功能。

两种 PID 调节功能中，P（比例增益）、I（积分时间）、D（微分时间）的作用对象不同，但原理是相同的。矢量控制的优点有：

a. 低频转矩大，即使运行在 1Hz（或 0.5Hz）时，也能产生足够大的转矩，且不会产生在 U/f 控制方式中容易遇到的磁路饱和现象。

b. 机械特性好，在整个频率调节范围内，都具有较硬的机械特性，所有机械特性基本上都是平行的。

c. 动态响应好，尤其是有转速反馈的矢量控制方式，其动态响应时间一般都能小于100ms，并能进行四象限运行。

② 转矩控制　转矩控制是矢量控制模式下的一种特殊控制方式。其主要特点如下。

a. 给定信号并不用于控制变频器输出频率的大小，而是用于控制电动机所产生的电磁转矩的大小，如图 1-14 所示。当给定信号为 10V 时，电动机的电磁转矩为最大值 T_{max}（如图 1-14 中的状态①）；当给定信号为 5V 时，电动机的电磁转矩为 $T_{max}/2$（如图 1-14 中的状态②）。

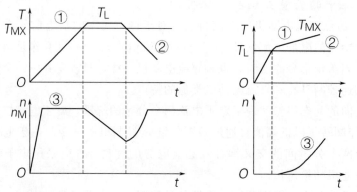

(a) 给定转矩不变，负载转矩变化　(b) 负载转矩不变，给定转矩变化

图 1-14　转矩控制曲线

b. 电动机的转速大小取决于电磁转矩和负载转矩比较的结果，只能决定拖动系统是加速还是减速，其输出频率不能调节，很难使拖动系统在某一转速下等速运行。

c. 如果给定的电动机转矩不变，等于 T_{MX}，而负载转矩变化，系统的运行如图 1-14(a) 中的曲线③。当负载转矩 T_L 小于 T_{MX} 时，拖动系统将加速，并且一直加速至变频器预置的上限频率，拖动系统将按上限转速 n_H 运行。当负载转矩 T_L 超过 T_{MX} 时，拖动系统将减速，当负载转矩 T_L 又小于 T_{MX} 时，拖动系统又加速到上限转速 n_H。如果负载转矩不变，而给定的电动机转矩变化（等于 T_L），则系统的运行如图 1-14(b) 中的曲线③。当电动机转矩小于负载转矩时，转速为 0，当电动机转矩大于负载转矩时，拖动系统开始加速，加速度随动态转矩（$T_J = T_M - T_L$）的增加而增加。

调速系统的任务是控制速度，速度通过转矩来改变，调速系统的性能取决于转矩控制的性能，矢量控制（VC）和直接力矩控制（DTC）的任务都是实现高性能的转矩控制，它们的速度调节部分相同。

异步电动机的转矩等于磁链矢量和定子电流矢量的矢量积，磁链不能直接测量，需要通过定子电压、电流及电动机参数计算。由于定子电压电流都是交流量，处理起来比较复杂，所以在 VC 控制系统中，借助于坐标变化，把它们变成 dq 坐标系的直流量，计算得到的控制量再经反变换回交流坐标轴系去产生 PWM 信号。为了在高速和低速均能取得好的性能，必须用电压电流两个模型，涉及电动机参数较多。

在 DTC 系统中用交流量直接计算力矩和磁链，然后通过力矩、磁链两个 Band-Band 控制器产生 PWM 信号，省去了坐标变换。在研制 DTC 的初期没有考虑低速运行工况，并以定子磁链为基础，涉及电动机参数只有 R_s 一个，因此 DTC 方式具有计算简单，涉及电动机参数较少，精度高等优点。实际上在考虑低速运行工况后，DTC 也必须引入电流模型，也要用到转子磁链，涉及的电动机参数和 VC 控制方法一样多，所以精度也一样。DTC 没坐标变换，计算公式简单，但为了实现 Band-Band 控制，必须在一个开关周期中计算很多次，要求计算速度快，以 ABB 公司的 ACS600 系列变频器为例，它的计算周期是 $25\mu s$。在 VC 控制中测量电压电流在一个开关周期内的平均值，然后一周期计算一次，对计算速度要求低。以 Siemens 公司的 6SE70 系列变频器为例，计算周期是 $400\mu s$，相差 16 倍。矢量变换计算只不过有 4 个乘法和 2 个加法，以现在处理器的能力看，是完全胜任的。另外以定子磁链为基础也不是 DTC 的专利，有的 VC 控制系统也以定子磁链为基础。如 ACS600（DTC）转矩控制响应时间是 5ms，6SE70（VC 控制）也是 5ms，再快的转矩控制响应机械设备也难以承受，也就没有实际意义了。

有人认为，DTC 利用磁链幅值的 Band-Band 控制得到近似圆形磁场，磁链幅值的波动会导致转矩波动，而 VC 控制是连续控制，磁链幅值不变，无转矩波动。这种看法有一定的局限性，DTC 中由于存在转矩 Band-Band 控制，转矩平均值不会受磁链变化影响而波动，磁链变化只影响电流波形；对于 VC 控制，由于变频器按 PWM 模式工作，在一个开关周期内是不可控制，也不是连续控制，同样存在电流脉动并导致转矩脉动的问题，6SE70 的转矩脉动为 2%。

矢量控制和直接转矩控制是基于动态模型的高动态性能的交流调速方法，两者既有相同之处，也存在一定的差异，其根本目的是一致的，实现电磁转矩与磁链的控制，只不过实现的方法不同。

矢量控制系统采用按转子磁链定向，实现定子电流转矩分量与励磁分量的解耦，用电流闭环控制的方法，抑制定子电流两个分量间的交叉耦合及感应电势的扰动，通过转矩闭环或引入除法环节实现转矩与转子磁链的解耦控制。矢量控制的解耦依赖于转子磁链的正确定向，对模型参数（尤其是转子参数）的依赖性较强，采用连续的平滑控制方法，动态响应不如直接转矩快，但调节比较平稳。

直接转矩控制不追求系统的精确解耦，根据定子磁链和电磁转矩的偏差以及定子磁链所在的扇区，选择电压空间矢量，完成转矩和磁链的控制。采用 Band-Band 控制不需要定子磁链的精确定向，系统的鲁棒性较强，动态响应快，但难免产生定子磁链和转矩的脉动。为了减小转矩和磁链的脉动，应提高采样频率和计算速度，控制系统运算简单，也为提高采样频率和计算速度提供了可能。

由于磁链直接检测相当困难，两种系统都需要计算磁链，一般说来，转子磁链用电流模型计算，而定子磁链用电压模型计算，前者的计算精度与转子电阻和互感有关，而后者则与定子电阻及积分初值相关，如何提高磁链计算精度，是值得关注的问题。

在矢量控制和直接力矩控制系统开发的初期都要求在电动机轴上装设编码器，测取速度（位置）信号，有些场合安装编码器困难，所以又开发了无速度传感器系统。无速度传感器系统在实验室实现的方法很多，但真正用于工业产品的都是基于同样原理；即电压、电流模型法。

电压模型使用电动机参数较少，在速度高于额定转速 5%～10%（高速）时，计算精度较高，速度为额定转速 5%～10%（低速）时，由于电压值太小，计算误差大。电流模型使用电动机参数多，特别是受转子电阻变化影响大，计算误差略大，但这误差与转速无关。在有速度传感器的系统中，高速时使用电压模型，控制精度高；低速时使用电流模型，精度虽不如高速时，但仍能正常运行。在无速度传感器系统中，高速时转速角速度靠比较电压电流模型计算结果辨识得到，因此只能达到有速度传感器系统的低速时水平；低速时由于电压模型不准，基准没了，无法辨识，系统只能抛弃矢量控制，改为开环工作。现在市场上的无速度传感器矢量控制系统在低速时都是开环系统，只适合用于无长期低速运行工况，且高速时调速精度要求不高的场合。而对于无速度传感器矢量控制系统在静止时也能产生满力矩，因为在静止时，速度为零是已知的，不需辨识，但一转起来，长期低速运行就不行了。

（3）交流电动机变频调速控制方案比较

表1-5列出变频器的四种常用控制方案的技术特性，在交流电动机变频调速控制方案的选择时，可以根据工艺设备的实际需求作出正确选择。

表 1-5　四种常用控制方案的技术特性

控制系统结构		通用变频器异步电动机开环控制 VVVF + IM（开环）	异步电动机无传感器矢量变频器控制 VVVFV + IM（开环）	异步电动机带传感器矢量变频器控制 VVVFV + IM（闭环）	通用矢量变频器永磁同步机开环控制 VVVF + PM. SM（开环）	备注
调速特性	调速范围（D）	10：1(20：1)	20：1(50：1)	1000：1	(10～100)：1	在额定负载下：D = 最高转速/最低转速
	调速精度	1%～2%（与负载变化有关）	1%(0.5%)	模拟控制0.1%　数字控制0.01%	模拟控制0.1%　数字控制0.01%	在10%～100%额定转速变化范围内[$\Delta n/n_0$(n_N)]×%
	转速上升时间	响应速度慢	≤100ms（快）	≤60ms(30～100rad/s)	响应速度快（VVVFV）	通用变频器响应一般
	转矩控制	▲	★	★	(VVVFV)★	通用变频器▲
	极低速运行	▲	▲	★	▲	0～0.5Hz
变频器类型	电压型(6脉冲)	★	▲	▲	★	180°导通角型
	电压型(PWM)	★	★	★	★	IGBT、GTR
	电流型(6脉冲,PWM)	★	★	★	★	IGBT、SCR

控制系统结构	通用变频器异步电动机开环控制 VVVF＋IM (开环)	异步电动机无传感器矢量变频器控制 VVVFV＋IM (开环)	异步电动机带传感器矢量变频器控制 VVVFV＋IM (闭环)	通用矢量变频器永磁同步机开环控制 VVVF＋PM. SM(开环)	备注
特点	1. 开环控制电路结构简单；2. 调试工作容易；3. 可采用通用异步电动机；4. 调速范围小，调速精度低，适用于一般要求不高的地方，例如风机，水泵类机械	1. 不需要PG(转速脉冲发生器)；2. 可以进行转矩控制；3. 响应速度快；4. 变频器，电动机参数设定应与负载匹配	1. 转矩控制性能好；2. 响应速度极快；3. 需要正确安装PG部件；4. 电气参数应正确匹配；5. 闭环控制电路复杂；6. 调速宽，精度高，价格贵，适合要求高的设备	1. 开环控制电路结构简单 2. 调整方便且快捷 3. 调速精度与变频器频率精度相同；4. 需用永磁同步电动机效率高；5. 特别适用于纺织、化纤行业，精度高，多电动机同步传动系统	1. 静态指标和动态品质要求高的场合采用(Ⅲ)方案；2. 一般机械如风机、水泵采用(Ⅰ)方案 3. 多电动机同步系统采用(Ⅳ)方案(公共直流母线系统更佳)

注：VVVF—变频器；IM—异步机；PM. SM—永磁同步机；★—适用（能）；▲—不适用（不能）；VVVFV—矢量变频器。

第2章

变频调速系统主电路设计

2.1 变频器的选择

2.1.1 变频器选型

通用变频器的选择包括变频器的形式选择和容量选择两个方面，其总的原则是首先保证可靠地满足工艺要求，再尽可能节省资金。要根据工艺环节、负载的具体要求选择性价比相对较高的品牌和类型及容量。

（1）变频器类型

变频器选用时一定要做详细的技术经济分析论证，对那些负荷较高且非变工况运行的设备不宜采用变频器。变频器具有较多的品牌和类型，价格相差很大。为此必须了解变频器的技术特性和分类，变频器可以从以下几方面进行分类。

① 按控制方式不同可分为通用型和工程型。通用型变频器一般采用给定闭环控制方式，动态响应速度相对较慢，在电动机高速运转时可满足设备恒功率的运行特性，但在低速时难以满足恒功率要求。工程型变频器在其内部通过检测设有自动补偿、自动限制的环节，在设备低速运转时可保持较好的特性实现闭环控制。

② 按安装形式不同可分为四种，可根据受控电动机功率及现场安装条件选用合适类型。一种是固定式（壁挂式），功率多在 37kW 以下。第二种是书本型，功率从 0.2～37kW，占用空间相对较小，安装时可紧密排列。第三种是装机、装柜型，功率为 45～200kW，需要附加电路及整体固定壳体，体积较为庞大，占用空间相对较大。第四种为柜型，控制功率为 45～1500kW，除具备装机、装柜型特点外，与之比较占用空间更大。

③ 从变频器的电压等级来看，有单相 AC230V 电压等级，也有 3 相 AC208～230V、380～460V、500～575V、660～690V 电压等级，应根据电源条件和电动机额定电压参数做出正确选择。

④ 从变频器的防护等级来看，有 IP00 的，也有 IP54 的，要根据现场环境条件作出相应的选择。

⑤ 从调速范围及精度而言，FC（频率控制）的变频器调速范围为：1：25；VC（矢量控制）变频器的调速范围为：1：100～1：1000；SC（伺服控制）变频器的调速范围为：1：4000～1：1000，要根据系统的负载特性作出相应的选择。

在变频器选型前应掌握传动系统的以下参数：

① 电动机的极数。一般电动机极数以不多于 4 极为宜，否则变频器容量就要适当

加大。

② 转矩特性、临界转矩、加速转矩。在同等电动机功率情况下，相对于高过载转矩模式，变频器规格可以降额选取。

③ 电磁兼容性。为减少主电源干扰，使用时可在中间电路或变频器输入电路中设置电抗器，或安装前置隔离变压器。一般当电动机与变频器距离超过 50m 时，应在它们中间串入输出电抗器、滤波器或采用屏蔽防护电缆。

变频器的选型应满足以下条件：

① 电压等级与驱动电动机相符，变频器的额定电压与负载的额定电压相符。

② 额定电流为所驱动电动机额定电流的 1.1～1.5 倍，对于特殊的负载，如深水泵等则需要参考电动机性能参数，以最大电流确定变频器电流和过载能力。由于变频器的过载能力没有电动机过载能力强，一旦电动机有过载，损坏的首先是变频器。如果机械设备选用的电动机功率大于实际机械负载功率，并把机械功率调节到达到电动机输出功率，此时，变频器的功率选用一定要等于或大于电动机功率。个别电动机额定电流值较特殊，不在常用标准规格附近，又有的电动机额定电压低，额定电流偏大，此时要求变频器的额定电流必须等于或大于电动机额定电流。

③ 根据被驱动设备的负载特性选择变频器的控制方式。

变频器的选型除一般须注意的事项（如输入电源电压、频率、输出功率、负载特点等）外，还要求与相应的电动机匹配良好，要求在正常运行时，在充分发挥其节能优势的同时，避免其过载运行，并尽量避开其拖动设备的低效工作区，以保证其高效可靠运行。在变频器的选型时，对于相同设备配用的变频器的规格应尽可能统一，便于备品备件的准备，便于维修管理，选用时还要考虑生产厂家售后服务质量情况。

(2) 变频调速系统的效率与损耗

① 变频器效率　变频器效率是指其本身变换效率，交-交变频器尽管效率较高，但调频范围受到限制，应用也受到限制，目前通用的变频器主要为交-直-交型，所以交-直-交变频器的损耗由三部分组成，整流损耗约占总损耗的 40%，逆变损耗约占 50%，控制回路损耗占 10%。其前两项损耗是随着变频器的容量、负荷、拓扑结构的不同而变化的，而控制回路损耗不随变频器容量、负荷而变化。变频器采用大功率自关断开关器件等现代电力电子技术，其整流损耗、逆变损耗等都比采用传统电子技术的损耗小，变频器在额定状态运行时，其效率为 86.4%～96%，变频器的效率随着变频器功率增大而提高。

② 电动机效率和损耗　变频调速后，电动机的各种损耗和效率均有所变化，根据电动机学理论，电动机的损耗可分为铁芯损耗（包括磁滞损耗和涡流损耗）、轴承摩擦损耗、风阻损耗、定子绕组铜耗、转子绕组铜耗、杂散损耗等几种。

a. 铁芯中的磁滞损耗表达式为

$$P_n = \sigma_n (f/50)(B/10000)^n G_C \tag{2-1}$$

由式(2-1) 可知磁滞损耗与磁滞损耗系数 σ_n、铁芯中磁通密度 B（对于一般硅钢片，当 $B=0.8～1.6W/m^2$ 时，n 取 2）、铁芯重量 G_C 及电源频率 f 有关，变频调速后，磁滞损耗减少速度比电动机有功减少速度慢，损耗所占比例有所提高。

b. 涡流损耗表达式为：

$$P_e \propto a f^2 \tag{2-2}$$

c. 轴承摩擦损耗表达式为：

$$P_z \propto f^{1.5} \tag{2-3}$$

d. 风阻损耗表达式为：

$$P_f \propto f^3 \tag{2-4}$$

e. 定子绕组铜耗和转子绕组铜耗的大小与电源频率 f 没有直接关系，但高次谐波及脉动电流增加了电动机的铜耗。

f. 杂散损耗及附加损耗。不论何种形式的变频器，变频后除基波外，都会出现谐波，如通用的正弦波变频器（PWM），其载波频率高达几千至十几千赫兹，附加的高次谐波的转矩方向是与基波转矩方向相反的，另外高次谐波也会增加涡流损耗。

综上所述，变频调速后，电动机的磁滞损耗、涡流损耗、轴承摩擦损耗、定转子铜损及杂散损耗在功率中所占比例都有所增加，有关文献指出，变频调速后电动机电流增加 10%，温升增加 20%。

变频器负载率 β 与效率 η 的关系曲线如图 2-1 所示。由图 2-1 可见：当 $\beta = 50\%$ 时，$\eta = 94\%$；当 $\beta = 100\%$ 时，$\eta = 96\%$。虽然 β 增一倍，η 变化仅 2%，但对中大功率变频调速系统，如几百千瓦至几千千瓦电动机而言亦是可观的。系统效率等于变频器效率与电动机效率的乘积，只有两者都处在较高的效率下工作时，则系统效率才较高。从效率角度出发，在选用变频器功率时，要注意以下几点：

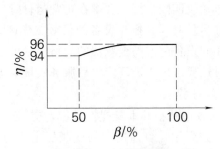

图 2-1　变频器负载率 β 与效率 η 的关系曲线

a. 变频器功率值与电动机功率值相匹配时最合适，以使变频器在高的效率值下运行。

b. 在变频器的功率分级与电动机功率分级不相同时，则变频器的功率要尽可能接近电动机的功率，并应略大于电动机的功率。

c. 当电动机属频繁启动、制动工作或处于重载启动且较频繁工作时，可选取大一级的变频器，以利用变频器长期、安全地运行。

d. 经实际测试，电动机实际功率确实有富余，可以考虑选用功率小于电动机功率的变频器，但要注意电动机瞬时值峰值电流是否会造成变频器过电流保护动作。

当变频器与电动机功率不相同时，则必须相应调整节能程序的设置，以利达到较高的节能效果。

（3）变频器的选择原则

① 负载特性　变频调速与机械变速存在本质上的区别，不能将某电动机使用机械变速改为相同功率的变频变速。因为功率是转矩与转速的乘积：

$$P = M\omega = M\left(\frac{2\pi}{60}n\right) \tag{2-5}$$

式中，M 为转矩，N·m；ω 为角速度，rad/s；n 为转速，r/min。

机械变速时（例如齿轮变速、皮带变速）、若变比为 K，在电动机功率不变时，忽略变速器效率，即转速下降 K 倍，而转矩可升高 K 倍，它属于恒功率负载。

而变频调速的转矩-转速曲线在低于额定频率时，恒转矩运行，电动机不能提高输出转矩。高于额定频率时，转速升高、转矩下降。常见的不同负载机械特性如图 2-2 所示。图 2-2 中的曲线 3 为平方律负载（如风机、水泵）；曲线 2 为恒转矩负载（如传送带），这两种负载在低于额定频率运行时，负载力矩没有增加，所以当在额定频率以下时，可以按电动机功率大小配置变频器功率。

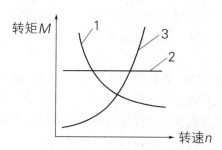

图 2-2　不同负载的机械特性

1—恒功率负载；2—恒转矩负载；3—平方率负载

图 2-2 中的曲线 1 是恒功率负载（例如切削机床），低速时力矩增加，而变频器和电动机低于额定频率时电流被限制，力矩不能增加，所以变频调速系统运行在低速区时，有可能会造成电动机带不动负载，选用时要根据减速造成力矩增加的比例，选用比原电动机功率大的电动机和变频器。例如原来 1.5kW 电动机，负载转矩 9.18N·m，转速 1460r/min，机械变速后转速降到 720r/min，转矩就可达 18.36N·m，而与之配套的电动机和变频器不可能输出 18.36N·m 的转矩。因此，变频调变速后电动机和变频器需增加的功率是

$$P = M\omega = 18.36\left(\frac{2\pi}{60} \times 720\right) = 1383.61\text{W}$$

选用标准功率 3.7kW 或 4kW 的电动机和变频器才能保证在低速区时输出要求的转矩。

在我国将工频 50Hz 以下区间作为变频器的"恒力矩区"，即频率和转速成比例下降时，电动机为恒力矩特性。在 50Hz 以上区间为"恒功率区"，即频率和转速越高，电动机力矩越小。变频器的输出频率和拖动电动机的转速成正比，其输入的功率（机械功率）为：转速×转矩。为此，选择变频器时应根据以下原则：

a. 电动机功率在 280kW 以上应选择电流型变频器（多重化波形），75kW 以下的电动机应选择电压型变频器（PWM 波型），75～280kW 的电动机可根据实际情况决定。

b. 根据拖动设备特性选择，机床类设备需要尽可能满足恒功率的硬特性，可选用专用电动机和配足变频器功率，尽可能选用矢量型变频器，并要求变频器带有制动电阻单元。风机、水泵等减力矩负载要选用专用变频器，便于节能运行；对于只需恒力矩的传动系统，可选用通用型、矢量型或 F 型变频器均可。

变频器的正确选用对于机械设备及系统的正常运行是至关重要的，选择变频器，首先

要满足机械设备的类型、负载转矩特性、调速范围、静态速度精度、启动转矩和使用环境的要求，然后决定选用何种控制方式和防护结构的变频器最合适。所谓合适是在满足机械设备的实际工艺生产要求和使用场合的前提下，实现变频器应用的最佳性价比。在实践中常将生产机械根据负载转矩特性的不同分为三大类型：

a. 恒转矩负载。在恒转矩负载中，负载转矩 T_L 与转速 n 无关，在任何转速下 T_L 总保持恒定或基本恒定，负载功率则随着负载速度的增高而线性增加。多数负载具有恒转矩特性，但在转速精度及动态性能等方面要求一般不高，例如挤压机、搅拌机、传送带、厂内运输电车、吊车的平移机构、吊车的提升机构和提升机等。选型时可选 F 控制方式的变频器，最好采用具有恒转矩控制功能的变频器。起重机类负载的特点是启动时冲击很大，因此要求变频器有一定余量。同时，在重物下放时，会有能量回馈，因此要使用制动单元或采用共用母线方式。

变频器拖动具有恒转矩特性的负载时，低速时的输出转矩要足够大，并且要有足够的过载能力。如果需要在低速下稳速运行，应该考虑标准异步电动机的散热能力，避免电动机的温升过高。而对不均性负载（其特性是：负载有时轻，有时重）应按照重负载的情况来选择变频器容量，例如轧钢机械、粉碎机械、搅拌机等。

对于大惯性负载：如离心机、冲床、水泥厂的旋转窑，此类负载惯性很大，因此启动时可能会振荡，电动机减速时有能量回馈。应该选用容量稍大的变频器来加快启动，避免振荡，并需配有制动单元消除回馈电能。

长期低速运行的系统，由于电动机发热量较高，风扇冷却能力降低，因此必须采用加大减速比的方式或改用 6 级电动机，使电动机运转在较高频率附近。对于低速运行时要求有较硬的机械特性和一定的调速精度，但动态性能方面无较高要求时，可选用具有转矩控制功能的高功能型变频器，以实现恒转矩负载的调速运行。另外对于恒转矩负载下的电动机，如果采用通用标准电动机，则应考虑低速下电动机的强迫通风冷却，以避免电动机在低速运行时发热。

b. 恒功率负载。恒功率负载的特点是需求转矩 T_L 与转速 n 大体成反比，但其乘积即功率却近似保持不变。金属切削机床的主轴和轧机、造纸机、薄膜生产线中的卷取机、开卷机等，都属于恒功率负载。

负载的恒功率性质是针对一定的速度变化范围而言的，当速度很低时，受机械强度的限制，T_L 不可能无限增大，在低速下转变为恒转矩性质。负载的恒功率区和恒转矩区对传动方案的选择有很大的影响。电动机在恒磁通调速时，最大允许输出转矩不变，属于恒转矩调速；而在弱磁调速时，最大允许输出转矩与速度成反比，属于恒功率调速。如果电动机的恒转矩和恒功率调速的范围与负载的恒转矩和恒功率范围相一致时，即所谓"匹配"的情况下，电动机的容量和变频器的容量均最小。

c. 流体类负载。在各种风机、水泵、油泵中，随叶轮的转动，空气或液体在一定的速度范围内所产生的阻力大致与速度的 2 次方成正比。随着转速的减小，转矩按转速的 2 次方减小。这种负载所需的功率与速度的 3 次方成正比。各种风机、水泵和油泵都属于典型的流体类负载，由于流体类负载在高速时的需求功率增长过快，与负载转速的三次方成正比，所以不应使这类负载超工频运行。

流体类负载在过载能力方面要求较低，由于负载转矩与速度的平方成反比，所以低速运行时负载较轻（罗茨风机除外），又因为这类负载对转速精度没有什么要求，故选型时通常以价格为主要原则，应选择普通功能型变频器，只要变频器容量等于电动机容量即可（空压机、深水泵、泥沙泵、快速变化的音乐喷泉需加大容量），目前已有为此类负载配套的专用变频器可供选用。

② 系统特性

a. 快速响应系统。所谓响应快是指实际转速对于转速指令的变化跟踪快，从负载变动和外界干扰引起的过渡性速度变化中恢复得快。要求响应快的典型负载有轧钢机、生产线设备、机床主轴、六角孔冲床等，针对快速响应系统最好选用转差频率控制的变频器。

b. 被控对象的动态、静态指标要求。变频调速系统在低速时应有较硬的机械特性，才能满足生产工艺对控制系统的动态、静态指标要求，如果控制系统采用开环控制，可选用具有无速度反馈的矢量控制方式的变频器。

对于调速精度和动态性能指标都有较高要求，以及要求高精度同步运行的系统，如轧钢、造纸、塑料薄膜加工线这一类负载，可选用带速度反馈的矢量控制方式的变频器。如果控制系统采用闭环控制，可选用能够四象限运行，F 控制方式，具有恒转矩功能的变频器。对于电力机车、交流伺服系统、电梯、起重机负载，可选用具有直接转矩控制功能的专用变频器。

综上所述，在选用变频器时除了考虑技术性和可靠性外还应考虑经济性，一般不要留有太大功率余量，变频器与电动机两者的功率应相匹配，不但经济性好而且输出波形更好。表 2-1 为常见几类设备的负载特性和负载转矩特性，可供变频器选型时参考。

表 2-1　常见几类设备的负载特性和负载转矩特性

应用		负载特性				负载转矩特性			
流体	风机、泵类	摩擦性负载	重力负载	流体负载	惯性负载	恒转矩	恒功率	降转矩	降功率
	压缩机			●				●	
金属加工机床	齿轮泵		●			●			
	压榨机					●			
	卷板机、拔丝机	●			●	●			
	离心铸造机					●			
	机械化供应装置	●			●				
	自动车床	●				●			
	转塔车床	●							●
	车床及加工中心					●			
	磨床、钻床						●		
	刨床	●				●			●

续表

应用		负载特性				负载转矩特性			
电梯	电梯高低速、自动停车装置	•					•		
	电梯门		•			•			
输送	传送带	•				•			
	门式提升机	•				•			
	起重机、升降机升降		•			•			
	起重机、升降机平移		•					•	
	泥浆输送机	•				•			
	运载机				•	•			
	自动仓库上下		•			•			
	造料器、自动仓库输送	•				•			
普通	搅拌器			•					
	农用机械、挤压机								
	分离机、离心分离机			•					
	印刷机、食品加工机械								
	商业清洗机			•					•
	吹风机						•		
	木材加工机	•				•			•

注：•表示有该特性。

（4）变频器选择注意事项

① 选择变频器时应以实际电动机电流值作为变频器选择的依据，电动机的额定功率只能作为参考。另外应充分考虑变频器的输出含有高次谐波，会造成电动机的功率因数和效率变差。采用变频器给电动机供电与用工频电网供电相比较，电动机的电流增加 10% 而温升增加约 20%。所以在选择变频器时，应考虑到这种情况，适当留有裕量，以防止温升过高，影响电动机的使用寿命。

② 变频器与电动机之间若为长电缆时，应该采取措施抑制长电缆对地耦合电容的影响，避免变频器出力不够。对此，可将变频器容量放大一挡或在变频器的输出端安装输出电抗器。

③ 当变频器用于控制并联的几台电动机时，一定要考虑变频器到电动机的电缆的长度总和在变频器的容许范围内。如果超过规定值，要放大一挡或两挡来选择变频器。另外

在此种情况下，变频器的控制方式只能为 F 控制方式，并且变频器无法保护电动机的过流、过载，此时需在每台电动机回路上设置过流、过载保护。

④ 对于一些特殊的应用场合，如高环境温度、高开关频率、高海拔高度等，此时应降容选择变频器，变频器需放大一挡选择。环境温度长期较高，变频器若安装在通风冷却不良的机柜内时，会造成变频器寿命缩短（电子器件，特别是电解电容等器件，在高于额定温度后，每升高 10℃ 寿命会下降一半），除设置完善的通风冷却系统以保证变频器正常运行外，在选用上增大一级变频器容量，可使其在运行时温升有所下降。

⑤ 使用变频器控制高速电动机时，由于高速电动机的电抗小，高次谐波增加了输出电流值。因此，选择用于高速电动机的变频器时，应比普通电动机选择的变频器大一级。

⑥ 变频器用于变极电动机时，应使其最大额定电流在变频器的额定输出电流以下。变频调速的多速电动机，在运行中不能改变极对数。如果在变频器运行中改变电动机的绕组接线，就会引起很大的冲击电流，造成变频器过载跳闸，甚至烧毁的严重事故。所以，要安全切换多速电动机的绕组，必须在变频器停止输出后才能进行。

⑦ 选择变频器时，一定要注意其防护等级是否与现场的情况相匹配。否则现场的灰尘、水汽会影响变频器的长久安全稳定运行。驱动防爆电动机时，因变频器没有防爆类型，应将变频器设置在危险场所之外。

⑧ 使用变频器驱动齿轮减速电动机时，使用范围受到齿轮转动部分润滑方式的制约。润滑油润滑时，在低速范围内没有限制；在超过额定转速以上的高速范围内，有可能发生齿轮减速机机械和润滑故障。因此，不要超过齿轮减速机的最高转速容许值。

⑨ 变频器驱动绕线转子异步电动机时，由于绕线电动机与普通的笼型电动机相比，绕线电动机绕组的阻抗小。因此，容易发生由于纹波电流而引起的过电流跳闸现象，所以应选择比绕线电动机的容量大一级的变频器。一般绕线电动机多用于飞轮力矩 GD^2 较大的场合，应用中应结合实际工况设定加减速时间。

⑩ 在可以使用单相电源的情况下，三相小型电动机可选择"单相220V电源进线三相输出"的变频器，电动机可由原三相 380V 的 Y 接法，改为△接法，功率与原使用状态相同，这样选用更为经济。

⑪ 变频器驱动同步电动机时，与工频电源相比，降低输出容量 10%～20%，变频器的连续输出电流要大于同步电动机额定电流与同步牵入电流标幺值的乘积。对于同步电动机负载，选择变频器的依据是电流、电压而不是功率。

⑫ 对于压缩机、振动机等转矩波动大的负载和油压泵等有峰值负载的机械设备，如果按照电动机的额定电流或功率值选择变频器，有可能发生因峰值电流使过电流保护动作现象。因此，应了解工频运行情况，选择比其最大电流大的变频器。变频器驱动潜水泵电动机时，因为潜水泵电动机的额定电流比通常电动机的额定电流大，所以选择变频器时，其额定电流要大于潜水泵电动机的额定电流。

⑬ 当驱动罗茨风机电动机选择变频器时，由于其启动电流很大，所以选择变频器时一定要注意变频器的容量是否足够大。

⑭ 单相电动机不适用变频器驱动。

⑮ 电网电压处于不正常时将危及变频器的安全运行，如对 380V 的线电压如上升到 450V 就会造成变频器损坏，因此电网电压超过使用手册规定范围的场合，要使用变压器

调整，以确保变频器的安全。

⑯ 高海拔地区因空气密度降低，散热器不能达到额定散热器效果，一般在 1000m 以上，每增加 100m 容量下降 10%，必要时可加大一级变频器容量，以免变频器过热。

⑰ 当变频器为降低电动机噪声而将调制频率重新设置较高，并超过出厂设置频率时，会造成变频器损耗增大。设置频率越高，损耗越大，因此要适当减载，不同调制频率和负载率时的相应减载曲线如图 2-3 所示，不同公司、不同系列变频器会有差别，但趋势是相似的。

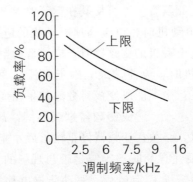

图 2-3　不同调制频率与负载率降低的关系

⑱ 一台变频器驱动多台电动机时，变频器容量应比多台电动机容量之和大，并且只能选择 F 控制模式，不能用矢量控制模式。因矢量控制方式只能对应一台变频器驱动一台电动机，而且变频器的额定电流应等于或大于各台电动机的额定电流之和，并要适应所驱动电动机的运行方式和启动电流。

⑲ 当多台变频器的逆变单元共用一个整流、回馈单元时，即采用公共直流母线方式，有利于多台逆变器制动能量的储存和利用，此时整流、回馈单元的容量要足够大，并要设有防止小功率变频器整流桥过载损坏的措施，使用中对多台电动机不能同时制动。

2.1.2　变频器功率的选取

（1）变频器容量

变频器的容量可从三个角度表述：额定电流、可用电动机功率和额定容量。其中后两项，变频器生产厂家由本国或本公司生产的标准电动机给出，或随变频器输出电压而降低，都很难确切表达变频器的能力。不管是哪一种表示方法，归根到底还是对变频器额定电流的选择，应结合实际情况根据电动机有可能向变频器吸收的电流来决定。

选择变频器时，只有变频器的额定电流是一个反映半导体变频装置负载能力的关键量。负载电流不超过变频器额定电流是选择变频器容量的基本原则。在确定变频器容量前应仔细了解生产工艺设备的情况及电动机参数，例如潜水电泵、绕线转子电动机的额定电流要大于普通笼型异步电动机额定电流，冶金工业常用的辊道电动机不仅额定电流大，同时它允许短时处于堵转工作状态，且辊道传动大多是多电动机传动。应保证在无故障状态下负载总电流均不允许超过变频器的额定电流。通常变频器的过载能力有两种：

① 1.2 倍的额定电流，可持续 1min。

② 1.5 倍的额定电流，可持续 1min。

变频器的允许过电流与过载时间呈反时限的关系。如 1.2（1.5）倍的额定电流可持续 1min；而 1.8（2.0）倍的额定电流，可持续 0.5min。这就意味着不论任何时候变频器向电动机提供的电流在 1min（或 0.5min）时间内限制在允许范围内。过载能力这个指标，对电动机来说，只有在启动（加速）过程中才有意义，在运行过程中，实际上等同于不允许过载。

变频器的额定功率指的是它适用的 4 极交流异步电动机的功率，由于同容量电动机，其极数不同，电动机额定电流不同。随着电动机极数的增多，电动机额定电流增大。变频器的容量选择不能以电动机额定功率为依据。同时，对于原来未采用变频器的改造项目，变频器的容量选择也不能以电动机额定电流为依据。因为，电动机的容量选择要考虑最大负荷、富余系数、电动机规格等因素，往往电动机的容量富余量较大，工业用电动机常常在 50%～60% 额定负荷下运行。若以电动机额定电流为依据来选择变频器的容量，留有富余量太大，造成经济上的浪费，而可靠性并没有因此得到提高。

变频器与电动机的匹配主要还是电动机的额定电压及额定电流，如果电动机额定电流小于同功率的变频器的额定电流，一般来说用同等功率的就足够了，如果电动机额定电流大于同功率的变频器的额定电流，只好用大一级的变频器。另外，如果负载较重且启动频繁要考虑变频器容量放大一级，如用于高原或电动机接线太长要考虑变频器的输出能力，可能也要放大一级，并要采取相应的措施。

对于异步电动机，变频器的容量选择应以变频器的额定电流大于或等于电动机的最大正常工作电流 1.1 倍为原则，这样可以最大限度节约资金。对于重载启动、高温环境、绕线式异步电动机、同步电动机等条件下，变频调速器的容量应适当加大。

（2）变频器容量的合理选择方法

变频器容量的选择是一个重要且复杂的问题，要考虑变频器容量与电动机容量的匹配，容量偏小会影响电动机有效力矩的输出，影响系统的正常运行，甚至损坏装置，而容量偏大则电流的谐波分量会增大，也增加了设备投资。变频器容量选择可分以下三步：

① 了解负载性质和变化规律，计算出负载电流的大小或作出负载电流图。

② 预选变频器容量。

③ 校验预选变频器。必要时进行过载能力和启动能力的校验。若都通过，则预选的变频器容量便选定了；否则从②开始重新进行，直到通过为止。

在满足生产机械要求的前提下，变频器容量越小越经济。在选型前，首先要根据机械对转速（最高、最低）和转矩（启动、连续及过载）的要求，确定机械要求的最大输入功率（即电动机的额定功率最小值）。

$$P = nT/9950 (\text{kW}) \tag{2-6}$$

式中，P 为机械要求的输入功率，kW；n 为机械转速，r/min；T 为机械的最大转矩，N·m。

然后，选择电动机的极数和额定功率。电动机的极数决定了同步转速，要求电动机的同步转速尽可能地覆盖整个调速范围，使连续负载容量高一些。为了充分利用设备潜能，避免浪费，可允许电动机短时超出同步速度，但必须小于电动机允许的最高速度。转矩应取设备在启动、连续运行、过载或最高速等状态下的最大转矩。最后，根据变频器输出功率和额定电流稍大于电动机的功率和额定电流确定变频器的参数与型号。需注意的是，变频器的额定容量及参数是针对一定的海拔高度和环境温度而标出的，一般指海拔 1000m

以下，温度在 40℃ 或 25℃ 以下。若使用环境超出该规定，在变频器参数、型号确定前要考虑由此造成的降容因素。合理地选择变频器容量本身就是一种节能降耗措施。根据现有资料和经验，比较简便的方法有三种。

① 电动机实际功率确定法。首先测定电动机的实际功率，以此来选用变频器的容量。

② 公式法。设安全系数，通常取 1.05，则变频器的容量 P_b 为

$$P_b = 1.05[P_m/(P_w\cos\varphi)] \tag{2-7}$$

式中，P_m 为电动机负载；P_w 为电动机功率，$\cos\varphi$ 为电动机功率因数。

计算出 P_b 后，按变频器产品目录选具体规格。当一台变频器用于多台电动机时，应满足至少要考虑一台最大电动机启动电流的影响，以避免变频器过流保护动作。

③ 电动机额定电流法。对于轻负载类，变频器额定电流一般应按 $1.1I_N$（I_N 为电动机额定电流）来选择，或按厂家在产品中标明的与变频器的输出功率额定值相配套的最大电动机功率来选择。

1) 连续运转时所需的变频器容量的计算　由于变频器输出给电动机的是脉冲电流，其脉动值比工频供电时电流要大，因此须将变频器的容量留有适当的余量。此时，变频器应同时满足以下三个条件：

$$P_{CN} \geqslant \frac{KP_M}{\eta\cos\varphi}$$
$$I_{CN} \geqslant KI_M \tag{2-8}$$
$$P_{CN} > K\sqrt{3}U_M I_M$$

式中，P_M 为电动机输出功率；η 为效率（取 0.85）；$\cos\varphi$ 为功率因数（取 0.75）；U_M 为电压，V；I_M 为电流，A；K 为电流波形的修正系数（PWM 方式取 $1.05\sim1.1$）；P_{CN} 为变频器的额定容量，kV·A；I_{CN} 为变频器的额定电流，A。

电动机由低频低压启动或由软启动器启动，变频器只用来完成变频调速时，要求变频器的额定电流稍大于电动机的额定电流即可：

$$I_{FN} \geqslant 1.1I_{MN} \tag{2-9}$$

式中，I_{FN} 为变频器额定电流；I_{MN} 为电动机额定电流。

电动机在额定电压、额定频率直接启动时，对三相电动机而言，由电动机的额定数据可知，启动电流是额定电流的 $5\sim7$ 倍。因而得用下式来计算变频器的频定电流。

$$I_{FN} \geqslant I_{Mst}/K_{Fg} \tag{2-10}$$

式中，I_{Mst} 为电动机在额定电压，额定频率时的启动电流；K_{Fg} 为变频器的过载倍数。

2) 加减速时变频器容量的选择　变频器的最大输出转矩是由变频器的最大输出电流决定的，一般情况下，对于短时的加减速而言，变频器允许达到额定输出电流的 130%～150%（视变频器容量），因此，在短时加减速时的输出转矩也可以增大；反之，如只需要较小的加减速转矩时，也可降低选择变频器的容量。由于电流的脉动原因，此时应将变频器的最大输出电流降低 10% 后再进行选定。

3) 频繁加减速运转时变频器容量的选择　很多情况下电动机的负载具有周期性变化的特点，在此情况下，按最小负载选择变频器的容量，将出现过载，而按最大负载选择，将是不经济的。由此推知，变频器的容量可在最大负载与最小负载之间适当选择，以使变频器得到充分利用而又不过载。

首先作出电动机负载电流图，然后求出平均负载电流 I_{av} 再预选变频器的容量，I_{av} 的计算的公式如下：

$$I_{av} = (I_1 t_1 + I_2 t_2 + \cdots + I_j t_j + \cdots) \div (t_1 + t_2 + \cdots + t_j + \cdots) \quad (2\text{-}11)$$

式中，I_j 为第 j 段运行状态下的平均电流；t_j 为第 j 段运行状态下对应的时间。

考虑到过渡过程中，电动机从变频器吸收的电流要比稳定运行时大，而上述 I_{av} 没有反映过渡过程中的情况。因此，变频器的容量按 $I_{FN} \geqslant (1.1 \sim 1.2) I_{av}$ 修正后预选。若过渡过程在整个工作过程中占较大比重，则系数（$1.1 \sim 1.2$）选偏大的值。

非周期性变化负载连续运行时，一般难以作出负载电流图，可按电动机在输出最大转矩时的电流计算变频器的额定电流：

$$I_{FN} \geqslant I_{M(max)} / K_{Fg} \quad (2\text{-}12)$$

式中，$I_{M(max)}$ 为电动机在输出最大转矩时的电流。

也可根据加速、恒速、减速等各种运行状态下的电流值 I_{ICN} 选择变频器的额定电流，I_{ICN} 的计算的公式如下：

$$I_{ICN} = [(I_1 t_1 + I_2 t_2 + \cdots + I_n t_n) / (t_1 + t_2 + \cdots t_n)] K_0 \quad (2\text{-}13)$$

式中，I_{ICN} 为变频器额定输出电流，A；I_1、I_2、$\cdots$、I_n 为各运行状态平均电流，A；t_1、t_2、$\cdots$、t_n 为各运行状态下的时间；K_0 为安全系数（运行频繁时取 1.2，其他条件下为 1.1）。

在计算出负载电流后，还应考虑三个方面的因素：

① 用变频器供电时，电动机电流的脉动相对工频供电时要大些；

② 电动机的启动要求。即是由低频低压启动，还是额定电压、额定频率直接启动。

③ 变频器使用说明书中的相关数据是用标准电动机测试出来的，要注意按常规设计生产的电动机在性能上可能有一定差异，故计算变频器的容量时要留适当余量。

在电动机启动（加速）的过程中电动机不仅要负担稳速运行的负载转矩，还要负担加速转矩，如果生产机械对启动（加速）时间无特殊要求，可适当延长启动（加速）时间来避让峰值电流。若生产机械对启动（加速）时间有一定要求，就要慎重考虑。

如前所述，变频器的允许电流与过程时间呈反时限关系。如果电动机启动（加速）时，其电流小于变频器的过载能力，则预选容量通过，如果电动机启动（加速）时，其电流已达到变频器的过载能力，而要求的加速时间又与变频器过载能力规定的时限发生冲突，这时，变频器的容量应在预选容量的基础上增容。

4）一台变频器驱动多台电动机，且多台电动机并联运行时变频器容量的选择　用一台变频器驱动多台电动机并联运转时，对于已有几台电动机启动运行后，再启动其他电动机的场合，此时变频器的电压、频率已经上升，电动机启动将产生大的启动电流，因此，变频器容量与同时启动时相比需要大些。以变频器短时过载能力为 $150\%/1min$ 为例计算变频器的容量，此时若电动机加速时间在 1min 内，则应满足以下两式：

$$P_{CN} \geqslant \frac{2}{3} P_{CN1} \left[1 + \frac{n_S}{n_T} (K_S - 1) \right]$$

$$P_{CN} \geqslant \frac{2}{3} n_T I_M \left[1 + \frac{n_S}{n_T} (K_S - 1) \right] \quad (2\text{-}14)$$

若电动机加速在 1min 以上时，则应满足以下两式：

$$P_{CN} \geqslant P_{CN1} \left[1 + \frac{n_S}{n_T}(K_S - 1) \right]$$

$$P_{CN} \geqslant n_T I_M \left[1 + \frac{n_S}{n_T}(K_S - 1) \right] \qquad (2\text{-}15)$$

$$P_{CN1} = K P_M n_T / (\eta \cos\varphi)$$

式中，n_T 为并联电动机的台数；n_S 为同时启动的台数；P_{CN1} 为连续容量，$kV \cdot A$；P_M 为电动机输出功率；η 为电动机的效率（约取 0.85）；$\cos\varphi$ 为电动机的功率因数（常取 0.75）；K_S 为电动机启动电流/电动机额定电流；I_M 为电动机额定电流；K 为电流波形正系数（PWM 方式取 1.05～1.10）；P_{CN} 为变频器容量，$kV \cdot A$。

变频器驱动多台电动机，但其中可能有一台电动机随时投入运行或随时退出运行。此时变频器的额定输出电流可按下式计算：

$$I_{ICN} \geqslant K \sum_{i-1}^{J} I_{MN} + 0.9 I_{MQ} \qquad (2\text{-}16)$$

式中，I_{ICN} 为变频器额定输出电流，A；I_{MN} 为电动机额定输入电流，A；I_{MQ} 为最大一台电动机的启动电流，A；K 为安全系数，一般取 1.05～1.10；J 为余下的电动机台数。

一台变频器同时供多台电动机使用，除了要考虑一拖一的几种情形外，还可以根据以下两种情况区别对待。

① 各台电动机均由低频低压启动，在正常运行后不要求其中某台因故障停机的电动机重新直接启动，这时变频器容量可按下式计算：

$$I_{FN} \geqslant I_{M(max)} + \sum I_{MN} \qquad (2\text{-}17)$$

式中，$\sum I_{MN}$ 为其余各台电动机的额定电流之和；$I_{M(max)}$ 为最大电动机的启动电流。

② 一部分电动机直接启动，另一部分电动机由低频低压启动。除了使电动机运行的总电流不超过变频器的额定输出电流之外，还要考虑所有直接启动电动机的启动电流，即

$$I_{FN} \geqslant (\sum I_{Mst'} + \sum I_{MN'}) / K_{Fg} \qquad (2\text{-}18)$$

式中，$\sum I_{Mst'}$ 为所有直接启动电动机在额定电压，额定频率下的启动电流总和；$\sum I_{MN}$ 为全部电动机额定电流的总和。

5）电动机直接启动时所需变频器容量的计算　通常，三相异步电动机直接用工频启动时启动电流为其额定电流的 5～7 倍，对于电动机功率小于 10kW 的电动机直接启动时，可按下式选取变频器。

$$I_{ICN} \geqslant I_K / K_g \qquad (2\text{-}19)$$

式中，I_K 为在额定电压、额定频率下电动机启动时的堵转电流，A；K_g 为变频器的允许过载倍数，$K_g = 1.3 \sim 1.5$。

6）大惯性负载启动时变频器容量的计算　变频器过载容量通常为 125%、60s 或 150%、60s，需要超过此过载容量时，必须增大变频器的容量。这种情况下，一般按下式计算变频器的容量：

$$P_{CN} \geqslant \frac{K n_M}{9550 \eta \cos\varphi} \left(T_L + \frac{GD^2}{375} \times \frac{n_M}{t_A} \right) \qquad (2\text{-}20)$$

式中，GD^2 为换算到电动机轴上的转动惯量值，$N \cdot m^2$；T_L 为负载转矩，$N \cdot m$；η 为电动机的效率（取 0.85）；$\cos\varphi$ 为功率因数（取 0.75）；n_M 为额定转速，r/min；t_A 为

电动机加速时间，由负载要求确定，s；K 为电流波形的修正系数（PWM 方式取 $1.05 \sim$ 1.10）；P_{CN} 为变频器的额定容量，kV·A。

7）轻载电动机变频器的选择　电动机的实际负载比电动机的额定输出功率小时，多认为可选择与实际负载相称的变频器容量，但是对于通用变频器，即使实际负载小，选用比电动机额定功率小的变频器并不理想，这主要是由于以下原因：

① 电动机在空载时也流过额定电流的 $30\% \sim 50\%$ 的励磁电流。

② 启动时流过的启动电流与电动机施加的电压、频率相对应，而与负载转矩无关，如果变频器容量小，此电流超过过流容量，则往往不能启动。

③ 电动机容量大，则以变频器容量为基准的电动机漏抗百分比变小，变频器输出电流的脉动增大，因而过流保护容易动作，往往不能正常运转。

④ 电动机用通用变频器启动时，其启动转矩同用工频电源启动相比多数变小，根据负载的启动转矩特性，有时不能启动。另外，在低速运行区的转矩有比额定转矩减小的倾向，若用选定的变频器不能满足负载所要求的启动转矩和低速区转矩时，变频器的容量还需要再加大。

（3）变频器箱体结构的选用

变频器的箱体结构要与环境条件相适应，即必须考虑温度、湿度、粉尘、酸碱度、腐蚀性气体等因素，这些因素与能否长期、安全、可靠运行有很大关系。常见的变频器箱体有下列几种结构类型可供设计中选用。

① 敞开型 IP00　本身无机箱，它从正面保护人体不能触摸到变频器内部的带电部分，适用装在电控箱内或室内的屏、盘、架上，尤其是多台变频器集中使用时，选用这种形式较好，但环境条件要求较高。

② 封闭型 IP20、IP21　这种防护结构的变频器四周都有外罩，可在建筑物内的墙上壁挂式安装，它适用于大多数的室内安装环境。可用于有少量粉尘或少许温度、湿度变化的场合。

③ 密封型 IP40、IP42、IP45、IP55　它具有防尘、防水的防护结构，适用于工业现场环境条件差，有水淋、粉尘及一定腐蚀性气体的场合，适用工业现场条件较差些的环境。

④ 密闭型 IP65　适用环境条件差，有水、尘及一定腐蚀性气体的场合。

2.2　变频器选用件的特点和应用

2.2.1　变频调速系统的制动选件

（1）变频调速系统运行状态

不少的生产机械在运行过程中需要快速地减速或停车，而有些设备在生产中要求保持若干台设备前后一定的转速差或者拉伸率，这时就会产生发电制动的问题，使电动机运行在第二或第四象限。而对于变频器，如果输出频率降低，电动机转速将跟随频率同样降低，这时会产生制动过程，由制动产生的再生能量将返回到变频器直流单元，这些功率可以用电阻发热消耗或反馈回电网。为了改善变频系统制动能力，不能依靠增加变频器的容量来解决再生能量问题。需要选用制动电阻、制动单元或功率再生变换器等选件来改善变频器的制动能力。在变频调速系统减速期间，产生的再生能量如果不通过热消耗的方法消耗掉，而是把能量返回送到变频器电源侧的方法叫做"再生能量回馈法"。在实际应用中实现"再生能量回馈"需要"能量回馈单元"选件。

然而在实际应用中，由于大多通用变频器都采用电压源的控制方式，其中间直流环节有大电容器钳制着直流电压，使之不能迅速反向，另外变频器整流回路通常采用不可控整流桥，不能使电流反向，因此要实现回馈制动和四象限运行就比较困难。

图 2-4 所示为变频器调速系统的两种运行状态，即电动和发电状态。在变频调速系统中，电动机的降速和停机是通过逐渐减小频率来实现的，在频率减小的瞬间，电动机的同步转速随之下降，而由于机械惯性的原因，电动机的转子转速未变。当同步转速 w_1 小于转子转速 w 时，转子电流的相位几乎改变了 $180°$，电动机从电动状态转变为发电状态；与此同时，电动机轴上的转矩变成了制动转矩 T_e，使电动机的转速迅速下降，电动机处于再生制动状态。电动机再生的电能经逆变单元续流二极管全波整流后反馈到直流电路。由于直流电路的电能无法通过整流桥回馈到电网，仅靠变频器本身的电容器吸收，虽然其他部分能消耗电能，但电容器仍有短时间的电荷堆积，形成"泵升电压"，使直流电压 U_d 升高。过高的直流电压将使各部分器件受到损害。因此，对于负载处于发电制动状态中必须采取必需的措施处理这部分再生能量。通用电压型变频器只能运行于一、三象限，即电动状态，因此在以下应用场合，必须考虑配套使用制动方式：

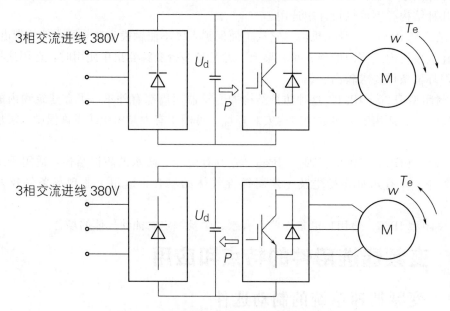

图 2-4 变频器调速系统的两种运行状态

① 电动机拖动大惯量负载（如离心机、龙门刨、巷道车、行车的大小车等）并要求急剧减速或停车。

② 电动机拖动位能负载（如电梯，起重机，矿井提升机等）。

③ 电动机经常处于被拖动状态（如离心机副机、造纸机导纸辊电动机、化纤机械牵伸机等）。

以上几类负载的共同特点是要求电动机不仅运行于电动状态（一、三象限），而且要运行于发电制动状态（二、四象限）。为使系统在发电制动状态能正常工作，必须采取适当的制动方式。

（2）共用直流母线系统方案

在同一个电力拖动系统中的一个或多个传动单元，有时会发生电动机运行在发电状态，并将再生能量反馈到变频器中来，这种现象叫"再生能量"。这种情况一般发生在电动机被机械设备惯性拖动的时候（也就是被一个远远高于设定值的速度拖动的时候），或是当驱动电动机发生制动以提供足够的张力的时候（如放卷系统中的传动电动机）。

通用变频器在设计上不具有再生能量反馈到三相电源的功能，因此所有变频器从电动机吸收的能量都会保存在电容中，最终导致变频器中的直流母线电压升高。如果变频器配备制动单元和制动电阻，变频器就可以通过短时间接通电阻，使电能以热方式消耗掉。当然只要充分考虑到制动时最大的电流容量、负载周期和消耗到制动电阻上的额定功率就可以设计或选择合适的制动单元，并以连续的方式消耗电能，最终能够保持直流母线电压的平衡。这种制动单元的工作方式其实就是消耗能量的一种能耗制动。

如果有多台变频器通过直流母线互连，一个或多个电动机产生的再生能量就可以被其他电动机以电动的方式消耗吸收了。这是一种非常有效的工作方式，即使有多个部位的电动机一直处于连续发电状态，也不用考虑采取处理再生能量的工作方式。在这种方式下，如果生产机械设备仍需要一个更快刹车或紧急停止的状态的话，那就需要再加上一个一定容量的制动单元和制动电阻以便在需要时工作，若与能量回馈装置组合就可以充分地将直流母线上的多余能量直接反馈到电网中来，以提高系统的节能效果。

① 变频器共用直流母线方案　对于通用变频器而言，采用共用直流母线很重要的一点就是在共用直流母线上电时必须充分考虑到变频器的控制、传动系统故障、负载特性和输入主回路保护等。图 2-5 所示为一种应用比较广泛的共用直流母线方案。该方案包括 3 相进线（保持同一相位）、直流母线、通用变频器组、公共制动单元（或采用能量回馈装置）和一些附属元件。该方案具有以下特点。

a. 使用一个完整的变频器，而不是单纯使用传统意义上的整流桥加多个逆变器方案。

b. 不需要有分离变频器的整流桥、充电单元、电容组和逆变器。

c. 每一个变频器都可以单独从直流母线中分离出来而不影响其他系统。

d. 通过联锁接触器来控制变频器的直流环节的接入到共用直流母线上。

e. 采用快速熔断器来保护接在公共直流母线上的变频器的电容单元。

f. 所有接在公共直流母线上的变频器必须使用同一个三相交流电源。

在图 2-5 中，QF 是每个变频器的进线保护装置，它应该采用带辅助触点的空气开关，因为直流接触器 MC 的接通必须同时满足 QF 的辅助触点闭合和变频器运行状态正常这两个条件，否则 MC 就断开。

LR 为进线电抗器，由于实际工作现场的复杂环境往往会导致电网的波动并产生高次谐波，使用进线电抗器就能有效地避免这些因素对变频器的影响，也可用于增加电源阻抗并吸收附近设备投入工作时产生的浪涌电压和主电源的电压尖峰，从而最终保护变频器的整流单元。

为确保变频器上电后顺利地接到公共直流母线上，或是在变频器故障后快速地与公共

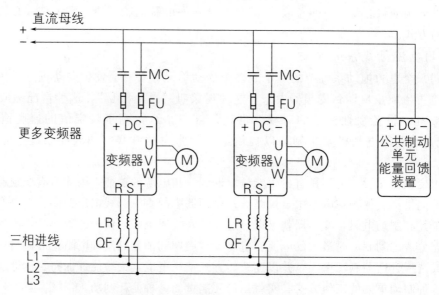

图 2-5　通用变频器共用直流母线方案

直流母线断开以进一步缩小变频器故障范围，使用在该系统的变频器必须要有 24VDC 信号或无源触点信号输出，其输出信号至少包括：

READY 信号：该信号输出有效则表示变频器无故障，母线电压正常，可以接受启动命令。

FAULT 信号：该信号输出表示变频器故障。

FU 为半导体快速熔断器，额定电压通常可选 700VDC，如 Bussman 的 FWP 系列、Gouldshawmut 的 A70P 系列，额定电流必须考虑到驱动电动机在电动或制动时的最大能量，一般情况下可以额定负载的 125% 电流即可。

MC 为 2P 直流接触器，如 ABB 的 EHDB 系列，额定电压 650VDC，其额定电流同样须根据驱动电动机制动时的最大电流来选取，一般情况下可以选额定负载的 120% 电流。

② 共用直流母线的应用　通用变频器的共用直流母线方案目前已经在工业领域的很多机械设备上得到广泛应用，不仅整机（设备加电气）故障率低，而且能最大程度地节能，更具有环保的意义。

a. 双电动机驱动。双电动机驱动电路如图 2-6 所示，与主动件相连的电动机处于电动工作状态为主电动机，与从动件相连的电动机由于转鼓差速的作用始终处于发电状态的为副电动机。主、副电动机各用一台普通变频器驱动，采用公共直流母线方案，较好地解决副电动机持续发电的再生能量问题，并达到节能的效果。

b. 多电动机驱动。多电动机驱动设备通常包括几个主要的传动电动机，例如纺织机械通常有一道、二道、三道牵伸和卷曲，它们需要同步运行。在同步时，一道牵伸 M1 和二道牵伸 M2 为保持一定牵伸比必须处于发电状态，而三道牵伸 M3 和卷曲 M4 则处于电动状态。M1 和 M2 发电是由于三道牵伸的电动所引起的，该两台电动机所产生的回馈能量足以消耗到处于电动状态下的 M3 和 M4 中，而不会引起直流回路母线电压的升高，这样通过图 2-7 接线就可以解决再生能量的制动问题，从而使系统始终处于比较稳定的状态。

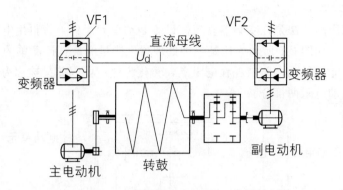

图 2-6 共用直流母线方案在离心机上的应用

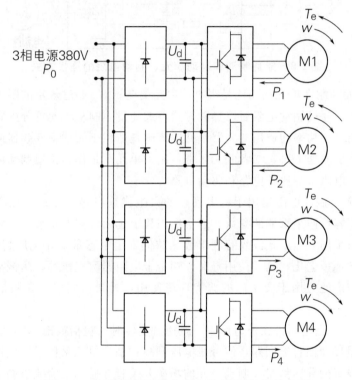

图 2-7 共用直流母线方案在化纤设备上的应用

在图 2-7 中，能量传递的公式为

$$P_0 = P_3 + P_4 - P_1 - P_2 \tag{2-21}$$

很显然，公共直流母线方案将大大降低能量损耗。多电动机驱动设备采用共用直流母线的控制方式，具有以下显著特点。

a. 共用直流母线可以大大减少制动单元的重复配置，结构简单合理，经济可靠。

b. 共用直流母线的中间直流电压恒定，由于各变频器的直流环节并联电容器的储能容量较大。

c. 各电动机工作在不同状态下，能量回馈互补，优化了系统的动态特性，并使系统具有较高的节能效果。

（3）能耗制动

能耗制动采用的方法是在变频器直流侧设置制动单元组件，将再生电能消耗在制动电阻上来实现制动，如图 2-8 所示。这是一种处理再生能量的最直接简单的方法，它将再生能量通过专门的能耗制动电路消耗在电阻上，转化为热能，因此又被称为电阻制动，它包括制动单元和制动电阻两部分。

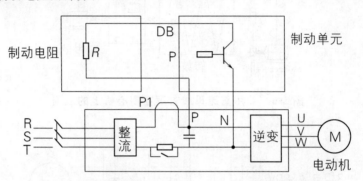

图 2-8　能耗制动和制动单元、制动电阻的连接方式

① 制动单元　制动单元的功能是当直流回路的电压 U_d 超过规定的限值时，接通耗能电路，使直流回路通过制动电阻后以热能方式释放能量。制动单元可分内置式和外置式两种，内置式适用于小功率的通用变频器，外置式则是适用于大功率变频器或是对制动有特殊要求的工况。从原理上讲，二者并无区别，制动单元都是作为接通制动电阻的"开关"，它包括功率管、电压采样比较电路和驱动电路。

② 制动电阻　制动电阻是用于将电动机的再生能量以热能方式消耗的载体，它包括电阻阻值和功率容量两个重要的参数。通常在工程上选用较多的是波纹电阻和铝合金电阻两种：波纹电阻采用表面立式波纹有利于散热减低寄生电感量，并选用高阻燃无机涂层，有效保护电阻丝不被老化，延长使用寿命；铝合金电阻器耐气候性、耐振动性，优于传统瓷骨架电阻器，广泛应用于要求高的恶劣环境使用，易紧密安装、易附加散热器，外形美观。

③ 制动过程　当电动机在外力作用下减速、反转时（包括被拖动），电动机即以发电状态运行，能量反馈回直流回路，使母线电压升高；制动单元采样母线电压，当直流电压到达制动单元设置的导通值时，制动单元的功率开关管导通，电流流过制动电阻；制动电阻将电能转换为热能，电动机的转速降低，直流母线电压也降低；当母线电压降至制动单元设定的关断值时，制动单元的开关功率管截止，制动电阻无电流流过。

④ 安装要求

a. 制动单元与变频器之间，以及制动单元与制动电阻之间的配线距离要尽可能短（线长在 2m 以下），导线截面要满足制动电阻泄放电流的要求。

b. 制动单元在工作时，制动电阻将大量发热，应使制动电阻有良好的散热条件，连接制动电阻的导线要使用耐热导线，导线勿触及制动电阻器。

c. 制动电阻应使用绝缘挡片固定牢固，安装位置要确保良好散热，制动电阻器柜内安装时应将制动电阻安装在变频柜的顶部。

⑤ 制动单元与制动电阻的选配

a. 制动转矩可按下式计算：

$$M_Z = \frac{(GD+GD')(V_Q-V_H)}{375t_j} - M_{FZ} \tag{2-22}$$

式中，M_Z 为制动转矩；GD 为电动机转动惯量；GD' 为电动机负载折算到电动机侧的转动惯量；V_Q 为制动前速度；V_H 为制动后速度；M_{FZ} 为负载阻转矩；t_j 为减速时间。

一般情况下，在进行电动机制动时，电动机内部存在一定的损耗，为额定转矩的 $18\% \sim 22\%$，为此计算出所需的制动转矩小于电动机额定转矩的 $18\% \sim 22\%$ 就无需接制动装置。

b. 制动电阻的阻值可按下式计算：

$$R_Z = \frac{U_Z^2}{0.147(M_Z-20\%M_e)V_Q} \tag{2-23}$$

式中，R_Z 为制动电阻值；U_Z 为制动单元动作电压值；M_e 为电动机额定转矩。

在制动单元工作过程中，直流母线的电压的升降取决于常数 RC，R 即为制动电阻的阻值，C 为变频器内部电容的容量。

制动电阻的阻值太大，制动不迅速，太小了制动用开关元件很容易损坏。一般当负载惯量不太大时，认为电动机制动时最大有 70% 能量消耗于制动电阻，30% 的能量消耗于电动机本身及负载的各种损耗上，此时制动电阻为

$$0.7P = \frac{U_C^2}{R \times 10^3} \quad \text{或} \quad R = \frac{U_C^2}{0.7P \times 10^3} \tag{2-24}$$

式中，P 为电动机功率，kW；U_C 为制动时母线上的电压，V；R 为制动电阻，Ω。

当三相电压为 380V 时，$U_C \approx 700$V，单相电压为 220V 时，$U_C \approx 390$V，三相 380V 时制动电阻阻值为

$$R = \frac{U_C^2}{0.7P \times 10^3} = \frac{700^2}{0.7P \times 10^3} = \frac{700}{P} \tag{2-25}$$

单相 220V 时制动电阻阻值为

$$R = \frac{U_C^2}{0.7P \times 10^3} = \frac{390^2}{0.7P \times 10^3} = \frac{217}{P} \tag{2-26}$$

低频度制动的制动电阻的耗散功率一般为电动机功率的 $1/5 \sim 1/4$，在频繁制动时，耗散功率要加大。有的小容量的变频器内部装有制动电阻，但在高频度或重力负载制动时，内装制动电阻的散热量不足，容易损坏，此时要改用大功率的外接制动电阻。各种制动电阻都应选用低电感结构的电阻器；连接线要短，并使用双绞线或平行线，采取低电感措施是为了防止和减少电感能量加到制动开关管上，造成制动开关管损坏。如果回路的电感大、电阻小，将会造成制动开关管损坏。

制动电阻与使用电动机的飞轮转矩有密切关系，而电动机的飞轮转矩在运行时是变化的，因此准确计算制动电阻比较困难，通常情况是采用经验公式取一个近似的值。

$$R_Z \geqslant (2 \times U_D)/I_e \tag{2-27}$$

式中，I_e 为变频器额定电流；U_D 为变频器直流母线电压。

c. 制动单元的选择。在进行制动单元的选择时，制动单元的工作最大电流是选择的唯一依据，其计算公式如下：

$$I_{PM} = \frac{U_M}{R_Z} \qquad\qquad (2\text{-}28)$$

式中，I_{PM} 为制动电流瞬时值；U_M 为制动单元直流母线电压。

d. 计算制动电阻的标称功率。由于制动电阻为短时工作制，因此根据电阻的特性和技术指标，一般可用下式求得：

$$P_B = K P_{av} \times \eta \qquad\qquad (2\text{-}29)$$

式中，P_B 为制动电阻标称功率；K 为制动电阻降额系数；P_{av} 为制动期间平均消耗功率；η 为制动使用率。

各变频器生产厂家为了减少制动电阻的阻值挡次，常对若干种不同容量的电动机提供相同阻值的制动电阻。因此，在制动过程中所得到的制动转矩的差异是较大的。例如，艾默生 TD3000 系列变频器对于配用电动机容量为 22kW、30kW 和 37kW 的变频器，所提供的制动电阻规格，都是 3kW、20Ω。制动单元在直流电压为 700V 时导通，则制动电流为

$$I_B = 700/20 = 35A$$

所用电动机为 Y 系列的 4 极电动机，则其 I_B/I_{MN}、T_B/T_{MN} 参数见表 2-2。

表 2-2　Y 系列的 4 极电动机 I_B/I_{MN}、T_B/T_{MN} 参数

P_{MN} /kW	I_{MN} /A	I_B/I_{MN}	T_B/T_{MN}
22	42.5	0.82	1.64
30	56.8	0.62	1.24
37	69.8	0.50	1.00

制动电阻的功率为

$$P_{B0} = (700)^2/20 = 24.5kW$$

iF 系列变频器 220V 级外部制动电阻参数见表 2-3。

表 2-3　220V 级外部制动电阻参数

变频器型号	功率 /kW	100% 制动力矩		160% 制动力矩	
		电阻容量 /W	电阻阻值 /Ω	电阻容量 /W	电阻阻值 /Ω
SB004iF-1	0.37	60	400	80	300
SB008iF-1	0.75	100	200	150	150
SB015iF-1	1.5	200	100	300	60
SB022iF-1	2.2	300	60	400	50

注：此表根据 5%ED（刹车使用率），15s 连续制动时间。

iF 系列变频器 380V 级外部制动电阻参数见表 2-4。

表 2-4　380V 级外部制动电阻参数

变频器型号	功率 /kW	100% 制动力矩		150% 制动力矩	
		电阻容量 /W	电阻阻值 /Ω	电阻容量 /W	电阻阻值 /Ω
SB015iF-4	1.5	200	450	300	300
SB022iF-4	2.2	300	300	400	200
SB040iF-4	4.0	500	200	600	130
SB055iF-4	5.5	700	120	1000	85
SB075iF-4	7.5	1000	90	1200	60
SB110iF-4	11	1400	60	2000	40
SB150iF-4	15	2000	45	2400	30
SB185iF-4	18.5	2400	35	3600	20
SB220iF-4	22	2800	30	3600	20

注：此表根据 5%ED，15s 连续制动时间。

2.2.2　电抗器和滤波器选件

由于变频器是通过 6 组脉宽可调的 SPWM 波控制三相 6 组功率元件导通、关断，从而形成电压、频率可调的三相输出电压，其输出电压和输出电流是由 SPWM 波和三角载波的交点产生的，不是标准的正弦波，包含较强的高次谐波成分，将对同一电网上的其他用电设备产生很强的干扰，甚至造成不能使用；同时由于其他设备启动或工作时对电网造成冲击，或电网自身出现的电压波动、浪涌对变频器也产生干扰，影响其正常工作，甚至造成变频器损坏。

大量工程实践证明，为了减小变频器对其他设备和电网的干扰，同时防止电网和其他干扰源对变频器的干扰，在变频器的输入、输出端配置滤波器、交流电抗器、平波电抗器等抗干扰设备是有效抑制干扰措施。变频调速系统采用的电抗器分为铁芯电抗器与铁氧体电抗器，两者的最佳应用条件是：

① 铁芯电抗器适用于频率从 50～200Hz 间的变频调速系统作为进线电抗器及输出电抗器。

② 铁氧体电抗器适用于异步电动机额定频率（弱磁频率）为 200Hz，最大频率为 300Hz，磁阻电动机或永磁同步电动机最大频率为 600Hz 的变频调速系统作为进线电抗器及输出电抗器。

（1）输入电抗器

变频器将电网电压交流转变为直流经整流后都经电容滤波，电容器的使用使输入电流呈尖峰脉冲状，当电网阻抗小时，这种尖峰脉冲电流极大，造成很大的谐波干扰，并使变频器整流桥和电容器容易损坏。输入电抗器串联在电源进线与变频器输入侧（R、S、T），用于抑制输入电流的高次谐波，减少电源浪涌对变频器的冲击，改善三相电源的不平衡性，提高输入电源的功率因数（提高到 0.75~0.85）。交流变频调速系统输入侧设置交流电抗器或 EMC 滤波器，应根据变频器安装场所的其他用电设备对电网品质的要求，若变频器工作时已影响这些设备正常运行，可在变频器输入侧装交流电抗器或 EMC 滤波器，来抑制由功率元件通断引起的谐波和传导辐射。若与变频器连接的电网的变压器中性点不接地，则不能选用 EMC 滤波器。

电源侧交流输入电抗器，用于改善输入电流波形、提高整流器和滤波电容寿命、减少不良输入电流波形对电网的干扰、协调同一电源网上晶闸管等变换器造成的波形影响、减少功率切换和三相不平衡的影响，因此也称为电源协调电抗器，输入电抗器 L_{A1} 能够限制电网电压突变和操作过电压引起的电流冲击，有效地保护变频器和改善其功率因数。变频调速系统接入与未接入输入电抗器时，输入电网的谐波电流的情况如图 2-9 所示。从图 2-9 可以看出接入电抗器后能有效地抑制谐波电流。电抗器的作用是防止变频器产生的高次谐波通过电源的输入回路返回到电网从而影响其他用电设备。

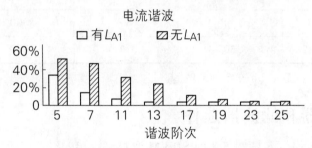

图 2-9 6 脉冲整流器安装与未安装进线电抗器的比较

根据运行经验，在下列场合应考虑安装输入电抗器，才能保证变频器安全可靠的运行。

变频器所接电源的容量与变频器容量之比为 10:1 以上；电源容量为 600kV·A 及以上，且变频器安装位置离大容量电源在 10m 以内，如图 2-10 所示。

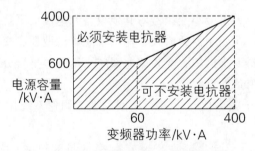

图 2-10 需要安装进线电抗器的电源

三相电源电压不平衡率大于 3%。电源电压不平衡率 K 可按下式计算：

$$K = \frac{U_{\max} - U_{\min}}{U_p} \times 100\% \tag{2-30}$$

式中，$U_{\max}$ 为最大一相电压；$U_{\min}$ 为最小一相电压；U_p 为三相平均电压。

其他晶闸管整流装置与变频器共用同一进线电源，或进线电源端接有通过开关切换调整功率因数的电容器装置。

① 输入电抗器容量的选择 输入电抗器的容量可按预期在电抗器每相绕组上的压降

来决定。一般选择压降为网侧相电压的 2%～4%，也可按表 2-5 的数据选取。

表 2-5 网侧输入电抗器压降

交流输入线电压 $\sqrt{3}U_V$	电抗器额定电压降 $\Delta U_L = 2\pi L I_n$
230	5
380	8.8
460	10

输入电抗器的电感量 L 可按下式计算：
$$L = \Delta U_L / (2\pi f I_n) = 0.04 U_V / (2\pi f I_n) \tag{2-31}$$

式中，U_V 为交流输入相电压有效值，V；ΔU_L 为电抗器额定电压降，V；I_n 为电抗器额定电流，A；f 为电网频率，Hz。

输入电抗器的电感量 L 也可由下面公式计算：
$$L = (2\% \sim 5\%)U / 6.18 \times f \times I \tag{2-32}$$

式中，U 为额定电压，V；I 为额定电流，A；f 为最大频率，Hz。

输入电抗器压降不宜取得过大，压降过大会影响电动机转矩。一般情况下选取进线电压的 4%（8.8V），在较大容量的变频器中，如 75kW 以上可选用 10V 压降。

② 输入电抗器的额定电流 I_L 的选用 单相变频器配置的输入电抗器的额定电流 I_L 按等于变频器的额定电流 I_N 选取，三相变频器配置的输入电抗器的额定电流 I_L 按变频器的额定电流 $I_N \times 0.82$ 选取。电压源变频器电源侧交流电抗器的电感量，采用 3% 阻抗即可使总谐波电流畸变下降到原先的 44% 左右。选用 2%～4% 的压降阻抗是对相电压而言，即
$$U_D = \frac{\Delta U}{U_P} = \frac{\Delta U}{U_N / \sqrt{3}} \times 100\% \tag{2-33}$$

式中，ΔU 为电压压降；U_P 为相电压；U_N 为线电压。

三相时，输入侧交流电抗器电感值：
$$L_{A1} \approx \frac{2 \sim 4}{100} \times \frac{U_N \times 10^{-3}}{\sqrt{3} \times 2\pi f \times I_{Lmax}} \tag{2-34}$$

式中，I_{Lmax} 为电感流过的最大电流。

例如：对 380V、90kW、50Hz、170A 的变频器，需要配置输入侧交流电抗器的电感量为
$$L_{A1} \approx \frac{2 \sim 4}{100} \times \frac{380 \times 10^{-3}}{\sqrt{3} \times 2\pi \times 50 \times I_{Lmax}} = 0.082 \sim 0.164 \text{mH}$$

可以选择工作电流为 170A，电感值在 0.123mH 左右的电抗器即可。在工程设计中需考虑电感值和电流值两方面，电流值一定要大于等于额定值，电感值略偏大有利于减少谐波，但电压降会超过 3%，设计中还要考虑电源内部阻抗，电源变压器功率大于 10 倍变频器功率，而且线路很短的场合，电源内阻小，不仅需要使用输入侧交流电抗器，而且要选择较大的电感值，例如选用 4%～5% 阻抗的电感量。

（2）输出电抗器

变频器的输出是经 PWM 调制的电压波，如图 2-11 所示，由于电动机绕组的电感性质能使电流连续，因此此电流基本上是正弦形的，脉冲宽度调制（PWM）有着陡峭的电压上升和下降的前后沿，即 du/dt 很大，使得输出引线向外发射含量极大的电磁干扰，并且在引出线对地、电动机绕组匝间、绕组对地间都产生很大的脉冲电流。

(a) 经电动机绕组电感作用形成的电流波形

(b) 由变频器输出的SPWM电压波形

图 2-11　调制波形

为了减轻变频器输出 du/dt 对外界的干扰，降低输出波形畸变，达到环保标准，减少对电动机绕组的电压冲击造成绝缘损坏，降低电动机的温升和噪声，避免在变频器输出功率管上因 du/dt 和流过过大的脉冲冲击电流使功率管损坏，以及降低负载短路造成对变频器的损伤，有必要在变频器输出端增设交流电抗器。

值得指出的是脉冲电压通过长的输电线时，由于长线上波的反射叠加使得在长线（即变频器输出导线）超过临界长度后，电压有可能达到直流母线（变频器内直流母线）电压的 2 倍。因此变频器输出线长度受到了限制，为解除这种限制，必须接入输出侧交流电抗器。接入后，送到电动机等负载上的波形接近正弦电压波形。

当变频器和电动机之间的接线超长时，随着变频器输出电缆的长度增加，其分布电容明显增大，从而造成变频器逆变输出的容性尖峰电流过大引起变频器保护动作，因此必须使用输出电抗器或 du/dt 滤波器或正弦波滤波器等装置对这种容性尖峰电流进行限制。

输出滤波电抗器用于补偿在电动机电缆长距离敷设时引起的线路电容充电电流，也可抑制谐波。在多电动机成组传动时，可接入一台输出滤波电抗器，总电缆长度是每台电动机电缆长度的总和。从理论上说，功率等级不同的变频器所允许敷设的电动机电缆长度是不同的，并且不同生产厂商的变频器所允许敷设的电动机电缆长度也是不同的。因此，变频器至电动机电缆在超过多长距离时应加装输出滤波电抗器，还应参阅各变频器生产厂商提供的使用手册。

输出电抗器串联在变频器输出侧（U、V、W）和电动机之间，限制电动机连接电缆的容性充电电流和电动机绕组的电压上升率，减小变频器功率元件动作时产生的干扰和冲击。在变频器与负载电动机之间连接电缆超过 50m 时应配置输出电抗器。在变频器的输出侧使用交流电抗器可平滑滤波，减少瞬变电压 du/dt 的影响，并可得到以下的改善：

① 降低了电动机的噪声。

② 降低了输出高次谐波造成的漏电流。

③ 减少了电磁干扰。

④ 保护了变频器内部的功率开关器件。

⑤ 延长了电动机的绝缘寿命。

输出电抗器有助于改善变频器的过电流和过电压，变频器和电动机之间采用长电缆或向多电动机供电时，由于变频器工作频率高，连接电缆的等效电路成为一个大电容，而引起下列问题：

① 电缆对地电容给变频器额外增加了峰值电流。

② 由于高频瞬变电压，给电动机绝缘额外增加了瞬态电压峰值。

输入电抗器 L_{A1}、输出电抗器 L_{A2} 和直流电抗器 L_{DC} 在变频调速系统中的连接如图 2-12 所示。输出电抗器的主要作用是补偿长线分布电容的影响，并能抑制变频器输出的谐波，起到减小变频器噪声的作用。有些变频器产品使用说明书中提供了有输出电抗器与无输出电抗器时，连接电动机的导线允许的最大长度，表 2-6 是西门子公司提供的数据。

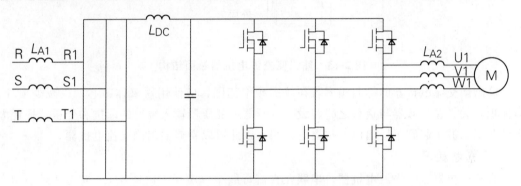

图 2-12　三种电抗器在变频调速系统中的连接

表 2-6　输出滤波电抗器与允许导线长度

变频器功率 /kW	额定电压 /V	非屏蔽导线也许的最大长度 /m	
		无输出电抗器	有输出电抗器
4	200～600	50	150
5.5	200～600	70	200
7.5	200～600	100	225
11	200～600	110	240
15	200～600	125	260
18.5	200～600	135	280
22	200～600	150	300
30～200	280～690	150	300

在实际使用中，只要负载是电感性的，电抗器可采用 1% 阻抗或更低一些都是可行的，因为，PWM 调制频率远高于基波频率，因此，输出侧交流电抗器电感量可按下式计算：

$$L_{A2} \approx \frac{0.5 \sim 1.5}{100} \times \frac{U_N \times 10^{-3}}{\sqrt{3} \times 2\pi f \times I_{Lmax}} \tag{2-35}$$

例如 380V、90kW、50Hz、170A 变频器的输出侧交流电抗器的选用：

$$L_{A2} \approx \frac{0.5 \sim 1.5}{100} \times \frac{380 \times 10^{-3}}{\sqrt{3} \times 2\pi \times 50 \times 170} = 0.0205 \sim 0.061\text{mH}$$

选择电感值在 0.041mH 左右，工作电流为 170A 的电抗器即可。输出侧交流电抗器绕制在磁芯上的导线头尾的位置关系到电感向外发射干扰能量的程度，变频器输出侧交流电抗器的断面结构如图 2-13 所示，绕组头 1 在里层，尾 2 在外层，因此 1 接变频器的输出，2 接负载电动机较好，这样，变频器输出端的强干扰被外层屏蔽，减少干扰向外发射。

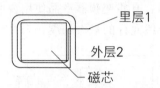

图 2-13　输出侧交流电抗器断面结构

输出侧交流电抗器的抑制频率若在较高频率范围，应使用铁氧体磁芯，以减少损耗，但体积较大。在变频器与负载之间若设有变压器，变压器输入绕组的漏抗和变压器损耗大大削弱调制波，起到了输出侧电抗器的作用，因此可以省略输出侧交流电抗器。

（3）直流电抗器

直流电抗器也叫平波电抗器，串联在直流母线中（端子 P1、P＋）。主要是减小输入电流的高次谐波成分，提高输入电源的功率因数（提高到 0.95）。此电抗器可与交流电抗器同时使用，变频器功率大于 30kW 时才考虑配置直流电抗器。

直流电抗器接在滤波电容前，它抑制进入电容的整流后冲击电流的幅值，并改善功率因数、降低母线交流脉动。变频器功率越大，越应该使用直流电抗器，因为没有直流电抗器时，变频器的电容滤波会造成电流波形严重畸变而使电网电压波形严重畸变，而且非常有害于变频器的整流桥和滤波电容寿命。

直流电抗器用于改善电容滤波（当前电压型变频调速器主要滤波方式是电容滤波）造成的输入电流波形畸变和改善功率因数、减少和防止因冲击电流造成整流桥损坏和电容过热，当电源变压器和输电线路电阻较小时、电网瞬变频繁时都需要使用直流电抗器。直流电抗器可使逆变环节运行更稳定，并能限制短路电流。

直流电抗器的电感值的选择一般为变频器输入侧交流电抗器 3％阻抗电感量的 2～3 倍，最少要 1.7 倍，即

$$L_{CD} = (2 \sim 3)L_{AC} \tag{2-36}$$

例如对三相 380V90kW 变频器所配直流电抗器计算：

$$L_{CD} = (2 \sim 3)L_{A1} = (2 \sim 3) \times 0.123 = 0.246 \sim 0.369\text{mH}$$

选择工作电流 170A，电感量为 0.2mH 的电抗器。

（4）滤波器

在变频器输入、输出电路中，有许多高频谐波电流，滤波器用于抑制变频器产生的电磁干扰噪声的传导，也可抑制外界无线电干扰以及瞬时冲击、浪涌对变频器的干扰。根据使用位置的不同可以分为线路滤波器、辐射滤波器和输出滤波器。

① 线路滤波器　线路滤波器串联在变频器控制回路侧，由电感线圈组成，具有良好的

共模和差模干扰抑制能力，通过增大电路的阻抗减小频率较高的谐波电流，在需要使用外控端子控制变频器时，如果控制回路电缆较长，外部环境的干扰有可能从控制回路电缆侵入，造成变频器误动作，此时将线路滤波器串联在控制回路电缆上，可以消除干扰。

② 辐射滤波器　辐射滤波器并联在变频器输入侧（R、S、T），由高频电容器组成，可以吸收频率较高具有辐射能量的谐波成分，用于降低沿电源线传输的无线电干扰噪声，线路滤波器和辐射滤波器同时使用效果更好。

③ 输出滤波器　各种高速开关器件的使用提高了变频器的性能，降低了开关损耗，但由此也产生一些负面问题。

因变频器的输出含有高频谐波，而使电缆、电动机和变压器的损耗增加。另外由于高速开关器件的使用使变频器输出 PWM 波的 $\mathrm{d}u/\mathrm{d}t$ 很高，一方面会引起高达数兆赫兹的电磁干扰问题，另一方面在使用长线电缆传输时，由于行波反射而引起电动机端过电压，使电动机绝缘损坏，电缆爆裂。

对于谐波电流问题，可以通过改变调制波形等方法使谐波分量降低但并不能消除，对于由于高速开关引起的过电压问题可以采用 $\mathrm{d}u/\mathrm{d}t$ 抑制滤波器，但只能对一定长度的电缆适用，并不适用于任意长度的电缆。能同时解决以上问题的有效方法是在变频器的输出侧加装 RLC 正弦波滤波器。将 PWM 波形滤成近似正弦电压波形，输出电压的 THD（Total Harmonic Distortion）值可以低于 5%，由于 RLC 滤波器具有结构简单、可靠性高及容量大等特点，在变频器输出滤波器设计中是首选方案。输出滤波器串联在变频器输出侧（U、V、W），由电感线圈组成，可以减小输出电流中的高次谐波成分，抑制变频器输出侧的浪涌电压，同时可以减小电动机由高频谐波电流引起的附加转矩。输出滤波器到变频器和电动机的接线尽量缩短，滤波器亦应尽量靠近变频器。

（5）变频器的漏电流

由于变频器输出的波形不是标准正弦波，携带有高次谐波成分，因此漏电流比正常情况要大。变频器漏电流与两个因素有关：载波频率、变频器输出到电动机电缆的长度，载波频率越高，漏电流越大；电缆长度越长，漏电流也越大。因此在不影响使用的情况下尽量将变频器的载波频率调低一些；尽量使用屏蔽电缆、缩短变频器到电动机的距离，或者设置输出电抗器。

在变频器输入、输出引线和电动机内部均存在分布电容，且低噪声型变频器，使用的载波频率较高。因此变频器对地漏电流较大（大容量机种更为明显），其值正比于分布电容量，漏电流有时会导致保护电路误动作。遇到上述问题时，除适当降低载波频率，缩短引线外，为了保护设备和人身安全，可在变频器的进线侧安装漏电断路器。漏电断路器的动作电流应大于该线路在工频电源下不使用变频器时漏电流（线路、无线电噪声滤波器、电动机等漏电流的总和）的 10 倍。

当选用变频器专用的漏电断路器时，其额定灵敏电流为

$$I\Delta n \geqslant 10 \times (I_{\mathrm{g1}} + I_{\mathrm{g2}} + I_{\mathrm{gn}} + I_{\mathrm{gm}}) \tag{2-37}$$

当选用一般的漏电断路器时，其额定灵敏电流为

$$I\Delta n \geqslant 10 \times [I_{\mathrm{g1}} + I_{\mathrm{gn}} + 3 \times (I_{\mathrm{g2}} + I_{\mathrm{gm}})] \tag{2-38}$$

式中，I_{g1} 为工频电源运行时变频器输入回路的漏电流；I_{g2} 为工频电源运行时变频器输出回路的漏电流；I_{gn} 为变频器输入侧噪声滤波器的漏电流；I_{gm} 为工频电源运行时电动

机的漏电流。

如果上式中的漏电流基本数据不好确定，对于变频器专用漏电断路器的额定灵敏电流按每台变频器 20mA 估算，一般漏电断路器的额定灵敏电流按每台变频器 50mA 估算。

(6) 电抗器的设计计算和测定

① 三相交流输入电抗器的设计计算　当选定了电抗器的额定电压降 ΔU_L，再计算出电抗器的额定工作电流 I_n 以后，就可以计算电抗器的感抗 X_L。电抗器的感抗 X_L 由式 (2-39) 计算：

$$X_L = \Delta U_L / I_n \tag{2-39}$$

有了以上数据便可以对电抗器进行结构设计，电抗器铁芯截面积 S 与电抗器压降 ΔU_L 的关系如式 (2-40) 所示：

$$S = \frac{\Delta U_L}{4.44 fBNK_S \times 10^{-4}} \tag{2-40}$$

式中，ΔU_L 单位为 V；f 为电源频率，Hz；B 为磁通密度，T；N 为电抗器的线圈圈数；K_S 为铁芯叠片系数，取 $K_S = 0.93$。

电抗器铁芯窗口面积 A 与电流 I_n 及线圈匝数 N 的关系如式 (2-41) 所示：

$$A = I_n N / (jK_A) \tag{2-41}$$

式中，j 为电流密度，根据容量大小可按 $2 \sim 2.5 A/mm^2$ 选取；K_A 为窗口填充系数，为 $0.4 \sim 0.5$。

铁芯截面积与窗口面积的乘积关系如式 (2-42) 所示：

$$SA = P_K / (4.44 fBjK_S K_A \times 10^{-4}) \tag{2-42}$$

由式 (2-42) 可知，根据电抗器的容量 P_K（$= \Delta U_L I_n$）值，选用适当的铁芯使截面积 SA 的积能符合式 (2-42) 的关系。

假设选用 $B = 0.6 T$，$j = 200 A/cm^2$，$K_S = 0.93$，$K_A = 0.45$，设 $A = 1.5S$，则电抗器铁芯截面与容量的关系为

$$1.5 S^2 = \frac{\Delta U_L I_n}{4.44 \times 50 \times 0.6 \times 200 \times 0.93 \times 0.45 \times 10^{-10}} = \frac{\Delta U_L I_n}{1.115} \tag{2-43}$$

电抗器铁芯的截面积：

$$S = 0.773 \sqrt{\Delta U_L I_n} \tag{2-44}$$

铁芯截面积求出后，即可按下式求出线圈匝数：

$$N = \frac{\Delta U_L}{222 BSK_S \times 10^{-4}} \tag{2-45}$$

为了使输入电抗器有较好的线性度，在铁芯中应有适当的气隙。气隙大小可先选定在 $2 \sim 5mm$ 内，通过实测电感值调整气隙以改变电感量。

② 电抗器电感量的测定

a. 直流电抗器 L_{DC} 电感量的测定。铁芯电抗器的电感量和它的工作状况有很大关系，而且是呈非线性的，所以应尽可能使电抗器处于实际工作条件下进行测量。图 2-14 所示是测量直流电抗器的电路，在电抗器上分别加上直流电流 I_d 与交流电流 I_j，用电容 $C = 200 \mu F$ 隔开交直流电路，测出 L_{DC} 两端的交流电压 U_j 与交流电流 I_j，可由式 (2-46)、式 (2-47) 近似计算电感值 L。

$$X_L = U_j / I_j = \omega L \tag{2-46}$$

$$L = X_L / \omega \tag{2-47}$$

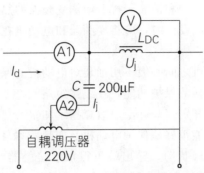

图 2-14　直流电抗器的电感测量电路

　　b. 交流电抗器电感量的测定。带铁芯的交流电抗器的电感量不宜用电桥测量，因为测电感电桥的电源频率一般是采用 1000Hz，因此测电感电桥只可用于测量空心电抗器。

　　对于用硅钢片叠制而成的交流电抗器，电感量的测量可采用工频电源的交流电压、电流表法测量，如图 2-15 所示。通过电抗器的电流可以略小于额定值，为求准确可以用电桥测量电抗器线圈内阻 r_L，每相电感值可按式（2-46）计算：

$$L = \frac{1}{2\pi f} \sqrt{\left(\frac{U}{I}\right)^2 - r_L^2} \tag{2-48}$$

　　式中，U 为交流电压表的读数，V；I 为交流电流表的读数，A；r_L 为电抗器每相线圈电阻，Ω。

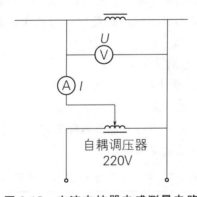

图 2-15　交流电抗器电感测量电路

　　由于电抗器线圈内阻 r_L 很小，在工程计算中常可忽略。

2.3　变频调速系统电气主接线

2.3.1　电气主接线

（1）变频器主电路的接线

　　变频器与供电电源之间应装设带有短路及过载保护的断路器、交流接触器，以免变频器发生故障时事故扩大。电控系统的急停控制应使变频器电源侧的交流接触器断开，彻底切断变频器的电源供给，保证设备及人身安全。电源电压及波动范围应与变频器低电压保护整定值相适应（出厂时一般设定为 $0.8\sim0.9U_N$），因为在实际使用中，电网电压偏低的可能性较大。主电源频率波动和谐波干扰会增加变频器的热损耗，导致噪声增加，输出降低。在进行系统主电源供电设计时，应将变频器和电动机在工作时自身的功率消耗考虑进去。

在变频器输出端与电动机之间一般不用加装对电动机的保护开关，因为变频器本身对输出线路和电动机有着非常强的保护功能，在线路短路、电动机过载、缺相这些故障出现时，变频器能自动停机，断开负荷，并给出故障指示和报警信号。只要正确地设置变频器内电子继电器的保护值，就能很好地保护电动机及变频器本身。对大惯性负荷，如果选择了 DC 制动方式对电动机进行制动，输出端不得加装接触器，因为在停机时接触器断开DC 制动将不起作用。如果用一台变频器驱动多台电动机运行，变频器内的电子继电器保护值是全部电动机的总和，对单台电动机不起保护，就必须在每个分支回路上加装保护断路器，并且将保护断路器的辅助报警触点串联起来引入变频器紧急停止端，一旦外部电动机一台出故障，保护开关动作，以对变频器实施保护。

变频器最适用于负荷平稳的负载，对冲击大的负载不太适应。如果变频器是应用在冲击大的负载上，由于转矩冲击太大，产生的电流冲击也很大，在启动时即使采用转矩提升补偿，启动也相当困难，很容易造成变频器自身保护装置动作。目前解决这个问题的方法，只有选择比负载大一级容量的变频器。有的负载在运转中由于其他因素的影响，如循环风机在风门调整不当的时候，由于气流的作用，叶轮带动电动机转动，再生能量会使负载带动电动机旋转，产生再生能量，反送回变频器，使变频器直流环节电压升高达到限定值，造成过电压保护动作，影响正常运行。若过电压保护不动作，也将造成变频器温度升高，影响变频器寿命，甚至损坏变频器，对此可以选用 DC 制动方式，接上外部制动电阻，吸收再生能量。

（2）电器防护形式与安全类别

① 防护形式　变频器的箱体结构要与环境条件相适应，即必须考虑温度、湿度、粉尘、酸碱度、腐蚀性气体等因素。常见有下列防护形式。

第一类防护形式：防止固体异物进入电器内部及防止人体触及内部的带电或运动部分的防护。第一类防护形式的分级及定义见表 2-7。

表 2-7　第一类防护形式分级及定义

防护等级	简称	定　义
0	无防护	没有专门的防护
1	防护直径大于 50mm 的物体	能防止直径大于 50mm 的固体异物进入壳内,能防止人体的某一大面积部分(如手)偶然或意外触及壳内带电或运动部分,但不能防止有意识地接触这些部分
2	防护直径大于 12mm 的固体	能防止直径大于 12mm 固体进入壳内,能防止手触及壳内带电或运动部分
3	防护直径大于 2.5mm 的固体	能防止直径大于 2.5mm 的固体异物进入壳内,能防止厚度(或直径)大于 1mm 的工具、金属线等触及壳内带电或运动部分

防护等级	简称	定义
4	防护直径大于1mm的固体	能防止直径大于 1mm 的固体异物进入壳内,能防止厚度(或直径)大于 1mm 的工具、金属线等触及壳内带电或运动部分
5	防尘	能防止灰尘进入达到影响产品运行的程度,完全防止触及壳内带电或运动部分
6	尘密	完全防止灰尘进入壳内完全防止触及壳内带电或运动部分

第二类防护形式:防止水进入内部达到有害程度的防护,第二类防护形式的分级及定义见表 2-8。

表 2-8　第二类防护形式分级及定义

防护等级	简称	定义
0	无防护	没有专门的防护
1	防滴	垂直的滴水应不能直接进入产品内部
2	15°防滴	与铅垂线成 15°角范围内的滴水,应不能直接进入产品内部
3	防淋水	任何方向的喷水对产品应无有害的影响
4	防溅	猛烈的海浪或强力喷水对产品应无有害的影响
5	防喷水	任何方向的喷水对产品应无有害的影响
6	防海浪或强力喷水	猛烈的海浪花或强力喷水对产品应无有害的影响
7	浸水	产品在规定的压力和时间内浸在水中,进水量应无有害的影响
8	潜水	产品在规定的压力下长时间浸在水中,进水量应无有害的影响

表明产品外壳防护等级的标志由字母"IP"及两个数字组成。第一位数字表示上述第一类防护形式的等级,第二位数字表示上述第二类防护形式的等级。如需单独标志第一类防护形式的等级时,被略去的数字的位置,应以字母"X"补充。如 IP5X 表示第一类防护形式 5 级,IPX3 表示第二类防护形式 3 级。

② 安全类别　低压电器安装类别应与电气主接线中使用位置的级别有关。低压电器安装类别共分 4 级。

Ⅰ级信号水平级;Ⅱ级负载水平级;Ⅲ级配电及控制水平级;Ⅳ级电源水平级。

如:控制电路的电器只能用于Ⅰ级,而所有品种的低压电器都可以用于Ⅱ、Ⅲ级,接触器、电动机启动器、控制电路电器则不能用于Ⅳ级。

2.3.2 变频调速系统配套电气设备选用

变频器外部主电路如图 2-16 所示。在图 2-16 中：T 为配电变压器；GK 为隔离开关（刀开关）；QF 为断路器；KM 为接触器；FIL1 为进线侧电抗器；1ACL 为电源侧交流电抗器；DCL 为直流电抗器；BD 为制动单元；DBR 为制动电阻；2ACL 为输出侧交流电抗器；FIL2 为输出侧电抗器；JR 为热过载继电器；M 为三相异步电动机。

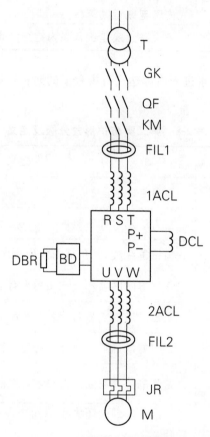

图 2-16 变频器外部主电路

（1）刀开关

刀开关的图形、文字符号如图 2-17 所示，刀开关是手动电器中结构最简单的一种，主要用作电源隔离，也可用来非频繁地接通和分断容量较小的低压配电线路。接线时应将电源线接在上端，负载接在下端，这样拉闸后刀片与电源隔离，可防止意外事故发生。

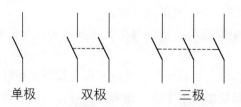

单极　　双极　　三极

图 2-17 刀开关的图形、文字符号

① 刀开关选择

a. 刀开关结构形式的选择应根据刀开关的作用和装置的安装形式来选择，如是否带灭弧装置，若分断负载电流时，应选择带灭弧装置的刀开关。根据装置的安装形式来选择，刀开关安装形式有：正面、背面或侧面操作形式；直接操作或杠杆传动；板前接线、板后接线。

b. 刀开关的额定电流的选择一般应等于或大于所分断电路中各个负载额定电流的总和。对于电动机负载，应考虑其启动电流，所以应选用额定电流大一级的刀开关。若再考虑电路出现的短路电流，还应选用额定电流更大一级的刀开关。

c. 刀开关所在线路的三相短路电流不应超过规定的动、热稳定值。

② 刀开关安装要点

a. 刀开关应垂直安装，并保证操作安全。使开关闭合操作时的手柄操作方向从下向上合，断开操作时手柄操作方向从上向下分，不允许平装或倒装，以防止产生误合闸。

b. 接线时，电源进线应接在开关上面的进线端子上，用电设备接在开关下面的出线端子上。刀开关分断后，在闸刀上不带电。

（2）断路器（QF）

断路器可用来接通和分断负载电路，也可用来控制不频繁启动的电动机。它的功能相当于闸刀开关、过电流继电器、失压继电器、热继电器及漏电保护器等电器部分或全部的功能总和，是配电网中一种重要的保护电器。断路器具有多种保护功能（过载、短路、欠电压保护等），断路器具有动作值可调、分断能力高、操作方便、安全等优点，所以目前被广泛应用。

① 结构和工作原理　断路器由操作机构、触点、保护装置（各种脱扣器）、灭弧系统等组成。低压断路器工作原理图如图 2-18 所示。断路器的主触点是靠手动操作或电动操作的，主触点闭合后，自由脱扣机构将主触点锁在合闸位置上。过电流脱扣器的线圈和热脱扣器的热元件与主电路串联，欠电压脱扣器的线圈和电源并联。当电路发生短路或严重过载时，过电流脱扣器的衔铁吸合，使自由脱扣机构动作，主触点断开主电路。当电路过载时，热脱扣器的热元件发热使双金属片向上弯曲，推动自由脱扣机构动作。当电路欠电压时，欠电压脱扣器的衔铁释放，也使自由脱扣机构动作。分励脱扣器则作为远距离控制用，在正常工作时，其线圈是断电的，在需要远距离控制时，按下启动按钮，使线圈通电，衔铁带动自由脱扣机构动作，使主触点断开。

② 断路器典型产品　断路器的分类方法有：

按极数分：单极、双极、三极和四极。

按保护形式分：电磁脱扣器式、热脱扣器式、复式脱扣器式和无脱扣器式。

按分断时间分：一般式和快速式（先于脱扣机构动作，脱扣时间在 0.02s 以内）。

按结构形式分：塑壳式、框架式、限流式、直流快速式、灭磁式和漏电保护式。

断路器主要分类方法是以结构形式分类，即开启式和装置式两种。开启式又称为框架式或万能式，装置式又称为塑料壳式。

a. 装置式断路器。装置式断路器有绝缘塑料外壳，内装触点系统、灭弧室及脱扣器等，可手动或电动（对大容量断路器而言）操作。有较高的分断能力和动稳定性，有较完善的选择性保护功能，广泛用于配电线路。

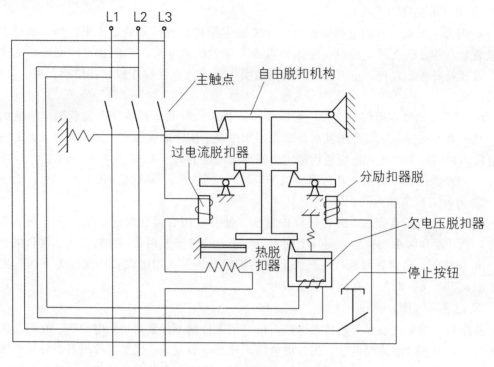

图 2-18   低压断路器工作原理图

目前常用的有 DZ15、DZ20、DZX19 和 C45N（目前已升级为 C65N）等系列产品。其中 C45N（C65N）断路器具有体积小，分断能力高、限流性能好、操作轻便、型号规格齐全、可以方便地在单极结构基础上组合成两极、三极、四极断路器等优点，广泛使用在 60A 及以下的民用照明支干线及支路中（多用于住宅用户的进线开关及商场照明支路开关）。

b. 框架式低压断路器。框架式断路器一般容量较大，具有较高的短路分断能力和较高的动稳定性。适用于交流 50Hz，额定电流 380V 的配电网络中作为配电干线的主保护。

框架式断路器主要由触点系统、操作机构、过电流脱扣器、分励脱扣器及欠压脱扣器、附件及框架等部分组成，全部组件进行绝缘后装于框架结构底座中。

目前我国常用的有 DW15、ME、AE、AH 等系列的框架式低压断路器，DW15 系列断路器是我国自行研制生产的，全系列具有 1000A、1500A、2500A 和 4000A 等几个型号。

ME、AE、AH 等系列断路器是利用引进技术生产的，它们的规格型号较为齐全（ME 开关电流等级从 630~5000A 共 13 个等级），额定分断能力较 DW15 更强，常用于低压配电干线的主保护。

③ 断路器的选用原则   断路器是配电网络和电力拖动系统中一种非常重要的电器。它具有操作安全、使用方便、工作可靠、安装简单、动作值可调、分断能力较高、兼有多种保护功能、动作后不需要更换元件等优点。断路器选用原则是：

a. 根据线路对保护的要求，确定断路器的类型和保护形式；确定选用框架式、装置式或限流式等。

b. 断路器的额定电压 U_N 应等于或大于被保护线路的额定电压。

c. 有欠电压脱扣器装置的开关，其欠电压脱扣器额定电压不小于线路额定电压。

d. 断路器的额定电流及过流脱扣器的额定电流应大于或等于被保护线路的计算电流。

e. 断路器的极限分断能力应大于线路的最大短路电流的有效值。

f. 在配电系统的上、下级断路器的保护特性应协调配合，下级的保护特性应位于上级保护特性的下方且不相交。

g. 断路器的长延时脱扣电流应小于导线允许的持续电流，长延时电流整定值等于电动机额定电流。6 倍长延时电流整定值的可返回时间等于或大于电动机实际启动时间。按启动时负载的轻重，可选用可返回时间为 1s、3s、5s、8s、15s 中的某一挡。

h. 有热脱扣器装置的断路器，其热脱扣器整定电流应当与所控制负载额定电流一致。

i. 有电磁脱扣器装置的断路器，其电磁脱扣器的瞬时脱扣整定电流应不小于负载电路正常工作峰值电流。

j. 瞬时整定电流：对保护异步电动机的断路器，其瞬时整定电流为 8～15 倍电动机额定电流；对于保护绕线型电动机的断路器，其瞬时整定电流为 3～6 倍电动机额定电流。

变频调速系统主电路中的断路器（QF）的主要作用是隔离和保护，用于在变频器主电路故障时安全跳闸断开变频器电源；断路器的额定电流 I_{QN} 可按下式计算：

$$I_{QN} \geqslant (1.3 \sim 1.4)I_N \tag{2-49}$$

式中，I_N 为变频器的额定电流。

断路器（QF）的负载端可以接一台或多台变频器及其他负载，当变频器或其他负载发生短路故障时，断路器可自动切断电源供电，防止事故扩大。当电网失电时防止再来电自动接通变频器的电源而引发电气或机械事故，在变频调速系统检修时，可用断路器安全的切断电源，断路器可以使用普通断路器或高性能的电动机专用断路器。

对单台电动机来说，瞬时脱扣整定电流 I_Z 可按下式计算：

$$I_Z \geqslant KI_{ST} \tag{2-50}$$

式中，K 为安全系数，可取 1.5～1.7；I_{ST} 为电动机的启动电流。

对多台电动机来说，可按下式计算：

$$I_Z \geqslant K(I_{STmax} + \sum I_n) \tag{2-51}$$

式中，K 取 1.5～1.7；I_{STmax} 为其中最大容量的一台电动机的启动电流；$\sum I_n$ 为其余电动机额定电流的总和。

④ DZ15 系列断路器 DZ15 系列断路器是全国统一设计的系列产品，适用于交流 50Hz 或 60Hz、电压 500V 及以下、电流 40～100A 的电路中作为配电、电动机和照明电路的过载及短路保护，亦可作为线路的不频繁转换和电动机不频繁启动用。DZ15 系列断路器型号含义如图 2-19 所示。

⑤ DZ20 系列断路器 DZ20 系列断路器是全国统一设计的系列产品。适用于交流 50Hz 或 60Hz，额定电压 500V 及以下，或直流额定电压 220V 及以下，额定电流 100～1250A 的电路中作为配电、线路及电源设备的过载、短路和欠电压保护；额定电流 200A 及以下和 400Y 型的断路器亦可作为保护电动机的过载、短路和欠电压保护。在正常情况下，断路器可作为线路的不频繁转换和电动机不频繁启动用。DZ20 系列断路器型号含义如图 2-20 所示。

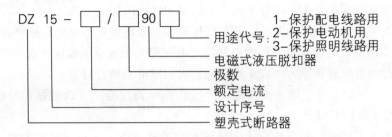

图 2-19　DZ15 系列断路器型号含义

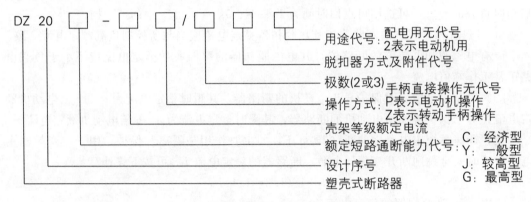

图 2-20　DZ20 系列断路器型号含义

⑥ 3VE 系列断路器　3VE 系列断路器是从德国西门子公司引进技术生产的产品。适用于交流 50Hz 或 60Hz，电压 660V 及以下，电流 20～63A 的电路中，作为小容量电动机和线路的过载及短路保护用，并可在正常情况下作为不频繁操作的线路转换或电动机直接启动用。

3VE 系列断路器主要由操作机构、触头、灭弧装置、热脱扣器、电磁脱扣器、绝缘基座和塑料外壳组成。脱扣器具有温度补偿装置，故在正常工作条件下，其保护特性不受环境温度影响。3VE1、3VE3、3VFA 型断路器分别为按钮操作、旋钮操作和手柄操作。断路器可用安装孔板前安装，3VE1、3VE3 亦可用底板上设置的标准安装导轨嵌卡安装。

⑦ S060 系列断路器　S060 系列断路器是从德国 BBC 公司引进技术生产的产品，适用于 50Hz 或 60Hz、电压 415V、电流为 50A 及以下的电路，作为照明线路、电动机的过载及短路保护用。其主要由触头系统、灭弧装置、执行机构、热脱扣器、电磁脱扣器及塑料外壳等组成。按极数分有单极、二极、三极及四极，二极以上的断路器由单极的通过联动机构连接而成，断路器安装在标准的导轨上。按保护特性分为两种："L"特性，即线路保护特性；"C"特性，即电动机保护特性。

⑧ CM2、CM2Z 系列塑壳式断路器　CM2 系列、CM2Z 系列塑壳式断路器采用国际先进设计技术研制，是根据 IEC60947-2 国际新标准的要求开发的新型断路器。其额定绝缘电压为 800V，适用于额定工作电压 690V 及以下，交流 50Hz，额定电流 630A 以下的电路中作不频繁转换及电动机的不频繁启动用。该断路器具有过载、短路和欠压保护功能，能保护线路和电源设备不受损坏。断路器短路分断能力级别有 L（标准型）、M（较高分断型）、H（高分断型）；断路器可垂直安装（即竖装），亦可水平安装（即横装）。断

路器的使用条件是：

  a. 周围空气温度为 $-5\sim+40℃$，且 24h 的平均值不超过 $+35℃$。

  b. 安装地点的海拔不超过 2000m。

  c. 安装地点空气相对湿度在最高温度为 $+40℃$ 时不超过 50%；在较低温度下可以有较高的相对湿度，例如 $20℃$ 时达 90%。并考虑因温度变化偶尔产生的凝露应采取特殊措施。

  d. 污染等级为 3 级。

  e. 断路器主电路及连接到主电路的控制电路和辅助电路，安装类别为Ⅲ；不接至主电路的控制电路和辅助电路，安装类别为Ⅱ。

  f. 断路器应安装在无爆炸危险和无导电尘埃、无足以腐蚀金属和破坏绝缘的地方。

  g. 断路器应安装在没有雨雪侵袭的地方。

  CM2、CM2Z 系列塑壳式断路器全面提高断路器的性能，CM2 系列、CM2Z 系列断路器采用新型灭弧技术和限流原理，不同的分断级别（L、M、H），分断能力提高了一个等级。

  CM2、CM2Z 系列断路器闭合时或在运行时，遇短路大电流，由后备磁脱扣实现快速脱扣，限制了短路电流，并确保断路器可靠分断。CM2 系列、CM2Z 系列断路器加装零飞弧罩，可实现零飞弧。

  CM2 系列热磁型脱扣器可实现热磁可调，现场可整定过载、瞬动动作值。过载保护调节范围 $(0.8\sim0.9\sim1.0)\ I_n$；瞬时保护调节范围为：配电型断路器为 $(5\sim6\sim7\sim8\sim9\sim10)\ I_n$，电动机型断路器为 $(10\sim12\sim14)\ I_n$。

  CM2Z 系列智能型脱扣器具有过载长延时、短路短延时（可开启/关闭）、短路瞬时基本的三段保护功能，并具有接地故障（可开启/关闭）、热模拟（可开启/关闭）保护功能、预报警（可开启/关闭）功能，电动机型断路器还具有不平衡保护功能（可开启/关闭）。面板液晶显示清晰、直观，并可实现多种调阅、检查、整定等功能。

  CM2Z 系列塑壳断路器的过载长延时、短路短延时（可开启/关闭）、瞬时、接地故障（可开启/关闭）保护参数可连续可调，真正实现了配电保护的全面性。CM2Z 系列塑壳式断路器具有模块化通信功能，通过加装通信模块即可方便升级为通信型断路器。CM2Z 系列塑壳式断路器具有多级菜单功能，实时显示各相电流，并在断路器不通电状态下也可通过 CM2Z 专用测试器测试整定。

  CM2、CM2Z 系列各类附件为模块化，不用打开断路器，可现场直接安装。CM2 系列、CM2Z 系列不仅综合性能优异，而且满足绿色电器的要求，外壳采用全新的塑料，不可回收的材料使用降到最低，符合欧盟环保指令。

（3）接触器

  接触器是一种用来自动接通或断开大电流电路的电器。它可以频繁地接通或分断交直流电路，并可实现远距离控制。其主要控制对象是电动机，也可用于电热设备、电焊机、电容器组等其他负载。它还具有低电压释放保护功能，接触器具有控制容量大、过载能力强、寿命长、设备简单经济等特点，是电力拖动自动控制线路中使用最广泛的电气元件。按照所控制电路的种类、接触器可分为交流接触器和直流接触器两大类。

  交流接触器常用于远距离接通和分断电压 660V、电流 600A 以下的交流电路，以及频繁启动和控制交流电动机的场合。由于交流电路的使用场合比直流广泛，交流电动机在工厂中使用特别多，所以交流接触器的品种和规格更为繁多，常用的有 CJ20、B、3TB、LC1-D 与 CJ40 等系列交流接触器。常见接触器使用类别和典型用途见表 2-9。

表 2-9　常见接触器使用类别和典型用途

触点	电流种类	使用类别代号	典型用途举例
主触点	AC 交流	AC-1	无感或微感负载、电阻炉
		AC-2	绕线转子感应电动机的启动、制动
		AC-3	笼型感应电动机的启动运转中分断
		AC-4	笼型感应电动机的启动、点动、反接制动、反向
	DC 直流	DC-1	无感或微感负载、电阻炉
		DC-2	并励电动机的启动、点动和反接制动
		DC-5	串励电动机的启动、点动和反接制动

① 交流接触器结构与工作原理　图 2-21 所示为交流接触器的外形与结构示意图。交流接触器由以下四部分组成。

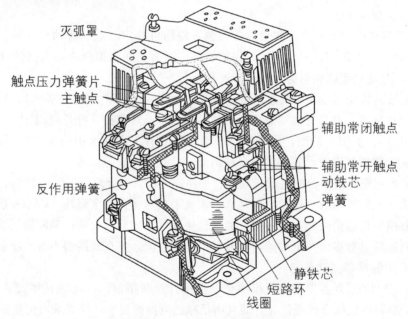

图 2-21　CJ10-20 型交流接触器

a. 电磁机构。电磁机构由线圈、动铁芯（衔铁）和静铁芯组成，其作用是将电磁能转换成机械能，产生电磁吸力带动触点动作。

b. 触点系统。包括主触点和辅助触点。主触点用于通断主电路，通常为三对常开触点。辅助触点用于控制电路，起电气联锁作用，故又称联锁触点，一般为常开、常闭各两对。

c. 灭弧装置。容量在 10A 以上的接触器都有灭弧装置，对于小容量的接触器，常采用双断口触点灭弧、电动力灭弧、相间弧板隔弧及陶土灭弧罩灭弧。对于大容量的接触器，采用纵缝灭弧罩及栅片灭弧。

d. 其他部件有：反作用弹簧、缓冲弹簧、触点压力弹簧、传动机构及外壳等。

电磁式接触器的工作原理如下：线圈通电后，在铁芯中产生磁通及电磁吸力，此电磁吸力克服弹簧反力使得衔铁吸合，带动触点机构动作，常闭触点打开，常开触点闭合，互锁或接通线路。线圈失电或线圈两端电压显著降低时，电磁吸力小于弹簧反力，使得衔铁释放，触点机构复位，断开线路或解除互锁。

② 交流接触器的分类　交流接触器的种类很多，其分类方法也不尽相同。按照一般的分类方法，大致有以下几种。

a. 按主触点极数分。可分为单极、双极、三极、四极和五极接触器。单极接触器主要用于单相负荷，如照明负荷、焊机等，在电动机能耗制动中也可采用；双极接触器用于绕线式异步电动机的转子回路中，启动时用于短接启动绕组；三极接触器用于三相负荷，例如在电动机的控制及其他场合，使用最为广泛；四极接触器主要用于三相四线制的照明线路，也可用来控制双回路电动机负载；五极交流接触器用来组成自耦补偿启动器或控制双笼型电动机，以变换绕组接法。

b. 按灭弧介质分。可分为空气式接触器、真空式接触器等。依靠空气绝缘的接触器用于一般负载，而采用真空绝缘的接触器常用在煤矿、石油、化工企业及电压在 660V 和 1140V 等一些特殊的场合。

c. 按有无触点分。可分为有触点接触器和无触点接触器。常见的接触器多为有触点接触器，而无触点接触器属于采用电力电子技术的产品，一般采用晶闸管作为回路的通断元件。由于可控硅导通时所需的触发电压很小，而且回路通断时无火花产生，因而可用于高操作频率的设备和易燃、易爆、无噪声的场合。

③ 交流接触器的基本参数

a. 额定电压。指主触点额定工作电压，应等于负载的额定电压。一只接触器常规定几个额定电压，同时列出相应的额定电流或控制功率。通常，最大工作电压即为额定电压。常用的额定电压值为 220V、380V、660V 等。

b. 额定电流。接触器触点在额定工作条件下的电流值，在 380V 三相电动机控制电路中，额定工作电流可近似等于控制功率的两倍。常用额定电流等级为 5A、10A、20A、40A、60A、100A、150A、250A、400A、600A。

c. 通断能力。可分为最大接通电流和最大分断电流，最大接通电流是指触点闭合时不会造成触点熔焊时的最大电流值；最大分断电流是指触点断开时能可靠灭弧的最大电流。一般通断能力是额定电流的 5～10 倍。当然，这一数值与开断电路的电压等级有关，电压越高，通断能力越小。

d. 动作值。可分为吸合电压和释放电压；吸合电压是指接触器吸合前，缓慢增加吸合线圈两端的电压，接触器可以吸合时的最小电压。释放电压是指接触器吸合后，缓慢降低吸合线圈的电压，接触器释放时的最大电压。一般规定，吸合电压不低于线圈额定电压的 85%，释放电压不高于线圈额定电压的 70%

e. 吸引线圈额定电压。接触器正常工作时，吸引线圈上所加的电压值。一般该电压数值以及线圈的匝数、线径等数据均标于线圈上，而不是标于接触器外壳铭牌上，使用时应加以注意。

　　f. 操作频率。接触器在吸合瞬间，吸引线圈需消耗比额定电流大 5～7 倍的电流，如果操作频率过高，则会使线圈严重发热，直接影响接触器的正常使用。为此，规定了接触器的允许操作频率，一般为每小时允许操作次数的最大值。

　　g. 寿命。包括电寿命和机械寿命。目前接触器的机械寿命已达一千万次以上，电气寿命约是机械寿命的 5%～20%。

　　④ 接触器的符号与型号　接触器的图形符号如图 2-22 所示，接触器的型号含义如图 2-23 所示。

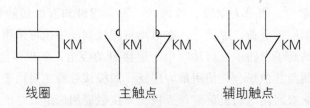

线圈　　　　　　主触点　　　　　　辅助触点

图 2-22　接触器的图形符号

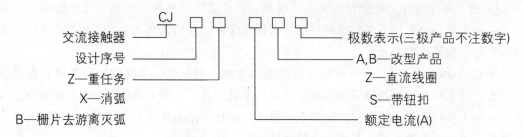

图 2-23　接触器的型号含义

　　例如：CJ10Z-40/3 交流接触器，设计序号 10，重任务型，额定电流 40A，主触点为 3 极。CJ12T-250/3 为改型后的交流接触器，设计序号 12，额定电流 250A，3 个主触点。

　　我国生产的交流接触器常用的有 CJ10、CJ12、CJX、CJ20 等系列及其派生系列产品，CJ0 系列及其改型产品已逐步被 CJ20、CJX 系列产品取代。上述系列产品一般具有三对常开主触点，常开、常闭辅助触点各两对。直流接触器常用的有 CZ0 系列，分单极和双极两大类，常开、常闭辅助触点各不超过两对。

　　除以上常用系列外，我国近年来还引进了一些生产线，生产了一些满足 IEC 标准的交流接触器。如 CJ12B-S 系列锁扣接触器，可用于交流 50Hz、电压 380V 及以下、电流 600A 以下的配电电路中，供远距离接通和分断电路用，并适宜于不频繁地启动和停止交流电动机。具有正常工作时吸引线圈不通电、无噪声等特点。其锁扣机构位于电磁系统的下方。锁扣机构靠吸引线圈通电，吸引线圈断电后靠锁扣机构保持在锁住位置。由于线圈不通电，不仅无电力损耗，而且消除了电磁噪声。

　　由德国引进的西门子公司的 3TB 系列、BBC 公司的 B 系列交流接触器等具有 20 世纪 80 年代初水平。它们主要供远距离接通和分断电路，并适用于频繁地启动及控制交流电动机。3TB 系列产品具有结构紧凑、机械寿命和电气寿命长、安装方便、可靠性高等特点。额定电压为 220～660V，额定电流为 9～630A。

　　⑤ 接触器的选用

接触器的选用原则：

a. 根据所控制的电动机及负载电流类别选用接触器的类型。

b. 接触器的主触点额定电压应大于等于负载回路额定电压。

c. 接触器的主触点额定电流应大于等于负载回路额定电流。

d. 根据吸引线圈的额定电压选用不同种类接触器，接触器吸引线圈分交流线圈（36V，110V，127V，220V，380V）和直流线圈（24V，48V，110V，220V，440V）两种。

交流接触器的选用，应根据负荷的类型和工作参数合理选用。具体分为以下步骤：

a. 选择接触器的类型。交流接触器按负荷种类一般分为一类、二类、三类和四类，分别记为 AC_1、AC_2、AC_3 和 AC_4。一类交流接触器对应的控制对象是无感或微感负荷，如白炽灯、电阻炉等；二类交流接触器用于绕线式异步电动机的启动和停止；三类交流接触器的典型用途是笼型异步电动机的运转和运行中分断；四类交流接触器用于笼型异步电动机的启动、反接制动、反转和点动。

b. 选择接触器的额定参数。根据被控对象和工作参数，如电压、电流、功率、频率及工作制等确定接触器的额定参数。

● 接触器的线圈电压，一般应低一些为好，这样对接触器的绝缘要求可以降低，使用时也较安全。但为了方便和减少设备，常按实际电网电压选取。

● 电动机的操作频率不高，如压缩机、水泵、风机、空调、冲床等，接触器额定电流大于负荷额定电流即可。接触器类型可选用 CJ10、CJ20 等。

● 对重任务型电动机，如机床主电动机、升降设备、绞盘、破碎机等，其平均操作频率超过 100 次/min，运行于启动、点动、正反向制动、反接制动等状态，可选用 CJ10Z、CJ12 型的接触器。为了保证电寿命，可使接触器降容使用。选用时，接触器额定电流大于电动机额定电流。

● 对特重任务电动机，如印刷机、镗床等，操作频率很高，可达 600～12000 次/h，经常运行于启动、反接制动、反向等状态，接触器大致可按电寿命及启动电流选用，接触器型号选用 CJ10Z、CJ12 等。

● 接触器额定电流是指接触器在长期工作下的最大允许电流，持续时间≤8h，且安装于敞开的控制板上，如果冷却条件较差，选用接触器时，接触器的额定电流按负荷额定电流的 110%～120%选取。对于长时间工作的电动机，由于其氧化膜没有机会得到清除，使接触电阻增大，导致触点发热超过允许温升。实际选用时，可将接触器的额定电流减小 30%使用。

变频调速系统主电路中的接触器主要作用是：可通过按钮方便地控制变频器电源的通电与断电；变频器发生故障时，可自动切断电源。用于电源的日常通断操作和电网掉电再来电时变频器不发生自启动，接触器的额定电流可按下式选择：

$$I_{KN} \geqslant 1.5 I_N \tag{2-52}$$

式中，I_{KN} 为接触器的额定电流；I_N 为变频器的额定电流。

在变频器之前加装接触器一般只在变频器功率较大时采用，变频器的报警接点串联在接触器的控制回路。变频器在上电给主电容充电时，为了限制充电电流，通常在主回路中串联一个限流电阻。通常采取延时（一般 3～4s 时间）或检测主回路电压的方法控制变频器内部接触器吸合（小功率的是可控硅）短接限流电阻，如果变频器内部接触器因故没有吸合，则限流电阻会很快过热而损坏，对此变频器内部设有一个检测电路，如果此内部接触器没吸合则报警，从而使变频器电源端接触器断开，以保护变频器。在设计时变频器的控制电源应取自变频器电源端接触器之前，断路器之后，当故障断开变频器电源端接触器或人工切断变频器电源端接触器时，因变频器的控制电源取自其前端，变频器控制单元仍可正常工作，故障时可发出报警信息。

在变频调速系统操作时，变频器电源端接触器不可作为变频器日常运行的启停操作，应使用变频器的键盘或外部控制电路操作变频器的启停，如果用变频器电源端接触器来直接启停会发生以下问题：

a. 由于变频器启动时需要一个主电容充电时间，如果用变频器电源端接触器来直接启动，此时变频器立即就有输出（带负载），而此时变频器主电容尚未充足电。

b. 变频器内部保护电路会检测到失电而在报警内容中记录 LU（低电压），占用变频器报警信息记录的内存，因一般变频器的故障记录到一定的条数后就不再记录了（一般五条左右），必须要清除掉才能有新的记录。

若变频器输出端和电动机之间的装有接触器，采用该接触器启停电动机，将产生操作过电压，对变频器造成损害，因此，原则上不要在变频器输出端与电动机之间装设接触器。当变频器用于下列工况时，仍有必要在变频器输出端和电动机之间装设接触器：

a. 当用于节能控制的变频调速系统，在电动机额定转速运行时，为实现经济运行需切除变频器时。

b. 参与重要工艺流程，不能长时间停运，需切换备用控制系统以提高系统可靠性时。

c. 一台变频器控制多台电动机（包括互为备用的电动机）时，在变频器输出端和电动机之间设置接触器时，应在控制电路设有避免接触器在变频器有输出时动作的联锁电路。

⑥ CJ20 系列交流接触器　CJ20 系列交流接触器适用于交流 50Hz、电压至 660V、电流 630A 以下的电力系统，供远距离接通和分断线路，以及频繁地启动及控制电动机用。其机械寿命高达 1000 万次，电寿命为 120 万次，主回路电压为 380～660V，部分可达 1140V，规格齐全，直流控制可考虑特殊订货。

CJ20 系列交流接触器为直动式，主触头为双断点，磁系统为 U 形，采用优质吸震材料作缓冲，动作可靠。接触器采用铝基座，陶土灭弧罩，性能可靠，辅助触头采用通用辅助触头，根据需要可制成各种不同组合以适应不同需要。该系列接触器的结构优点是体积小，重量轻，易于维修保养，安装面积小，噪声低等。CJ20 系列交流接触器型号含义如图 2-24 所示。

⑦ B 系列交流接触器　B 系列交流接触器是引进德国 BBC 公司生产线和生产技术生产的交流接触器，该系列接触器的工作原理与我国现有的交流接触器相同，但因采用了合理的结构设计、合理的尺寸参数的配合和选择，各零件按其功能选用最合适的材料和采用先进的加工工艺，故产品具有较高的技术经济指标。B 系列接触器具有正装式结构与倒装式结构两种布置形式。

a. 正装式结构。正装式结构的触头系统在前面，磁系统在后面靠近安装面，属于这种结构形式的有 B9、B12、B16、B25、B30、B460 及 K 型七种。

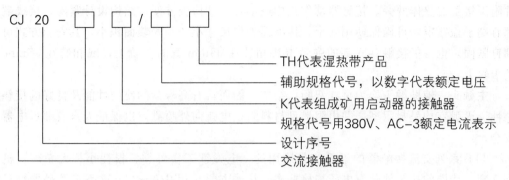

图 2-24　CJ20 系列交流接触器型号定义

b. 倒装式结构。倒装式结构的触头系统在后面，磁系统在前面。这种布置由于磁系统在前面，便于更换线圈；由于主接线端靠近安装面，使接线距离短，能方便接线；便于安装多种附件，如辅助触头、TP 型气囊式延时继电器、VB 型机械联锁装置、WB 型自锁继电器及连接件，从而扩大使用功能，本系列中型号 B37-B370 的 8 挡产品均属此种结构。

另外，接触器各零部件和组件的连接多采用卡装或用螺钉组件；接触器设有安装附件的卡装结构，而且 B 系列接触器通用件多，零部件基本通用，并有多种电压线圈供用户选用。

B 系列交流接触器适用于交流 50Hz 或 60Hz、额定电压 660V、额定电流至 475A 的电力线路，供远距离接通与分断电路或频繁地控制交流电动机启动、停止用，它具有失压保护作用，常与 T 系列热继电器组成电磁启动器。此时具有过载及断相保护作用。B 系列交流接触器型号含义如图 2-25 所示。

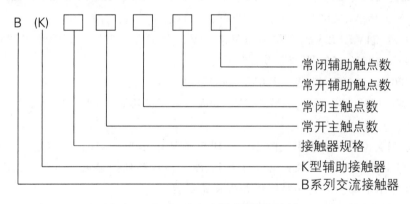

图 2-25　B 系列交流接触器型号含义

⑧ 3TB 系列交流接触器　3TB 系列接触器是从德国西门子公司引进专有制造技术生产的产品，适用于交流 50Hz 或 60Hz，其中 3TB40～3TB44 额定工作电流为 9～32A，额定绝缘电压 660V；3TB46～3TB58 型额定工作电流为 80～630A，额定绝缘电压为 750～1000V。主要供远距离接通和分断电路用，并适用于频繁地启动和控制交流电动机。该系列接触器可与 3UA5 系列热继电器组成电磁启动器。

3TB 系列交流接触器为 E 形铁芯、双断点触头的直动式运动结构。辅助触头有一常开、一常闭或二常开、二常闭。它可直接装于接触器整体结构之中，也有做成辅助触头组件附于接触器整体两旁。接触器动作机构灵活，手动检查方便，结构设计紧凑。接线端处都有端子盖覆罩，可确保使用安全。接触器外形尺寸小巧，安装面积小，其安装方式可由螺钉紧固，也可借接触器底部的弹簧滑块扣装在 35mm 宽的卡轨上，或扣装在 75mm 宽的卡轨上。

主触头、辅助触头均为桥式双断点结构，因而具有高寿命的使用性能及良好的接触可靠性。灭弧室均呈封闭型，并由阻燃型材料阻挡电弧向外喷溅，以保证人身及邻近电器的安全。

3TB 系列交流接触器的磁系统是通用的，电磁铁工作可靠、损耗小、无噪声、机械强度高，线圈的接头处标有电压规格标志，接线方便。3TB40～3TB58 系列接触器型号含义如图 2-26 所示。

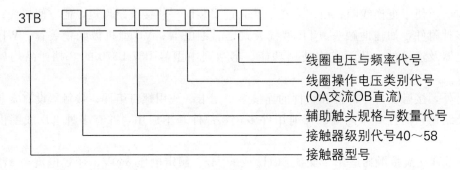

图 2-26　3TB40～3TB58 系列接触器型号含义

3TB40～3TB44 型接触器的线圈工作电压详细规格如下：

a. 50Hz：20V、24V、36V、42V、48V、60V、96V、100V、125V、127V、173V、183V、220V、367V、380V、415V、480V、500V。

b. 60Hz：24V、29V、42V、50V、58V、116V、120V、150V、152V、220V、264V、440V、480V、500V、575V、600V。

c. 50/60Hz：24V、116V、220V、440V。

d. 直流：12V、21.5V、24V、30V、36V、42V、48V、60V、110V、125V、180V、220～230V。

3TB 系列交流接触器吸引线圈工作电压范围是在 80%～110% 额定电压能可靠工作。3TB40～3TB47 型接触器的触头组合分为 19 种，3TB 系列接触器上可装 3UA5 系列热继电器装后宽度不增加。因此接触器可并排紧靠安装。

3TB 系列接触器在各接线处印有明确的接线端子数字标志，便利用户接线和电路图编号，它们的含义是：

A1：线圈的进线端。

A：线圈的出线端。

1、3、5（L1、L2、L3）：主电路的三相进线端。

2、4、6（T1、T2、T3）：主电路的三相出线端。

13、43：常开辅助触头进线端。

14、44：常开辅助触头出线端。

21、31：常闭辅助触头进线端。

22、32：常闭辅助触头出线端。

⑨ LC1-D 系列交流接触器　LC1-D 系列交流接触器是引进法国 TE 公司制造技术生产的。正常工作条件为：

周围空气温度：−5～+40℃。

海拔高度不超过 2000m。

空气相对湿度：在 +40℃ 时不超过 50%，该月的月平均最大相对湿度不超过 90%，并考虑因温度变化发生在产品上的凝露；

安装条件：安装面与垂直面倾斜角不大于 5°，安装和使用在无显著摇动、冲击和振动的地方。

LC1-D 系列交流接触器适用于交流 50Hz 或 60Hz，电压 660V、电流 80A 以下的电路，供远距离接通与分断电路及频繁启动、控制交流电动机，接触器还可组装积木式 IA1-D 系列辅助触头组、IA2-D 与 LA3-D 系列空气延时头、LC2-D 系列机械联锁机构等附件，组成延时接触器、机械联锁接触器、星三角启动器，并且可以和 LR1-D 系列热继电器直接插接安装组成电磁启动器。LC1-D 系列交流接触器型号含义如图 2-27 所示。

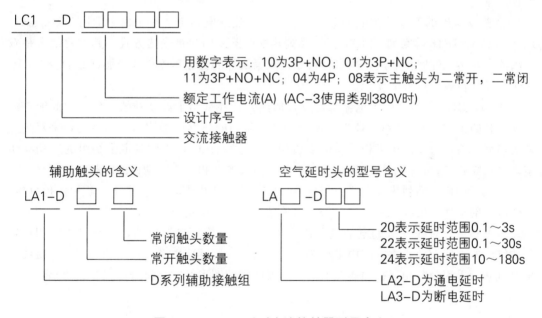

图 2-27　LC1-D 系列交流接触器型号含义

（4）热继电器

热继电器（FR）主要用于电力拖动系统中电动机的过载保护。电动机在实际运行中，常会遇到过载情况，但只要过载不严重、时间短，绕组不超过允许的温升，这种过载是允许的。但如果过载情况严重、时间长，则会加速电动机绝缘的老化，缩短电动机的使用年限，甚至烧毁电动机，因此必须对电动机进行过载保护。

① 热继电器结构与工作原理　热继电器主要由热元件、双金属片和触点组成，如图 2-28 所示，热元件由两种热膨胀系数不同的金属碾压而成，当双金属片受热时，会出现

弯曲变形。使用时，把热元件串接于电动机的主电路中，而常闭触点串接于电动机的控制电路中。

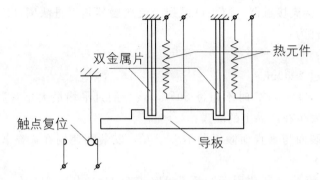

图 2-28　热继电器原理示意图

当电动机正常运行时，热元件产生的热量虽能使双金属片弯曲，但还不足以使热继电器的触点动作。当电动机过载时，双金属片弯曲位移增大，推动导板使常闭触点断开，从而切断电动机控制电路以起保护作用。热继电器动作后一般不能自动复位，要等双金属片冷却后按下复位按钮复位。热继电器动作电流的调节，可以借助旋转凸轮于不同位置来实现。

② 热继电器的型号及选用　我国目前生产的热继电器主要有 JR0、JR1、JR2、JR9、R10、JR15、JR16 等系列，JR1、JR2 系列热继电器采用间接受热方式，其主要缺点是双金属片靠发热元件间接加热，热耦合较差；双金属片的弯曲程度受环境温度影响较大，不能正确反映负载的过流情况。

JR15、JR16 等系列热继电器采用复合加热方式并采用了温度补偿元件，因此能正确反映负载的工作情况。JR1、JR2、JR0 和 JR15 系列的热继电器均为两相结构，是双热元件的热继电器，可以用作三相异步电动机的均衡过载保护和 Y 接线定子绕组的三相异步电动机的断相保护，但不能用作定子绕组为△接线的三相异步电动机的断相保护。

JR16 和 JR20 系列热继电器为带有断相保护的热继电器，具有差动式断相保护机构。热继电器的选择主要根据电动机定子绕组的接线方式来确定热继电器的型号，在三相异步电动机电路中，对 Y 接线的电动机可选两相或三相结构的热继电器，一般采用两相结构的热继电器，即在两相主电路中串接热元件。对于三相感应电动机，定子绕组为△接线的电动机必须采用带断相保护的热继电器。热继电器的图形及文字符号如图 2-29 所示。

热元件　　　　　常闭触点

图 2-29　热继电器的图形及文字符号

当变频器使用普通电动机时，因 PWM 波导致电动机铁耗、铜耗和绝缘介质损耗的增加，温升会比通常应用时加大，因此热过载继电器的温度整定值应按电动机绝缘等级选择。使用变频器内置电子热过载继电器保护电动机过载，无疑要优于外加热继电器，对普通电动机可利用其矫正特性解决低速运行时冷却条件恶化的问题，使保护性能更可靠。高性能变频器（如富士 9S 系列）已在用户手册中给出设定曲线，用户可根据工艺条件设定。通常，考虑到变频器与电动机的匹配，电子热过载继电器可在 $50\% \sim 105\%$ 额定电流范围内选择设定。只有在下列情况时，才用常规热继电器代替电子热继电器：

    a. 所用电动机不是四极电动机。

    b. 使用特殊电动机（非标准通用电动机）。

    c. 一台变频器控制多台电动机。

    d. 电动机频繁启动。

当变频器选用外部热继电器对电动机实施过载保护时，热继电器应装设于变频器输出侧，装于输入侧的方案起不到保护作用（变频器的变频变压特性使其低频时输入电流远远小于输出电流）。过载保护应根据设备工艺要求情况，采用变频器停止命令（断开 CM）或空转停车（断开 BX）命令实现停车，不宜通过电源接触器实现。

    ③ 热继电器的选用

    a. 用做断相保护时，对 Y 接线应使用一般不带断相保护装置的两相或三相热继电器。对△接线应使用带断相保护装置的继电器。

    b. 用做长期工作保护或间断长期保护时，根据电动机启动时间，选取 6 倍的额定电流 $(6I_N)$ 以下具有可返回时间的热继电器。其额定电流或热元件整定电流应等于或大于电动机或被保护电路的额定电流。继电器热元件的整定值一般为电动机或被保护电路额定电流的 $1 \sim 1.15$ 倍。

（5）电流互感器及电流表的选择

在选择变频调速系统中用于电流检测和电流指示的电流互感器和电流表时，首先要考虑变频器输出频率的变化特性，以降低电流检测及仪表选型上引起的测量误差。变频器输出侧电流测量应使用电磁式仪表，以获得所需的测量精度。选择电流互感器时一般应注意以下几个问题：

    ① 电流互感器的一次额定电压与其系统的额定电压相符合。

    ② 电流互感器的一次额定电流应在其正常负载电流的 $20\% \sim 120\%$。

    ③ 电流互感器的二次负载，如仪表、继电器所消耗的功率（伏安数）或阻抗不应超过所选择的准确度等级对应的额定容量，否则将使准确度等级降低。

    ④ 根据测量和保护的要求，来选择电流互感器的适当的准确度等级。

    ⑤ 电流互感器的台数可由供电方式和接线方式来确定。

    ⑥ 根据电流互感器装设地点的系统短路容量校验其动、热稳定性。

在变频器输出侧选用普通电流互感器是可以满足输出电流检测精度要求的，由于电流互感器铁芯磁通密度与交流电流频率的变化成反比，忽略次要因素时，其电流误差（即变化误差）和相位误差可看作与电流频率变化成反比，只是当电流频率超过 1kHz 时，铁芯温度会增高。但是，由于互感器正常运行时激磁电流设计得很小（主要为了减小误差），因此，普通电流互感器用于 50Hz 频率附近时，其电流误差是很小的。通过实际校验对比可知，当变频器输出频率在 $10 \sim 50Hz$ 之间变化时，电磁式电流表指示误差很小，实测误差在 1.27% 以下，并与电流频率变化成反比（以变频器输出电流指示为基准），能够满足输出电流监视的要求。

使用指针式电流表测量变频器输出侧电流时，不应选用整流式仪表，经实测变频器输出频率 $19 \sim 50 \mathrm{Hz}$ 区间时，整流式仪表指示误差为 $69.7 \% \sim 16.66 \%$，且为负偏差，为此应选用电磁式电流表。因变频器的输入电流一般不大于输出电流，为此，输入侧设置电流监视意义不大，一般有信号灯指示电源即可，如变频器输入侧电压不稳时可设电压表监视。对于大容量变频器在低频运行时，其输入侧电流表指示无精度。

（6）电动机

若变频调速系统运行在低速时的负载转矩比额定转矩大，则要加大电动机功率和变频器功率才能满足低速运行。若电动机长期在低速运行时，因普通电动机的风扇在电动机轴上，风扇已不能有效散热，电动机会严重发热。因此，要加大电动机功率或使用外部风扇为电动机冷却。一般电动机在使用变频器时，因变频器 PWM 波有很高的脉冲前后沿，$\mathrm{d} u / \mathrm{d} t$ 很大，绕组匝间和对地绝缘很易损坏，这已成为变频器使用中的一个问题。因此，应选用绝缘质量优良的电动机产品。

变频调速系统运行在高速时，要注意电动机是否能承受高速离心力，普通电动机的转子离心机械强度是按额定转速设计的。对转子直径较大的电动机，不要使用到额定转速的 1.5 倍以上，这时就应选用专门的变频电动机。

变频调速电动机一般均选择 4 级电动机，基频工作点设计在 $50 \mathrm{Hz}$，频率 $0 \sim 50 \mathrm{Hz}$（转速 $0 \sim 1480 \mathrm{r} / \mathrm{min}$）范围内电动机作恒转矩运行，频率 $50 \sim 100 \mathrm{Hz}$（转速 $1480 \sim 2800 \mathrm{r} / \mathrm{min}$）范围内电动机作恒功率运行，整个调速范围为 $0 \sim 2800 \mathrm{r} / \mathrm{min}$，基本满足一般驱动设备的要求，其工作特性与直流调速电动机相同，调速平滑稳定。如果在恒转矩调速范围内要提高输出转矩，也可以选择 6 级或 8 级电动机，但电动机的体积相对要大一点。

2.3.3 变频系统电力电缆技术特性

根据变频器的使用技术条件的要求，变频调速系统的电力电缆应采用屏蔽电缆或铠装电缆，最好穿金属管敷设。截断电缆的端头应尽可能整齐，未屏蔽的线段尽可能短，电缆长度不宜超过一定的距离（一般为 50m）。当变频器与电动机间的接线距离较长时，来自电缆的高次谐波漏电流会对变频器和周边设备产生不利影响。从电动机返回的接地线应直接连接到变频器相应的接地端子上。变频器的接地线切勿与其他动力设备共用，地线应尽可能短。由于变频器产生漏电流，与接地点太远则造成变频器接地端子上的电位不稳定。变频器接地线的最小截面积必须大于或等于供电电源电缆的截面积。

为了防止电磁干扰而引起变频调速系统的误动作，控制电缆应使用绞合屏蔽线或双绞屏蔽电缆。同时不要将屏蔽电缆的屏蔽网接触到其他信号线及设备外壳。为了避免控制电缆受到噪声的影响，控制电缆长度不宜超过 50m。控制电缆和电动机的电力电缆必须分开敷设，使用单独的走线槽，并尽可能远离。当二者必须交叉时，应采取垂直交叉。严禁将变频器动力电缆和控制电缆放在同一个管道或电缆槽中。

（1）电源侧电缆

为满足工业环境的一般电磁辐射标准，变频调速系统电源侧电缆必须是三芯或四芯屏蔽电缆。电缆屏蔽的有效性规则是，屏蔽层越紧密电磁辐射的水平就越低。可以基于屏蔽层的结构或传输阻抗来评价它的有效性。

① 屏蔽结构　电缆的屏蔽层采用铜丝缠绕在三芯或四芯相线的外面，带有一个螺旋

形铜带，减小了屏蔽层孔的大小。

② 屏蔽层传输阻抗　在 100MHz 范围以内，传输阻抗必须等于或小于 $1\Omega/m$。

（2）电动机侧电缆

变频调速系统电动机侧的电缆屏蔽，必须满足电源侧电缆屏蔽的最低要求。

① 屏蔽结构　电缆的屏蔽层至少包括一个铜带重叠的层和铜丝缠绕的层绕包在三芯或四芯相线的外面，也可选择铜丝编织作为屏蔽层。

② 屏蔽层传输阻抗　在 100MHz 范围以内，传输阻抗必须等于或小于 $100m\Omega/m$。

（3）电力电缆结构的电磁兼容

电力电缆 EMC 评价见表 2-10，通过比较，3＋3 对称芯线带屏蔽的结构性能最好，经验也表明，采用对称屏蔽电缆也可以减少变频调速系统的电磁辐射，以及减小电动机的轴电流和由此引起的轴承磨损。

表 2-10　电力电缆的 EMC 评价

结构	芯数	屏蔽层	EMC 评价
	对称 3＋3	细铜丝编织屏蔽层	性能最优
	对称 3芯	细铜丝编织屏蔽层	好
	非对称 4芯	细铜丝编织屏蔽层	好
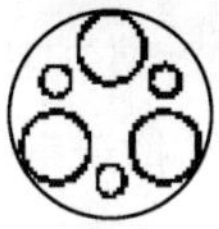	对称 3＋3		尚好
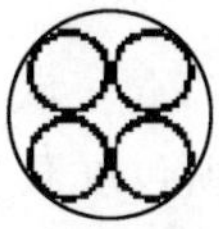	非对称 4芯		中等
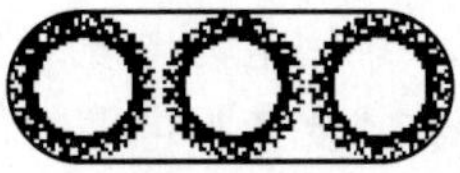	非对称 平行芯线 或扁电缆	铜编织屏蔽层	中等
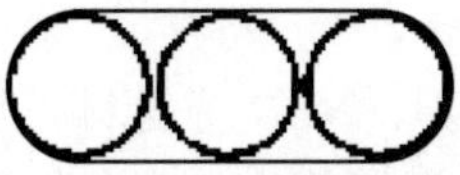	非对称 平行芯线 或扁电缆		差

（4）使用特性

变频专用电缆能有效抑制变频产生的高次谐波、电磁波对输入电源网络及附近电子设备、仪表、无线电、传感器、自控装置的干扰。又能防止外界电磁场、电磁波对变频控制系统的影响，并提供优质电源能量。变频专用电力电缆使用的技术条件是：

① 频率范围：0～300Hz。

② 设计长度：适宜小于100m。

③ 截面选择：比常规电缆截面大1倍。

④ 电缆线芯工作温度不高于90℃。

⑤ 电缆敷设时环境温度不低于0℃。

⑥ 电缆弯曲半径不小于20D，D为电缆外径（mm）。

⑦ 可根据环境条件生产软芯结构（铜芯）铝芯、铠装型、阻燃、耐火、无卤低烟环保型变频专用电缆。

（5）电缆的结构形式选择

① 电缆的缆芯结构　普通电力电缆的缆芯为平行绞合结构，且大都呈非对称形。普通结构的电力电缆应用于变频调速系统会暴露出许多问题。对于变频系统用电力电缆的缆芯结构一般倾向于图2-30(a)所示的三芯电缆和图2-30(b)所示的3+3结构电缆，电缆缆芯呈对称形、并均有屏蔽层。设有屏蔽层的电缆能够有效地抑制内、外界的电磁干扰，决定屏蔽层的屏蔽效果好坏常用屏蔽抑制系数来表示，屏蔽抑制系数为零说明电缆的屏蔽效果最佳。

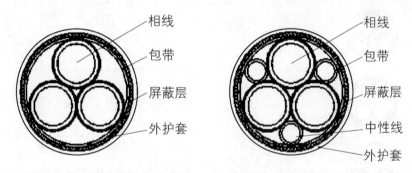

(a) 变频系统用三芯电缆结构示意图　　(b) 变频系统用3+3电缆结构示意图

图 2-30　变频系统用电力电缆结构示意图

变频系统用电力电缆常采用的屏蔽方式有：铜丝编织屏蔽；铜带绕包屏蔽；铜丝缠绕屏蔽；铜丝铜带组合屏蔽，铜带纵包屏蔽（分轧纹与不轧纹）；铝带纵包屏蔽（分轧纹与不轧纹）；钢丝铜丝组合屏蔽。纵包结构的屏蔽效果要比绕包结构的好。此外，也有采用铝塑复合带进行绕包或纵包作为屏蔽层，这种屏蔽层应用到变频系统用电力电缆的结构上是否满足抗电磁干扰的要求还需要在实践中验证。选用何种屏蔽方式要依据电缆的使用场合而定。屏蔽层的截面一般根据使用要求而定，通常屏蔽层的截面是相线截面的50%，也有要求和相线截面相等的。

普通电力电缆用绝缘有PVC、XLPE、ERP、CSM、CR/PCP、NBR等材料，从材料的绝缘性能（体积电阻、介电常数、介质损耗、介电强度、工作温度等）和弯曲性能等方面来考虑，变频系统用电力电缆的绝缘使用较多的材料为XLPE和ERP。

目前变频系统用电力电缆电压等级均在6/10kV以下，市场用量较大的电压等级为0.6/1kV。变频系统用电力电缆的护套材料多为PVC、ERP、无卤低烟阻燃聚烯烃。

图 2-30（a）所示是一种三芯电缆，它配有同心铜屏蔽层。此种结构相线之间以及相线与屏蔽线的距离都是相等的，同时屏蔽层还作一根保护导体使用。采用这种结构的电缆和接线方式，应考虑到屏蔽层截面的大小必须保证电缆能够安全运行。

图 2-30（b）所示是一种 3＋3 对称结构的电缆，电缆具有屏蔽层，此种结构三根对称导体用作电缆的保护接地线。该类型电缆的屏蔽层采用铜铝纵包加工而成。屏蔽线一端连接到变频器的保护端上，一端连接到电动机的保护端上。

变频系统用电力电缆宜采用对称缆芯结构，此外电缆应具有屏蔽层，屏蔽层宜采用屏蔽效果较佳的纵包结构。变频系统用电力电缆在安装时采用整根连接，带有中间接头的电缆其电缆抗干扰性能会有所降低。

② PHILSHEATH 变频系统用电力电缆　PHILSHEATH 变频系统用电力电缆是由 ANIXTER 公司和原 BICC 公司联合研制开发的，在变频调速系统中得以广泛应用。主要原因是这种电缆采用 3 根相线＋3 根接地线的对称电缆结构，并在电缆的结构中设计了一层纵包焊接波纹铝护套作为屏蔽层，屏蔽层即可防止电磁干扰；又具有极低的传输阻抗。PHILSHEATH 变频系统用电力电缆的具体规范是：

a. 导体。绞制裸退火铜。

b. 绝缘。XLPE。

c. 成缆。采用 3 根相线＋3 根接地线的对称电缆结构。

d. 铝护套。采用连续密封纵包焊接的波纹铝护套，加工完成的铝护套必须进行压力试验。

e. 外护。黑色的耐光照 PVC。

PHILSHEATH 电缆在变频系统中使用具有以下优点：

a. 铝护套提供了一个均匀一致的电场，该电场能够在电压倍增之前增大电动机和变频器之间的允许长度。

b. 高强度绝缘材料的使用，使得电缆能够承受由于反射导致的高电压峰值。

c. 铝护套起到一种有效的屏蔽作用，从而减小了相邻电路间的串扰。

d. 铝护套为一种低阻抗的路径，可防止产生高频噪声扩散。

e. 外护套还起到一个绝缘的作用，可避免由于多个接地点导致的接地环流。

③ 国产变频器专用电缆　国产变频器专用电缆型号说明如图 2-31 所示，规格的表示方法见表 2-11。

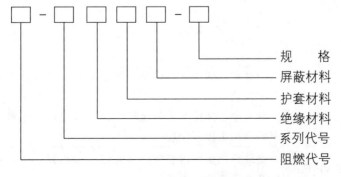

图 2-31　国产变频专用电缆型号说明

表 2-11　国产变频器专用电缆规格的表示方法

项目	代号	说明	项目	代号	说明
系列代号	BP	变频电缆	结构特征	P P2 P1 P3	铜丝或镀锡铜丝 铜带绕包 铜丝绕包 铝塑复合带绕包
绝缘代号	YJ	交联聚乙烯绝缘	阻燃代号	省略 ZR WDZ	非阻燃 阻燃 低烟无卤阻燃
护套代号	V E	聚氯乙烯护套 低烟无卤聚烯烃护套			

变频器专用电缆型号及名称见表 2-12。

表 2-12　变频器专用电缆型号及名称

序号	型号	名　称
1	BPVVP	聚氯乙烯绝缘和护套铜丝编织屏蔽变频电力电缆
2	BPVVP$_2$	聚氯乙烯绝缘和护套铜带绕包屏蔽变频电力电缆
3	BPVVPP$_2$	聚氯乙烯绝缘和护套铜丝编织铜带绕包屏蔽变频电力电缆
4	BPVVP$_3$	聚氯乙烯绝缘和护套铝聚酯复合膜绕包屏蔽变频电力电缆
5	BP-YJVP	交联聚乙烯绝缘铜丝编织总屏蔽聚氯乙烯护套变频器用主回路电缆
6	BP-YJPVP	交联聚乙烯绝缘铜丝编织分屏蔽和总屏蔽聚氯乙烯护套变频器用主回路电缆
7	BP-YJPVP$_2$	交联聚乙烯绝缘铜丝编织分屏蔽铜带绕包和总屏蔽聚氯乙烯护套变频器用主回路电缆
8	BPYJVPP$_2$	交联聚乙烯绝缘聚氯乙烯护套铜丝编织铜带绕包屏蔽变频电力电缆
9	BP-YJVP$_2$	交联聚乙烯绝缘铜带绕包总屏蔽聚氯乙烯护套变频器用主回路电缆
10	BPYJVP$_3$	交联聚乙烯绝缘聚氯乙烯护套铝聚酯复合膜绕包屏蔽变频电力电缆
11	BP-YJP$_2$VP$_2$	交联聚乙烯绝缘铜带绕包分屏蔽和总屏蔽聚氯乙烯护套变频器用主回路电缆
12	BP-YJP$_2$VP	交联聚乙烯绝缘铜带绕包分屏蔽铜丝编织总屏蔽聚氯乙烯护套变频器用主回路电缆
13	BP-YJVP$_2$P	交联聚乙烯绝缘铜带绕包和铜丝编织双层总屏蔽聚氯乙烯护套变频器用主回路电缆

序号	型号	名　称
14	BP-YJP$_3$VP	交联聚乙烯绝缘铝(铝塑)带(扎纹)纵包分屏蔽铜丝编织总屏蔽聚氯乙烯护套变频器用主回路电缆
15	BP-YJP$_3$VP$_2$	交联聚乙烯绝缘铝(铝塑)带(扎纹)纵包分屏蔽铜带绕包总屏蔽聚氯乙烯护套变频器用主回路电缆

变频器专用阻燃电缆型号及名称见表 2-13。

表 2-13　变频器专用阻燃电缆型号及名称

序号	型号	名　称
1	ZR-BPYJVP	交联聚乙烯绝缘聚氯乙烯护套铜丝编织屏蔽阻燃变频器用主回路电缆
2	ZR-BPYJVP$_1$	交联聚乙烯绝缘聚氯乙烯护套铜丝缠绕屏蔽阻燃变频器用主回路电缆
3	ZR-BPYJVP$_{1-2}$	交联聚乙烯绝缘聚氯乙烯护套铜丝缠绕铜带绕包双重屏蔽阻燃变频器用主回路电缆
4	ZR-BPYJVP$_3$	交联聚乙烯绝缘聚氯乙烯护套铝(铝塑)带屏蔽阻燃变频器用主回路电缆
5	WDZ-BPYJEP	交联聚乙烯绝缘聚烯烃护套铜丝编织屏蔽低烟无卤阻燃变频器用主回路电缆
6	WDZ-BPYJEP$_2$	交联聚乙烯绝缘聚烯烃护套铜带屏蔽低烟无卤阻燃变频器用主回路电缆
7	WDZ-BPYJEP$_1$	交联聚乙烯绝缘聚烯烃护套铜丝缠绕屏蔽低烟无卤阻燃变频器用主回路电缆
8	WDZ-BPYJEP$_{1-2}$	交联聚乙烯绝缘聚烯烃护套铜丝缠绕包铜带双重屏蔽低烟无卤阻燃变频器用主回路电缆
9	WDZ-BPYJEP$_3$	交联聚乙烯绝缘聚烯烃护套铝(铝塑)带屏蔽低烟无卤阻燃变频器用主回路电缆

变频器专用电缆结构参数见表 2-14。

表 2-14　变频器专用电缆结构参数

序号	规格/mm^2	BPYJVP	BPYJPVP	BPYJPVP$_2$	BPYJVP$_2$	BPYJP$_2$VP$_2$ BPYJP$_3$VP$_2$	BPYJP$_2$VP BPYJP$_3$VP	BPYJVP$_2$P
1	3×1.5+3×0.25	10.8	11.8	11.6	10.6	11.4	11.5	11.2
2	3×2.5+3×0.5	12.6	13.6	13.4	12.4	13.2	13.3	13.0
3	3×4+3×0.75	14.0	15.0	14.8	13.7	14.6	14.8	14.4
4	3×6+3×1	17.8	18.8	18.6	17.5	18.4	18.5	18.2
5	3×10+3×1.5	23.1	24.0	23.8	22.8	23.7	23.8	23.4

续表

序号	规格 / mm²	BPYJVP	BPYJPVP	BPYJPVP₂	BPYJVP₂	BPYJP₂VP₂ BPYJP₃VP₂	BPYJP₂VP BPYJP₃VP	BPYJVP₂P
6	3×16+3×2.5	26.6	27.7	27.5	26.3	27.3	27.4	27.0
7	3×25+3×4	31.0	32.0	31.8	30.7	31.6	31.7	31.3
8	3×35+3×6	34.6	35.7	35.5	34.3	35.2	35.4	35.0
9	3×50+3×10	39.7	40.9	40.7	39.4	40.3	40.5	40.0
10	3×70+3×10	45.3	46.5	46.3	45.0	45.9	46.1	45.6
11	3×95+3×16	49.6	50.8	50.6	49.3	50.2	50.4	50.0
12	3×120+3×25	54.3	55.5	55.2	54.0	54.9	55.1	54.6
13	3×150+3×35	60.1	61.3	61.0	59.8	60.7	60.9	60.4
14	3×185+3×35	73.8	75.0	74.7	73.5	74.4	74.6	74.1
15	3×240+3×50	82.0	83.3	83.0	81.6	82.5	82.8	82.2

④ 耐高温变频器专用电缆　耐高温变频器专用电缆有较低的电容,具有良好的耐火燃烧性能,可用于危险区域,低传输阻抗。该电缆含有屏蔽层、以防止电磁干扰,传输阻抗 Z_X 是对屏蔽阻抗感应和容抗的有效度量,低传输阻抗可提供良好的电磁相容性对称的三芯设计,使其具有更好的电磁相容性。三根耐温树脂绝缘线芯在缝隙处均匀等距绞合,形成一个真正的同芯结构。耐高温变频器专用电缆的额定电压为:0.6/1kV;硅橡胶绝缘耐温为:$-40\sim180℃$;F_4 绝缘耐温为:$-40\sim275℃$。耐高温变频器专用电缆型号及名称说明见表 2-15。

表 2-15　耐高温变频器专用电缆型号及名称说明

项目	代号	说　明
系列代号	K	耐高温控制电缆
导体镀层	Y	镀银
绝缘材料	F	FEP 最高工作温度 200℃
	F_4	PTFE 最高工作温度 260℃
	F_{47}	PFA 最高工作温度 285℃
屏蔽材料	P_0	镀锡铜丝编织
	P	钢丝编织
	P_2	铜带
护套材料	F	FEP 最高工作温度 200℃
	H_{11}	PTFE 最高工作温度 260℃
	H_9	PFA 最高工作温度 285℃
	V_{105}	105℃阻燃 PVC 护套
	V_F	丁腈护套
	G	硅橡胶护套

项目	代号	说　明
铠装材料	22 32	钢带铠装 细钢丝铠装
规格	—	芯数×导体截面($N \times S$) N：2、3、4、5、7、10、12、14、16、19、24、27、30、37、44、48、52、61 S：0.5、0.75、1.0、1.5、2.5、4、6(mm^2)
导体种类 （在括号内填写）	A B C	单股导体 七股绞合导体 多股软导体

耐高温变频器专用电缆基本型号及名称见表 2-16。

表 2-16　耐高温变频器专用电缆基本型号及名称

序号	型号	名称
1	BPGGP	硅橡胶绝缘和护套铜丝编织屏蔽耐高温变频电力电缆
2	BPGGP$_2$	硅橡胶绝缘和护套铜带绕包屏蔽耐高温变频电力电缆
3	BPGGPP$_2$	硅橡胶绝缘和护套铜丝编织铜带绕包屏蔽耐高温变频电力电缆
4	BPGGP$_3$	硅橡胶绝缘和护套铝聚酯复合膜绕包屏蔽耐高温变频电力电缆
5	BPGVFP	硅橡胶绝缘丁腈护套铜丝编织屏蔽耐高温变频电力电缆
6	BPGVFP$_2$	硅橡胶绝缘丁腈护套铜带绕包屏蔽耐高温变频电力电缆
7	BPGVFPP$_2$	硅橡胶绝缘丁腈护套铜丝编织铜带绕包屏蔽耐高温变频电力电缆
8	BPGVFP$_3$	硅橡胶绝缘丁腈护套铝聚酯复合膜绕包屏蔽耐高温变频电力电缆
9	BPFFP	氟46绝缘和护套铜丝编织屏蔽耐高温变频电力电缆
10	BPFFP$_2$	氟46绝缘和护套铜带绕包屏蔽耐高温变频电力电缆
11	BPFFPP$_2$	氟46绝缘和护套铜丝编织铜带绕包屏蔽耐高温变频电力电缆
12	BPFFP$_3$	氟46绝缘和护套铝聚酯复合膜绕包屏蔽耐高温变频电力电缆

耐高温变频器专用电缆结构参数见表 2-17。

表 2-17　耐高温变频器专用电缆结构参数

序号	规格 /mm²	电缆外径 /mm				
		BPGV$_F$-P$_2$R	BPF$_4$H$_{11}$-P$_2$R	BPGG-P$_2$R	BPF$_4$G-P$_2$R	BPF$_4$V$_F$-P$_2$R
1	$3 \times 1.5 + 3 \times 0.25$	12.2	10.8	12.5	11.8	11.4
2	$3 \times 2.5 + 3 \times 0.5$	14.2	12.5	14.5	13.6	13.2

序号	规格 /mm²	电缆外径 /mm				
		BPGV$_F$-P$_2$R	BPF$_4$H$_{11}$-P$_2$R	BPGG-P$_2$R	BPF$_4$G-P$_2$R	BPF$_4$V$_F$-P$_2$R
3	3×4+3×0.75	15.7	13.3	16.0	15.0	14.6
4	3×6+3×1	19.6	17.2	20.0	18.8	18.3
5	3×10+3×1.5	25.0	22.5	25.5	24.0	23.4
6	3×16+3×2.5	28.9	26.1	29.5	27.7	26.7
7	3×25+3×4	33.3	30.3	34.0	32.0	31.0
8	3×35+3×6	37.2	34.0	38.0	35.7	35.0
9	3×50+3×10	42.6	39.0	43.5	40.9	40.1
10	3×70+3×10	48.5	44.5	49.5	46.5	45.5
11	3×95+3×16	52.9	48.7	54.0	50.8	49.7
12	3×120+3×25	57.8	53.3	59.0	55.5	54.5
13	3×150+3×35	63.9	59.0	65.2	61.3	60.3
14	3×185+3×35	78.2	72.4	79.8	75.0	73.8
15	3×240+3×50	86.8	80.5	88.6	83.3	82.1

第3章

变频调速系统安装与布线技术

3.1 变频器安装

3.1.1 变频器的工作环境

（1）变频器工作的物理环境

　　由于变频器集成度高，整体结构紧凑，自身散热量较大，因此对安装环境的温度、湿度和粉尘含量要求高。在安装变频器时，必须为变频器提供一个良好的运行环境。变频器的环境温度额定为40℃，如果环境温度大于40～50℃时，必须降低额定电流值。否则将使器件的温升过高，从而导致器件损坏（尤其是IGBT功率模块）的可能性加大，对正常安全运行有较大影响。变频器的工作环境若达不到变频器对工作环境的要求，将造成变频器有较高的故障率，影响长期、可靠、安全运行，以致造成不必要的经济损失，为此在变频器应用中应注意以下事项。

　　① 工作温度　变频器内部是大功率的电子元件，极易受到工作温度的影响，产品一般要求为0～55℃，但为了保证工作安全、可靠，使用时应考虑留有余地，最好控制在40℃以下。变频器若安装在变频器柜中，应安装在柜体上部，并严格遵守产品说明书中的安装要求，绝对不允许把发热元件或易发热的元件紧靠变频器的底部安装。

　　② 环境温度　温度太高且温度变化较大时，变频器内部易出现结露现象，其绝缘性能就会大大降低，甚至可能引发短路事故。必要时，必须在变频器柜中增加干燥剂和加热器。变频器的周围湿度应为90%以下，周围湿度过高，存在电气绝缘能力降低和金属部分的腐蚀问题。如果受安装场所的限制，变频器不得已安装在湿度高的场所，变频器的柜体应尽量采用密封结构。为防止变频器停止时结露，应增设对流加热器。

　　③ 腐蚀性气体　使用环境如果腐蚀性气体浓度大，不仅会腐蚀元器件的引线、印刷电路板等，而且还会加速塑料器件的老化，降低绝缘性能，在这种情况下，应把变频器柜制成封闭式结构，并进行换气。变频器周围不应有腐蚀性、爆炸性或燃烧性气体以及粉尘和油雾。变频器的安装周围如有爆炸性和燃烧性气体，由于变频器内有易产生火花的继电器和接触器，所以有时会引起火灾或爆炸事故。如果变频器周围存在粉尘和油雾时，其在变频器内附着、堆积将导致绝缘能力降低；对于强迫风冷的变频器，由于过滤器堵塞将引起变频器内温度异常上升，致使变频器不能稳定运行。

　　④ 振动和冲击　变频器柜受到机械振动和冲击时，会引起电气接触不良。这时除了提高变频器柜的机械强度、远离振动源和冲击源外，还应使用抗振橡皮垫固定变频器柜和

电磁开关之类产生振动的元器件。变频器的耐振性据类型的不同而不同，振动超过变频器的容许值时，将产生部件紧固部分松动以及继电器和接触器等误动作，往往导致变频器不能稳定运行。对于机床、船舶等能事先预见的振动场合，应充分考虑变频器的振动问题。

⑤ 变频器应用的海拔标高多规定在 1000m 以下，标高高则气压下降，容易产生绝缘破坏。另外标高高冷却效果也下降，必须注意变频器温升。

（2）变频器工作的电气环境

变频器工作的电气环境包括：频率变化、电压变化、电压不平衡、电源阻抗、电源谐波及一些异常条件等，如频率为 $f_{LN} \pm 2\%$；额定输入电压的变化限值为 $\pm 10\%$；电源电压不平衡度不超过基波额定输入电压（U_{LN1}）3%。

① 防止电磁波干扰　变频器在工作中由于整流和逆变，在其周围产生很多干扰电磁波，这些高频电磁波对附近的仪表、电子设备有一定的干扰。因此，变频器柜内仪表和电子设备，应该选用金属外壳，以屏蔽变频器对仪表和其他电子设备的干扰。所有的元器件均应可靠接地，除此之外，各电气元件、电子设备及仪表之间的连线应选用屏蔽电缆，且屏蔽层应可靠接地。

② 防止变频器输入端过电压　变频器电源输入端往往有过电压保护，但是，如果输入端高电压作用时间长，会使变频器输入端损坏。因此，在实际应用中，要核实变频器的输入电压、相数和变频器应使用的额定电压。为变频器提供独立的供电回路，并尽量避免与有冲击性质负载共用一台变压器供电。

（3）变频器的通风散热

变频器的效率一般 97%～98%，这就是说有 2%～3% 的电能转变为热能，远远大于一般开关、交流接触器等电器产生的热量。一般的配电箱柜是针对常用开关、交流接触器等电器而设计的。当这一类箱柜体用于变频器时，需对内部器件进行布局，以确保通风散热合理性。

变频器的故障率随温度升高而成指数上升，使用寿命随温度升高而成指数下降。环境温度升高 10℃，变频器平均使用寿命减半。在变频器工作时，流过变频器的电流是很大的，变频器产生的热量也是非常大的，不能忽视其发热所产生的影响，要了解一台变频器的发热量大概是多少，可以用以下公式估算：

$$\text{发热量的近似值} = \text{变频器容量(kW)} \times 5.5\% \tag{3-1}$$

在这里，如果变频器容量是以恒转矩负载为准的（过流能力 150%×60s），变频器带有直流电抗器或交流电抗器，并且为柜内安装，这时发热量会更大一些。电抗器安装在变频器侧面或侧上方比较好。这时可以用下式估算变频器产生的热量：

$$\text{发热量的近似值} = \text{变频器容量(kW)} \times 6\% \tag{3-2}$$

如果柜内有制动电阻，因为制动电阻的散热量很大，制动电阻的安装位置应与变频器隔离开，如装在柜内的上面或旁边等。

图 3-1 是一些电控柜内安装变频器时的风路示意图，图 3-1（a）为壁挂式电控柜顶部装抽风机抽出热风；图 3-1（b）为控制台式电控柜上部装抽风机抽出热风；图 3-1（c）为大型立式电控柜顶部装大抽风机，地沟和柜体下部要有良好进风口；图 3-1（d）为大型立式电控柜装有控制单元和制动电阻的情况，顶部装大抽风机，地沟和柜体下部要有良好进风口。变频器在电控柜内布置时，电控柜风路的设计原则是：

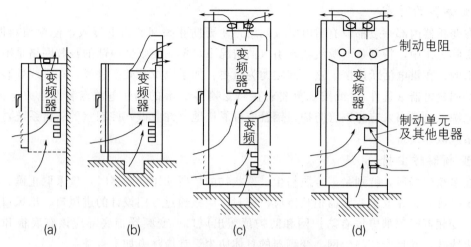

图 3-1　电控柜安装变频器的通风设计

① 电控柜要有强迫通风回路，通风回路的空气流向应通畅，符合流体平滑转向原则，安装在电控柜上的风机应比变频器本身风机总通风量大 30%～50%。

② 电控柜的风路一般要有低风阻的进风口，在环境脏的场合进风口要有过滤网，过滤网的风阻要小，并防止堵塞，要求经常打扫。

③ 电控柜内空气不应直通短路，也不应该发生热风回流，要在电控柜内安装必要的导风板和挡风板。挡风板的作用是挡住直通风和避免热风回流以改善柜内空气流向，提高冷却效果。

④ 在没有专门设计强迫通风风道的柜内，单台变频器安装要与周围电器、箱壁保持一定距离，特别是要留出上下空间使风道顺畅，使风可自由流动。根据功率大小不同，至少留有 120～300mm 空间，左右前方空间至少 50mm。

⑤ 当变频器的环境温度超过 40℃时，对有通风盖的变频器要去掉通风盖，让风顺利进入变频器内。

当变频器安装在控制柜内时，要考虑变频器发热值问题。根据控制柜内产生热量值的增加，要适当地增加控制柜的尺寸。因此，要使控制柜的尺寸尽量减小，就必须要使柜中产生的热量值尽可能地减少。如果在变频器安装时，把变频器的散热器部分放到控制柜的外面，将会使变频器有 70% 的发热量释放到控制柜的外面。由于大容量变频器有很大的发热量，所以对大容量变频器更加有效。还可以用隔离板把本体和散热器隔开，使散热器的散热不影响到变频器本体。这样效果会更好。

在变频器散热设计中，都是以垂直安装为基础的，横着安装散热会变差。变频器都带有冷却风扇，但仍要在控制柜上出风口安装冷却风扇，进风口要加滤网以防止灰尘进入控制柜。

在海拔高于 1000m 的地方，因为空气密度降低，因此应加大控制柜的冷却风量以改善冷却效果。理论上变频器也应考虑降容，每 1000m 降低 5%。但变频器的负载能力和散热能力一般比实际使用的要大，所以也要看具体应用。比方说在 1500m 的地方，但是周期性负载，如电梯，就不必要降容。变频器的发热主要来自于 IGBT，IGBT 的发热有集中在开和关的瞬间。因此开关频率高时自然变频器的发热量就变大。

（4）变频器的防雷

在变频器内部一般都设有雷电吸收网络，主要防止瞬间的雷电侵入，使变频器损坏。但在实际工作中，特别是电源线架空引入的情况下，单靠变频器内部的吸收网络是不能满足要求的。在雷电活跃地区，这一问题尤为重要，如果电源是架空进线，在进线处装设变频器专用避雷器（选件），或按规范要求在离变频器 20m 的远处电源点装设电力避雷器。如果电源是电缆引入应穿钢管防护，钢管应可靠接地，并应做好控制室的防雷系统，以防雷电窜入破坏设备。

（5）变频器防尘措施

在多粉尘场所，特别是多金属粉尘、絮状物的场所使用变频器时，应采取正确、合理的防护措施，总体要求变频器柜整体应该密封，应该通过专门设计的进风口、出风口进行通风；变频器柜顶部应该有防护网和防护顶盖出风口；变频器柜底部应该有底板和进风口、进线孔，并且安装防尘网。变频器的具体防尘设计应注意如下事项：

① 变频器柜的风道要设计合理，排风通畅，避免在柜内形成涡流，在固定的位置形成灰尘堆积。

② 变频器柜顶部出风口上面要安装防护顶盖，防止杂物直接落入；防护顶盖高度要合理，不影响排风。防护顶盖的侧面出风口要安装防护网，防止絮状杂物直接落入。

③ 如果采用变频器柜顶部侧面排风方式，出风口必须安装防护网。

④ 要确保变频器柜顶部的轴流风机旋转方向正确（向外抽风），如果风机安装在变频器柜顶部的外部，必须确保防护顶盖与风机之间有足够的高度；如果风机安装在变频器柜顶部的内部，安装所需螺钉必须采用止逆弹件，防止风机脱落造成柜内元件和设备的损坏。在风机和柜体之间加装塑料或者橡胶减振垫圈，可以大大减小风机振动造成的噪声。

⑤ 变频器柜的前、后门和其他接缝处，要采用密封垫片或者密封胶进行一定的密封处理，防止粉尘进入。

⑥ 变频器柜底部、侧板的所有进风口、进线孔，一定要安装防尘网。阻隔絮状杂物进入。防尘网应该设计为可拆卸式，以方便清理、维护。防尘网的网格要小，能够有效阻挡细小絮状物（与一般家用防蚊蝇纱窗的网格相仿）；或者根据具体情况确定合适的网格尺寸，防尘网四周与变频器柜的结合处要处理严密。

（6）变频器防潮湿霉变措施

多数变频器内部的印制板、金属结构件均未进行防潮湿霉变的特殊处理，如果变频器长期处于潮湿和和含有腐蚀性气体的工作环境，变频器的金属结构件容易产生锈蚀，对于导电铜排在高温运行情况下，更加剧了锈蚀的过程。对于控制板和驱动电源板上的细小铜质导线，由于锈蚀将造成损坏，因此，对于应用于潮湿和含有腐蚀性气体的场合，必须对变频器的内部设计有基本要求，例如印刷电路板必须采用三防漆喷涂处理，对于结构件必须采用镀镍铬等处理工艺。除此之外，还需要采取其他积极、有效、合理的防潮湿、防腐蚀气体的措施。

变频器柜可以安装在单独的、密闭的采用空调的机房，此方法适用控制设备较多场合，安装在机房的变频器柜可以采用如上防尘或者一般环境设计即可。

采用独立进风口的变频器柜，其单独的进风口可以设在变频器柜的底部，并通过独立密闭的风管与室外干净环境连通，此方法需要在进风口处安装防尘网。对于密闭变频器柜内可以加装吸湿的干燥剂或者吸附毒性气体的活性材料，并定期更换。

3.1.2 变频器安装的基本要求

（1）安装前的准备工作

要安装好一台变频器，使它能正常运行，达到技术及工艺要求，除了满足上述基本规则外，还应注意以下几点。

① 安装前首先要熟悉和掌握生产工艺及技术要求，弄清楚其负载状况，了解变频器在系统中的作用和地位，是要求节能，还是改进生产工艺，还是二者兼之。某些场合并没有节能空间，而硬要求变频器节能，这是不妥当的。

② 变频器带的负载从电气方面而言首先是电动机，因此安装前首先要对现场的电动机有比较清楚的理解，包括额定电压、额定电流、电动机极数、额定功率等，安装的变频器必须与之相匹配，有些特殊场合，如负荷较重、海拔超过 1000m（即超过标准海拔高度）、煤矿提升机等，变频器要比负载电动机高出一个甚至两个功率等级，一般不允许变频器比负载电动机功率等级低，以免变频器超负荷运行而使过载保护动作。

③ 电动机的电气绝缘安装前必须进行检测，绝缘不好的电动机不能用于变频调速系统。因为变频器虽然设有短路保护，但瞬间的接地也可能造成某些变频器的损坏。

④ 安装前应仔细阅读变频器的使用说明书，结合现场工艺要设置哪几个参数，参数的设置方法等，要熟练掌握变频器的操作方法。

⑤ 对于某些场合，特别是要求自动控制的而需要附属配件的，如供水用的压力表、传感器、压力变送器及一些配套设施，如 PID 调节仪、温控仪、定时器等，有些还需要远控装置，也要熟练掌握。以期能快速地安装、调试到位。

⑥ 要严格按照变频器的使用说明书进行配线，包括主回路线和控制线，某些情况只能高于说明书要求的规格而不能低于。需要压接接线鼻的地方，要严格执行压接的工艺和标准。

⑦ 在工业控制比较复杂的情况下，还要考虑电磁兼容性问题，要考虑变频器的干扰与抗干扰，必要时加装电磁滤波装置。有些场合电动机距离变频器可能较远，要考虑加装输出电抗器及滤波器。

⑧ 对于位能负载，如煤矿主井绞车、提升机、电梯类，由于存在再生发电状态，要考虑加装制动单元和配套的制动电阻，防止变频器过压保护或损坏。

以上这些问题都是在安装变频器之前要了解和掌握的，不熟悉这些内容，就可能造成变频器的安装或调试不顺利或根本不成功，造成设备损坏或不能正常使用。

变频器初次安装或长期放置后使用，应先对其进行全面检查。检查项目和方法如下：

① 检查变频器有无碰伤损坏，金属部分有无锈蚀，有无结霜凝露。若有结霜凝露，则应烘干 4h（60℃），或在室温下通风放置 24h。

② 对于小功率变频器，轻轻翻动机箱，注意机箱内有无异常声音，若有异常声音，则应打开机箱，寻找并排除其中的异物。

③ 功率比较大的变频器，则应打开外壳，检查一下在运输或储存过程中有无掉下的线头或颠簸松动的螺栓，若有应重新焊接或紧固。

④ 在安装前需要对变频器进行电气测试和检查，要注意不同变频器的特点，根据它

们的特点来测试、检查。

（2）变频器的安装方式

① 墙挂式安装　变频器必须竖直安装在与相邻设备有足够空间的地方。变频器与周围物体之间的距离应满足的条件是：两侧≥100mm，上下≥150mm。如图 3-2 中的 A、B 间距。

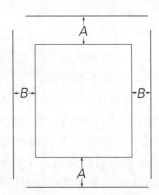

图 3-2　变频器竖直安装与相邻设备空间示意图

② 柜式安装　单台变频器安装应尽量采用柜外冷却方式（环境比较洁净，尘埃少时），单台变频器采用柜内冷却方式时，应在柜顶安装抽风式冷却风扇，并尽量装在变频器的正上方。

变频器应安装在变频器柜内的中上部；变频器要垂直安装，正上方和正下方要避免安装可能阻挡排风、进风的大器件。变频器上、下部边缘距离控制柜顶部、底部、或隔板、或必须安装的大器件等的最小间距，应该大于 300mm。如图 3-3 中的 H_1、H_2 间距。

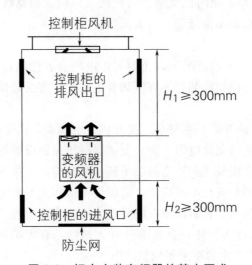

图 3-3　柜内安装变频器的基本要求

当柜内安装多个变频器时，多台变频器安装应尽量并列安装，如图 3-4（a）所示，若按图 3-4（b）所示布置将影响变频器的通风散热，不利于变频器安全稳定运行。如必须采用纵向方式安装，应在两台变频器间加装隔板。

如果在使用中需要取掉变频器面板键盘，则变频器面板的键盘孔，一定要用胶带严格

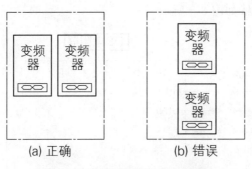

图 3-4 变频器在柜内布置图

密封或者采用假面板替换，防止粉尘进入变频器内部。变频器的安装必须遵守变频器用户手册上的有关说明要求，同时应符合电气产品安装规范的技术要求。变频器一定要安装稳固，保证工作过程中的安全性。

对于柜式结构的变频器，为了便于操作和散热的要求，柜周边要留有足够的空间：柜前面间距不小于1.5m，柜后面和侧面不小于1m。对于壁挂式的，变频器周围也应留有足够的散热空间，变频器的上部距离房间顶部至少1m，下部距地面也至少要1m的距离，才能使变频器通风顺畅，保证可靠的运行。有的房间密封比较严，要配合用户安装排风扇或空调。有些场合环境比较脏、潮湿，要注意采取隔离措施，防尘、防潮。

（3）变频器的接线

主电路的接线比较简单，将电源线接在变频器的输入（或标记有 R、S、T 的）端子上，将电动机线接在变频器的输出（或标记有 U、V、W 的）端子上，并将变频器的接地端子通过地线可靠接地。不要将变频器输出端子排上的"N"端子误认为电源中性线端子。线头压接要可靠。应使用容量相当的接线鼻压接，并要压紧，避免大电流长期运行出现过热而烧毁接线或端子。接线完成后应检查端子接线的裸露部分是否与别的端子带电部分相碰，是否触及了变频器外壳。

电源与变频器接线和同容量电动机的线径选择方法相同。R、S、T 和 U、V、W 的主回路导线在采用铁管内保护布线时，不得一根或两根导线敷设在一根铁管内，必须三相的三根线布在同一个铁管内，这是由于正弦波三相电流瞬时值之和为零，不会在铁管上造成磁通和引起损耗而发热。

不能将负载功率因数校正用的电容器接到变频器的输出端，因电容器的接入会导致逆变功率器件流过大的瞬变脉冲电流而损坏。直流电抗器的参数要与变频器相配。安装前应去掉变频器上原 P1、P＋上的短路铜件，在此处接入直流电抗器。制动单元和制动电阻的接线要尽量短，长度不大于 5m，使用双绞线或密集平行线，导线的截面应不小于电动机连接导线的 $1/2 \sim 1/4$。当制动电阻不接时，绝对不能将 P＋端和 DB 端短路。

变频器输出端 U、V、W 三根线如敷设在铁管和蛇皮金属管内，因导线对铁管和蛇皮管电容的作用，会造成变频器内部功率开关器件的瞬时脉冲过电流，使功率开关损坏，一般在布线长度超过30（有管）～50m（无管）时，变频 U、V、W 端子处需接入交流电抗器。如果导线绝缘层较薄，布线长度还应更短。当一个变频器驱动多个电动机时，应按配线的总长度计算，当接入输出侧交流电抗器后，馈向电动机的总长度也不要超过 400m。

iF 系列变频器的基本接线如图 3-5 所示。

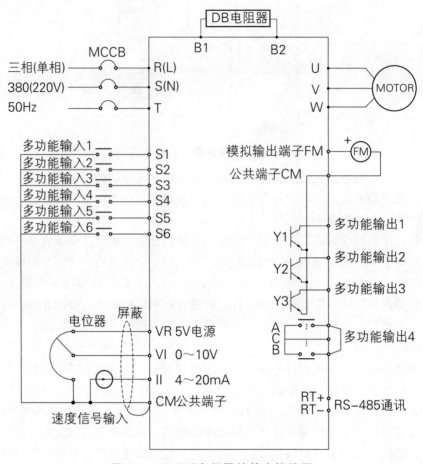

图 3-5　iF 系列变频器的基本接线图

① 电源端子　单相 iF 系列变频器电源端子排列如图 3-6(a) 所示，在图 3-6(a) 中，L、N 为 220V 单相变频器的电源输入端子，L 接相线，N 接零线。三相变频器电源端子排列如图 3-6(b) 所示，在图 3-6(b) 中，R、S、T 为三相 380V 电源输入端子。U、V、W 为变频器输出端子，与电动机连接。严禁把变频器的输入、输出端子接反，否则将导致变频器内部的损坏。当为变频器输入电源和电动机配线时，应使用带有绝缘帽的环形端子。变频器的电源端输入和输出导线的电压降应小于 2%。如果在变频器和电动机之间的配线过长，同时变频器在低频状态下运行，由于配线引起的电压降将导致电动机转矩下降。

L	N		B1	B2	U	V	W

(a) 单相 iF 系列变频器电源端子排列

R	S	T	U	V	W	B1	B2

(b) 三相 iF 系列变频器电源端子排列

图 3-6　iF 系列变频器电源端子排列

在图 3-6 中，B1、B2 为外接制动电阻器端子。在 B1、B2 端子之间仅连接制动电阻。不要将 B1、B2 端子短路。如果短路将导致变频器内部的损坏。

iF 系列变频器配线、端子接线和连接变频器电源输入（R、S、T）和输出（U、V、W）使用螺钉参考参数见表 3-1。

表 3-1　iF 系列变频器配线、端子接线螺钉

变频器		端子螺钉尺寸	螺钉转矩/(kgf·cm)	输入端子	输出端子	输入端子配线 /mm²	输出端子配线 /mm²
				R,S,T	U,V,W	R,S,T	U,V,W
单相	≤2.2kW	M3	15	2～4	2～4	2	2
三相	≤4kW	M4	15	5～5.5	5～5.5	2	2
	5.5kW	M4	15	5～5.5	5～5.5	3.5	2
	7.5kW	M4	15	5～14	5～8	3.5	3.5
	11kW	M5	26	5～14	5～14	5.5	5.5
	15kW	M5	26	6～22	6～22	14	8
	18.5kW	M6	45	8～38	8～38	14	8

② 控制端子　变频器主接线完成后，变频器可以运行。在系统设计时，为了控制及监测方便，都需要将变频器的操作及显示部分引到操作方便的位置。有的是现场环境较差，变频器不宜安装，而安装于环境较好的配电室内，而将控制部分引到现场。如提升机用变频器，控制部分需要与原系统对接，也需要将控制线引出。

变频器的控制线分模拟量和数字量，模拟量主要包括：输入侧的给定信号线和反馈信号线；输出侧的频率信号线和电流信号线。模拟量信号线的抗干扰能力差，必须使用屏蔽线。屏蔽层靠近变频器的一端接地，但不要接到变频器的地端（E）或大地，屏蔽层的另一端应该悬空。开关量有启停、点动、多挡转速控制等，应采用双绞控制电缆。

一般说来，模拟量控制线的接线原则也都适用于开关量控制线。但开关量的抗干扰能力强，故在距离不很远时，允许使用非屏蔽线，但同一信号的两根线必须互相绞在一起。

变频器的操作键和显示部分共用一个操作盒，在做远距离控制操作时其连接导线往往是电缆或排线，要求远离电力线和输入输出强电导线，必要时应穿入屏蔽管套内。

所有连接线接好后要进行检查，防止漏接、错接、碰地、短路。投入电源后，发现还要改接线时，首先要切除电源，并注意直流回路电容上充的电完全放完（直流电压表测量小于 25V），才可操作。

iF 系列变频器控制端子排列如图 3-7 所示，端子功能见表 3-2。

S1	S2	S3	S4	S5	S6	CM	Y1	Y2	Y3
TC	TB	TA	CM	FM	VR	VI	II	RT−	RT+

图 3-7　iF 系列变频器控制端子排列图

表 3-2　iF 系列变频器控制端子端子功能

类别	端子符号	端子名称	端子功能	备注
电源端子	R(L),S(N),T	主电源输入	连接单相 220V/三相 380V 电源到变频器	连接时务必小心，输入、输出切勿接反
	U,V,W	变频器输出	三相输出连接电动机	
	B1,B2	外部制动电阻	连接外部制动电阻(选件)	
RS-485 通信	RT+	通信+	RS-485 的通信端子	选件
	RT−	通信−		
模拟频率设定	VI	模拟电压给定输入	电压输入(DC0～10V)	
	II	模拟电流给定输入	电流输入(DC4～20mA)	仅限于三相
	VR	频率设定电源	5V 电压源输出	
	CM	频率给定用公共端子	VI,II,VR,FM 用公共端子	
输入信号	S1	多功能输入 1	可设置正转运转等 21 种功能	
	S2	多功能输入 2		
	S3	多功能输入 3		
	S4	多功能输入 4		
	S5	多功能输入 5		
	S6	多功能输入 6		
公共端子	CM	接点输入输出公共端子		
输出信号	Y1	多功能输出 1	可设置故障等 21 种功能	
	Y2	多功能输出 2		
	Y3	多功能输出 3		
故障输出继电器	TA	多功能输出 4	常开接点	
	TB		常闭接点	
	TC		公共接点	

(4) 富士系列变频器外部接线图

富士 FVR-K7S 系列变频器外部接线图如图 3-8(a) 所示；富士 FVR-G7S 系列变频器外部接线图如图 3-8(b) 所示；富士 FVR-E7S 系列变频器外部接线图如图 3-8(c) 所示；

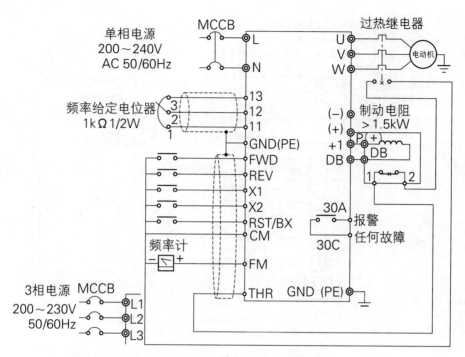

(a) FVR-K7S系列变频器外部接线图

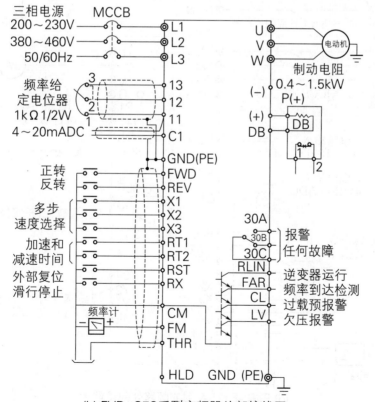

(b) FVR-G7S系列变频器外部接线图

图 3-8

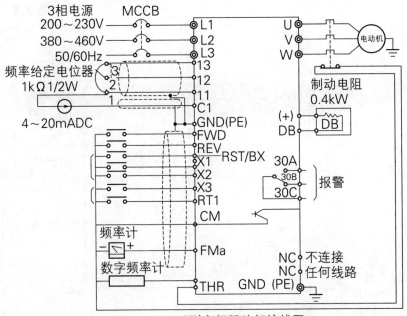

(c) FVR–E7S系列变频器外部接线图

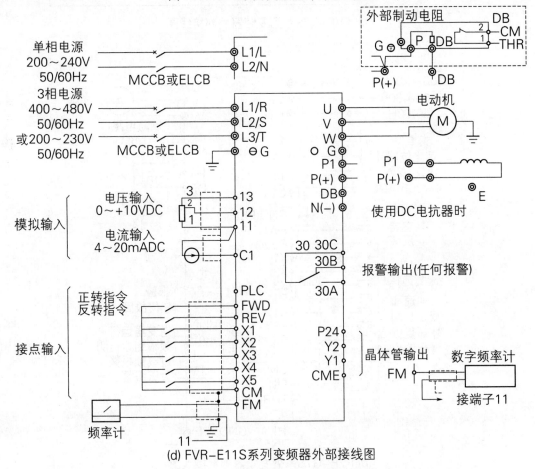

(d) FVR–E11S系列变频器外部接线图

图3-8 富士系列变频器外部接线图

富士 FVR-E11S 系列变频器外部接线图如图 3-8(d) 所示。

在应用中连接 DC 电抗器时,应卸去端子(P1)和(P+)上的跳线。变频器附近若有电磁接触器,应在其线圈上并接电压抑制器,连线要尽量短。

(5) SINE 系列变频器接线图

SINE 系列变频器采用开关启停、电位器调速接线图如图 3-9(a) 所示,合上启停开关,变频器运行指示灯亮,输出频率从 0.0Hz 到达电位器设定频率。调节电位器,可改变电动机转速。

SINE 系列变频器采用按钮启停、电位器调速接线图如图 3-9(b) 所示,按一下启动按钮,变频器运行指示灯亮,输出频率显示 0.0,按下加速按钮并保持,变频器输出频率上升,电动机转速升高;松开加速按钮,变频器输出频率保持不变。按下减速按钮并保持,变频器输出频率下降,电动机转速降低;松开减速按钮,变频器输出频率保持不变。按一下停车按钮,变频器停车,运行指示灯灭。

SINE 系列变频器用于多台电动机并联同步运行,接线图如图 3-9(c) 所示,合上启停开关,变频器运行指示灯亮,输出频率从 0.0Hz 到达电位器设定频率,调节电位器,同步改变三台电动机转速。合上正、反转开关,三台电动机同步减速后反转。

SINE 系列多台变频器比例联动运行接线图如图 3-10 所示,合上启停开关,三台变频器运行指示灯亮,输出频率从 0.0Hz 到达电位器设定频率,输出频率比例关系为 1:1.5:2,调节主调电位器,改变三台电动机转速,且转速按比例联动。可以分别用三个微调电位器调整三台变频器的输出频率。

(6) LGIG5 变频器接线图

LGIG5 变频器接线图如图 3-11 所示,主电路端子说明见表 4-3,控制端子说明见表 3-4。

表 3-3 主电路端子说明

符号	功　能
R、S、T	交流三相线输入,3 相,200~230VAC(-2 型号),380~460VAC(-4 型号)
U、V、W	到电动机的 3 相输出端子
B1、B2	动态制动电阻连接端子
G	底盘接地(根据不同类型,接地端子不一定在端子排上,而可能在散热器上)

(7) ECS600 系列变频器接线图

ECS600 系列变频器外部接线如图 3-12 所示,CN3 控制回路端子排列如图 3-13 所示。主回路端子的功能见表 3-5;跳线开关功能见表 3-6;CN3 控制板端子功能见表 3-7;控制板 JP1 端子功能见表 3-8。

VCI 端子接受模拟电压信号输入接线方式如图 3-14 所示。CCI 端子接受模拟电流信号输入,通过跳线选择输入电压(0~10V)和输入电流(4~20mA),接线方式如图 3-15所示。模拟量输出端子 AO1 外接模拟表可指示多种物理量,通过跳线选择输出电流(4~20mA)和电压(0~10V),模拟输出端子配线方式如图 3-16 所示。

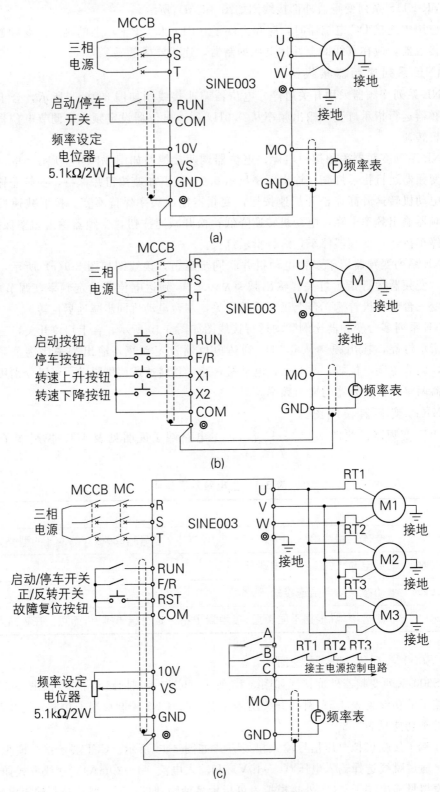

图 3-9　SINE 系列变频器接线图

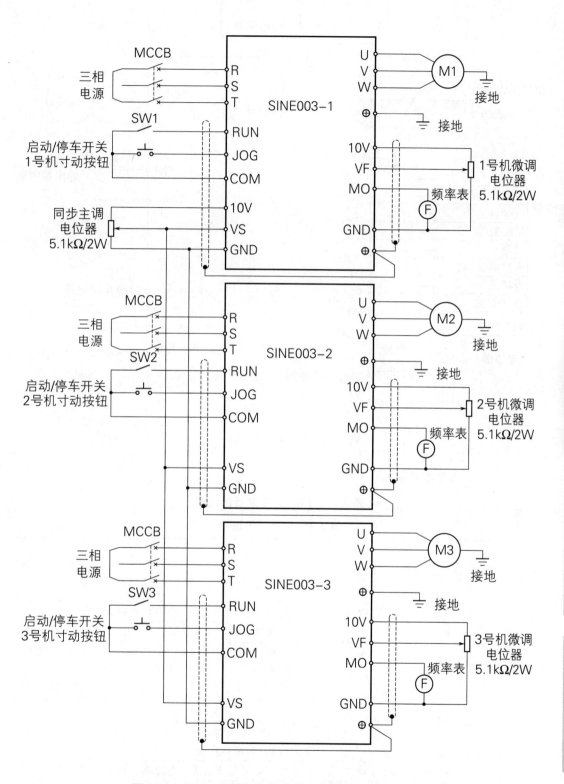

图 3-10　SINE 系列多台变频器比例联动运行接线图

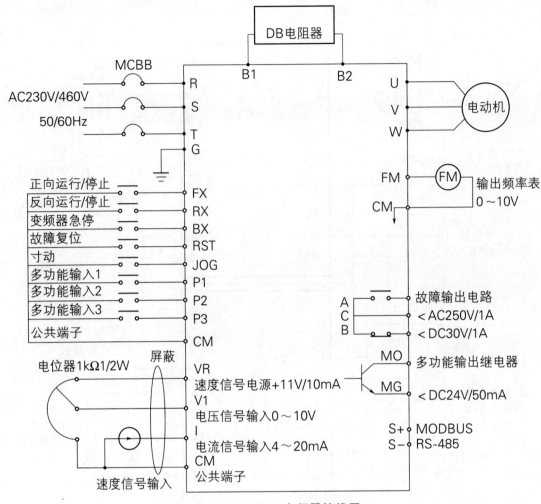

图 3-11 LGIG5 变频器接线图

表 3-4 控制端子说明

类型			符号	名称	说　明
输入信号	启动触点功能选择		P1,P2, P3	多功能输入 1,2,3	使用的多功能输入,厂家设定步频率 1,2,3
			FX	正转指令	当闭合的时候正转,打开的时候停止
			RX	反转指令	当闭合的时候反转,打开的时候停止
			JOG	寸动频率给定	当寸动信号处于 ON 时,在寸动频率下运行。运行的方向是由 FX(或者 RX)信号决定的
			BX	紧急停止	当 BX 信号处于 ON 时,变频器的输出关断。当电动机使用电子制动去停止时,使用 BX 去关断输出信号 当 BX 信号处于 OFF 时(没有被锁存关断的情况下),FX 信号(或者 RX 信号)处于 ON,电动机处于继续运行状态,所以要小心
			RST	故障复位	当保护电路被激活后,用此端子释放保护状态
			CM	顺序公共端子	被用作触点输入端子的公共端子

类型		符号	名称	说 明
输入信号	模拟频率设定	VR	频率给定电源(+12V)	作为模拟频率给定的电源。最大输出 + 12V,100mA
		V1	频率给定(电压)	使用 0～10V 作为频率给定输入,输出阻抗 20kΩ
		I	频率给定(电流)	使用 DC4～20mA 作为频率给定输入,输入阻抗 250Ω
		CM	频率给定公共端子	模拟频率给定和 FM 的公共端子(用于监视)
输出信号	脉冲	FM-CM	模拟/数字输出(用于外部监控)	输出以下的其中一个:输出频率,输出电压,输出电流,DC 连接电压,厂家设定的默认值为输出频率,最大输出电压和输出电流为 0～12V,1mA,输出频率为 500Hz
	触点	A,C,B	故障触点输出	保护功能运行时有效。AC250V1A 或更小,DC30V1A 或更小
		MO-MG	多功能输出	在定义多功能输出端子后使用。小于 DC24V、50mA
RS485		S+,S-	通信端口	RS-485 通信

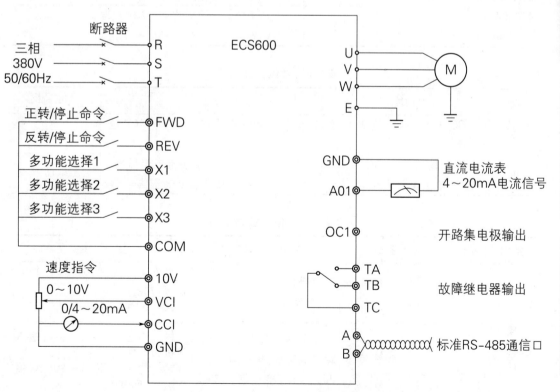

图 3-12 ECS600 系列变频器外部接线图

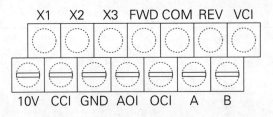

图 3-13　CN3 控制回路端子排列图

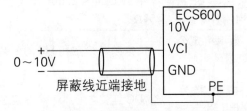

图 3-14　VCI 端子接受模拟电压信号输入接线方式

表 3-5　主回路端子的功能

适用机型	电压等级	端子名称	功能说明
ECS600-2S0004～ ECS600-2S0015ECS600-2T0004～	单相 220V	L1、L2	单相交流 220V 输入端子
		U、V、W	三相交流输出端子
ECS600-2T0015ECS600-4T0004～	380V/220V	R、S、T	三相交流 380V 输入端子
		U、V、W	三相交流输出端子
ECS600-4T0015	380V/220V	R、S、T	三相交流 380V 输入端子
		U、V、W	三相交流输出端子

表 3-6　跳线开关功能

序号	功能	设置	出厂值
JP2	CCI 电流/电压输入方式选择	I：4～20mA 电流信号，V：0～10V 电压信号	0～10V
JP3	模拟输出端子 AO1 输出电流/电压类型选择	4～20mA：AO1 端子输出电流信号 0～10V：AO1 端子输出电压信号	0～10V

表 3-7　CN3 控制板端子功能

类别	端子标号	名称	端子功能说明	规　格
模拟量输入	VCI	模拟量输入 VCI	接受模拟电压量输入（参考地：GND）	输入电压范围：0～10V（输入阻抗：70kΩ） 分辨率：1/1000
	CCI	模拟量输入 CCI	接受模拟电压/电流量输入，电压、电流由跳线 JP2 选择，出厂默认电压（参考地：GND）	输入电压范围：0～10V（输入阻抗：70kΩ） 输入电流范围：0～20mA（输入阻抗：500Ω） 分辨率：1/1000

类别	端子标号	名称	端子功能说明	规格
模拟量输出	AO1	模拟量输出1	提供模拟电压/电流量输出,可表示6种量,输出电压/电流由跳线JP3选择,出厂默认输出电压(参考地:GND)	电流输出范围:4~20mA 电压输出范围:0~10V
电源	COM	+24V电源负极(公共端)	数字信号输入的公共端和参考地	COM和GND两者之间相互内部隔离
	GND	+10V电源负极	模拟信号和+10V电源的参考地	
	10V	+10V电源	对外提供+10V电源(负极端:GND)	最大输出电流:50mA
运行控制端子	FWD	正转运行命令	正反转开关量命令	光耦隔离输入 输入阻抗:R=2kΩ 最高输入频率:200Hz
	REV	反转运行命令		X1-X3 ┐闭合有效 COM ┘
多功能输入端子	X1	多功能输入端子1	可编程定义为多种功能的开关量输入端子	
	X2	多功能输入端子2		
	X3	多功能输入端子3		
多功能输出端子	OC1	开路集电极输出端子1	可编程定义为多种功能的开关量输出端子	光耦隔离输出 工作电压范围:15~30V 最大输出电流:50mA
通信	A	RS-485通信接口	485差分信号正端	出厂为 RS-485方式	标准RS-485通信接口请使用双绞线或屏蔽线
	B		485差分信号负端		

表3-8　控制板JP1端子功能

类别	端子标号	名称	端子功能说明	规格
继电器输出端子	TA	变频器故障输出继电器	变频器正常:TB-TC;闭合;TA-TC断开 变频器故障:TB-TC;断开,TA-TC;闭合	TB-TC:常闭;TV-TC:常开触点容量 AC250V/2A(cosφ=1) AC250V/1A(cosφ=0.4) DC30V/1A
	TB			
	TC			

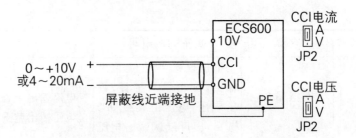

图 3-15　CCI 端子接受模拟电流信号输入接线方式

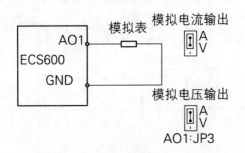

图 3-16　模拟输出端子 AO 的接线

ECS600 变频器的串行通信接口 RS-485 接线如图 3-17 所示，可以组成单主单从、单主多从的控制系统。利用上位机（PC 机或 PLC 控制器）软件可实现对变频器的实时监控，实现远程控制及复杂的运行控制等。变频器 RS-485 接口的配线如图 3-17(a) 所示。多台变频器可通过 RS-485 连接在一起，最多可连接 31 台具有 RS-485 接口的设备。随着

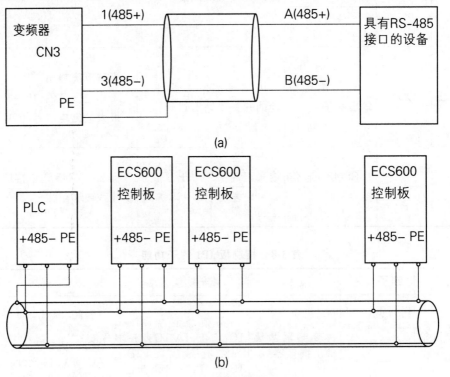

图 3-17　通信端子的接线方式

连接台数的增加，通信系统越容易受到干扰，应采用图 3-17（b）所示的方式接线。

3.2 变频调速系统布线设计

3.2.1 变频调速系统的布线设计

（1）信号分类

电缆的合理布设可以有效地减少外部环境对信号的干扰以及各种电缆之间的相互干扰，提高变频调速系统运行的稳定性。变频调速系统的信号分类如下：

Ⅰ类信号：热电阻信号、热电偶信号、毫伏信号、应变信号等低电平信号。

Ⅱ类信号：0～5V、1～5V、4～20mA、0～10mA 模拟量输入信号；4～20mA、0～10mA 模拟量输出信号；电平型开关量输入信号；触点型开关量输入信号；脉冲量输入信号；24VDC 小于 50mA 的阻性负载开关量输出信号。

Ⅲ类信号：24～48VDC 感性负载或者电流大于 50mA 的阻性负载的开关量输出信号。

Ⅳ类信号：110VAC 或 220VAC 开关量输出信号。

其中，Ⅰ类信号很容易被干扰，Ⅱ类信号容易被干扰，而Ⅲ和Ⅳ类信号在开关动作瞬间会成为强烈的干扰源，通过空间环境干扰附近的信号线。Ⅳ类信号的馈线可视作电源线处理布线。

（2）变频调速系统传输线

① 屏蔽线　屏蔽线使用的三种情况如图 3-18 示出，图 3-18（a）为单端接地方式，假设信号电流 i_1 从芯线流入屏蔽线，流过负载电阻 R_L 之后，再通过屏蔽层返回信号源。因为 i_1 与 i_2 大小相等方向相反，所以它们产生的磁场干扰相互抵消。这是一个很好的抑制磁场干扰的措施，同时也是一个很好的抵制磁场耦合干扰的措施。图 3-18（b）为两端接地方式，由于中屏蔽层上流过的电流是 i_2 与地环电流 i_G 的叠加，所以它不能完全抵消信号电流所产生的磁场干扰。因此，它抑制磁场耦合干扰的能力也比图 3-18（a）方式差。图 3-18（c）为屏蔽层悬浮，它只有屏蔽电场耦合干扰能力，而无抑制磁场耦合干扰能力。

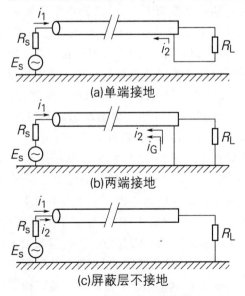

(a)单端接地

(b)两端接地

(c)屏蔽层不接地

图 3-18　屏蔽线的用法

如果把图 3-18（c）的抑制磁场干扰衰减能力定为 0dB，当图 3-18(a)、(b)、(c) 的信号源内阻 R_S 都为 100Ω，负载电阻 R_L 都为 $1M\Omega$，信号源频率在 50kHz（高于该电缆屏蔽体截频的 5 倍）时，根据实验测定，图 3-18(a) 具有 80dB 的衰减，即抑制磁场干扰能力很强。而图 3-18(b) 具有 27dB 的磁场干扰抑制能力。图 3-18(a) 的单端接地方式抗干扰能力最好。其接地点的选择可以是图 3-18(a) 中的情况，也可以选择负载电阻 R_L 侧接地，而让信号源浮置。

② 屏蔽电缆 屏蔽电缆是在绝缘导线外面再包一层金属薄膜，即屏蔽层。屏蔽层通常是铜丝或铝丝编织网或无缝铅铂，其厚度远大于集肤深度。屏蔽层的屏蔽效能主要不是因反射和吸收所得到的，而是由屏蔽层接地所产生的。也就是说，屏蔽电缆的屏蔽层只有在接地以后才能起到屏蔽作用。例如，干扰源电路的导线对敏感电路的单芯屏蔽线产生的干扰是通过源导线与屏蔽线的屏蔽层间的耦合电容，和屏蔽线的屏蔽层与芯线之间的耦合电容实现的。如果把屏蔽层接地，则干扰被短路至地，不能再耦合到芯线上，屏蔽层起到了电场屏蔽的作用。但屏蔽电缆的磁场屏蔽则要求屏蔽层两端接地。例如，当干扰电流流过屏蔽线的芯线时，虽然屏蔽层与芯线间存在互感，但如果屏蔽层不接地或只有一端接地，屏蔽层上将无电流通过，电流经接地平面返回源端，所以屏蔽层不起作用，不会减少芯线的磁场辐射。如果屏蔽层两端接地，当频率较高时，芯线电流的回流几乎全部经由屏蔽层流回源端，屏蔽层外由芯线电流和屏蔽层回流产生的磁场大小相等、方向相反，因而互相抵消，达到了屏蔽的目的。但如果频率较低，则回流的大部分将流经接地平面返回，屏蔽层仍不能起到防磁作用。而且，当频率虽高，但屏蔽层接地点之间存在地电压时，将在芯线和屏蔽层中产生共模电流，而在负载端引起差模干扰。在这种情况下，需要采用双重屏蔽电缆或三轴式同轴电缆。

综上所述，对于低频电路，应单端接地，例如，信号源通过屏蔽电缆与一公共端接地的放大器相连，则屏蔽电缆的屏蔽层应直接接在放大器的公共端；而当信号源的公共端接地，放大器不接地，则屏蔽电缆屏蔽层应直接接在信号源的公共端。对于高频电路，屏蔽电缆的屏蔽层应双端接地，如果电缆长于 1/20 波长，则应每隔 1/10 波长距离接一次地。实现屏蔽层接地时，应使屏蔽电缆的屏蔽层和屏蔽电缆连接器的金属外壳呈 360° 良好焊接或紧密压在一起，电缆的芯线和连接器的插针焊接在一起，同时将连接器的金属外壳与屏蔽机壳紧密相连，使屏蔽电缆成为屏蔽机箱的延伸，才能取得良好的屏蔽效果。

③ 双绞线 双绞线的绞扭若均匀一致，所形成的小回路面积相等而方向相反，因此，其磁场干扰可以相互抵消。当给双绞线加上屏蔽层后，其抑制干扰的能力将发生质的变化。双绞线的使用方法如图 3-19 所示，如果每 2.54cm 扭 6 个均匀绞扭，当采用图 3-18 中约定的参数时，根据实验测定，图 3-19（a）采用单端接地方式，因此对磁场干扰具有高达 55dB 的衰减能力。可见，双绞线确实有很好的效果。而图 3-19（b）由于两端接地，地线阻抗与信号线阻抗不对称，地环电流造成了双绞线电流不平衡，因此降低了双绞线抗磁场干扰的能力，所以图 3-19（b）只有 13dB 的磁场干扰衰减能力。图 3-19（c）使用屏蔽双绞线，由于其屏蔽层一端接地，另一端悬空，因此屏蔽层上没有返回信号电流，所以它的屏蔽层只有抗电场干扰能力，而无抑制磁场耦合干扰能力。所以图 3-19（c）与图 3-19（a）一样衰减 55dB。图 3-19（d）屏蔽层单端接地，而另一端又与负载冷端相连，因此具有同图 3-19（a）的效果，但它的屏蔽层上的电流由于被双绞线中的一根分流，具

有 77dB 的衰减。图 3-19(e) 的屏蔽层双端接地，具有一定的抑制磁场耦合干扰能力，加上双绞线本身的作用，因此具有 63dB 的衰减。图 3-19(f) 的屏蔽层和双绞线都两端接地，具有 28dB 衰减。

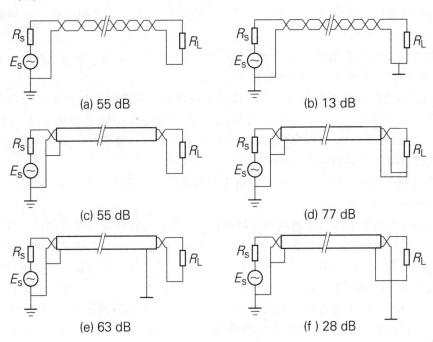

(a) 55 dB   (b) 13 dB

(c) 55 dB   (d) 77 dB

(e) 63 dB   (f) 28 dB

图 3-19　双绞线的用法及其抗磁场耦合干扰能力

双绞线最好的应用是作平衡式传输线路，因为两条线的阻抗一样，自身产生的磁场干扰或外部磁场干扰都可以较好地抵消。同时，平衡式传输又独具很强的抗共模干扰能力，因此成为大多数变频调速系统的网络通信传输线。例如，物理层采用 RS-422A 或 RS-485 通信接口，就是很好的平衡传输模式。

（3）电缆选择与布线原则

① 控制电缆

a. 对于Ⅰ类信号电缆，必须采用屏蔽电缆，Ⅰ类信号中的毫伏信号、应变信号应采用屏蔽双绞电缆，还应保证屏蔽层只有一点接地，且要接地良好。这样，可以大大减小电磁干扰和静电干扰。

b. 对于Ⅱ类信号，也应采用屏蔽电缆，Ⅱ类信号中用于控制、联锁的模入模出信号、开入信号，必须采用屏蔽电缆，最好采用屏蔽双绞电缆。禁止采用一根多芯电缆中的部分芯线用于传输Ⅰ类或Ⅱ类的信号，另外部分芯线用于传输Ⅲ类或Ⅳ类信号。

c. 对于Ⅳ类信号严禁与Ⅰ、Ⅱ类信号捆在一起走线，应作为 220V 电源线处理，Ⅳ类信号电缆与电源电缆一起走线，应采用屏蔽双绞电缆。绝对禁止大功率的开关量输出信号线、电源线、动力线等电缆与变频调速系统的Ⅰ、Ⅱ类信号电缆并行捆绑。

d. 对于Ⅲ类信号，允许与 220V 电源线一起走线（即与Ⅳ类信号相同），也可以与Ⅰ、Ⅱ类信号一起走线。但Ⅲ类信号也必须采用屏蔽电缆，最好为屏蔽双绞电缆，且与Ⅰ、Ⅱ类信号电缆相距 15cm 以上。严禁同一信号的几芯线分布在不同的几条电缆中（如三线制的热电阻）。

在现场电缆敷设中，必须有效地分离Ⅲ、Ⅳ类信号电缆、电源线等易产生干扰的电缆，使其与现场布设的Ⅰ、Ⅱ类信号的电缆保持在一定的安全距离（如15cm以上）。

信号电缆和电源电缆应采用不同走线槽走线，在进入变频器柜时，也应尽可能相互远离。当这两种电缆无法满足分开走线要求时，它们必须都采用屏蔽电缆（或屏蔽双绞电缆），且应满足以下要求：

a. 如果信号电缆和电源电缆之间的间距小于15cm时，必须在信号电缆和电源电缆之间设置屏蔽用的金属隔板，并将隔板接地。

b. 当信号电缆和电源电缆垂直方向或水平方向分离安装时，信号电缆和电源电缆之间的间距应大于15cm。对于某些干扰特别大的应用场合，如电源电缆上接有电压为220VAC，电流在10A以上感性负载，而且电源电缆不带屏蔽层时，那么要求它与信号电缆的垂直方向间隔距离必须在60cm以上。

c. 在两组电缆垂直相交时，若电源电缆不带屏蔽层，应用厚度在1.6mm以上的铁板覆盖交叉部分。

为了减少模拟量受来自变频器和其他设备的干扰，应将控制变频器的信号线与强电回路（主回路及顺控回路）分开走线。距离应在30cm以上。即使在控制柜内，同样要保持这样的接线规范。该信号电缆最长不得超过50m，保护信号线的金属管或金属软管一直要延伸到变频器的控制端子处，以保证信号线与动力线的彻底分开。模拟量控制信号线应使用双绞合屏蔽线，电线规格为 $0.5\sim2\mathrm{mm}^2$。在接线时其电缆剥线要尽可能短（5～7mm），同时对剥线以后的屏蔽层要用绝缘胶布包起来，以防止屏蔽线与其他设备接触而引入干扰。

② 动力电缆　为了有效抑制电磁波的辐射和传导，变频器驱动的电动机电缆必须采用屏蔽电缆，屏蔽层的电导必须至少为每相导线芯电导的1/10。根据变频器的功率选择导线截面适合的三芯或四芯屏蔽动力电缆，尤其是从变频器到电动机之间的动力电缆一定要选用屏蔽结构的电缆，且要尽可能短，这样可降低电磁辐射和容性漏电流。当电缆长度超过变频器所允许的电缆长度时，电缆的杂散电容将影响变频器的正常工作，为此要配置输出电抗器，输出电抗器与变频器之间的连接电缆长度不得超过10m。

电动机电缆应独立于其他电缆走线，其最小距离为500mm。同时应避免电动机电缆与其他电缆长距离平行走线，这样才能减少变频器输出电压快速变化而产生的电磁干扰。如果控制电缆和电源电缆交叉，应尽可能使它们按90°角交叉。

3.2.2　变频调速系统布线的抗干扰设计

(1) 传动系统抗干扰设计规则

规则1：接地原则，也称抗干扰接地。所有柜体金属部分必须通过最大可能表面积进行连接，柜门必须通过尽可能短的接地线同柜子相连。安装接地是电气设备一项根本保护措施，但是在传动系统中，它将影响噪声发射和抗扰度。一般系统采用星形方法接地，或采用每个单元电路单独接地，应用中应优先采用单独接地系统。

规则2：信号电缆和动力电缆必须分开敷设（为了消除耦合噪声），最小间隔20cm。在动力电缆和信号电缆之间设计隔板，隔板沿其长度上必须有几个接地点。

规则3：柜中接触器、继电器、电磁操作机构的电磁线圈，必须使用抑制元件，如

RC、二极管、压敏电阻，这些抑制元件必须直接接在线圈上。

规则 4：在同一电路中（出口和入口导体）的非屏蔽电缆必须绞接，或在出口和入口导体间的表面尽可能小，以防止不必要的耦合作用。

规则 5：消除不必要的电缆长度，以降低耦合电容和耦合电感。

规则 6：将备用电缆两端接地，以获得附加的屏蔽效果。

规则 7：在一般情况下，线路电缆要靠近接地的柜子，用安装板可减少耦合噪声。因此，导线敷设应尽量靠近柜子外壳和安装板，而不能随意通过柜子。

规则 8：控制装置必须通过屏蔽电缆进行连接，屏蔽层必须在控制装置端或变频器端接地。屏蔽层不能中断。

规则 9：数字信号电缆屏蔽层应使其两端接地（发送器和接收器），为了减少屏蔽电流，在屏蔽连接之间缺乏等电位连接时，屏蔽层应并联在一个截面为 $10mm^2$ 的附加等电位连接导体上，屏蔽层接地点可有数处，甚至在柜外壳。

规则 10：模拟信号电缆的屏蔽层在具有很好等电位连接情况下，应两端接地。遵守规则 1，可获得很好的等电位接地。

规则 11：信号电缆应从柜的一侧进入柜中。

规则 12：变频器的电源应与系统的控制电源分开，若共用一个电源，会引起电源耦合效应。

规则 13：防止通过电源耦合可能产生的噪声，与规则 12 一样，如遇变频器和其他自动化装置装于一个柜体中，如仅有一个公共电源，应采用隔离变压器。

规则 14：噪声抑制滤波器通常应靠近干扰源，滤波器的外壳要通过一个大截面铜导线连接到柜体安装板，这样使电气接触是通过安装板形成的，以确保良好的电接触。

规则 15：为了限制噪声发射，所有引向电动机的电缆要用屏蔽电缆。要采用铜屏蔽，不要用钢管屏蔽。

规则 16：进线电抗器应装在辐射干扰抑制滤波器和变频装置之间。

规则 17：进线电缆同电动机电缆在空间上应隔离。

规则 18：电动机与变频器的屏蔽层不应由于安装输出电抗器、滤波器、熔断器、接触器等元件而中断。元件都应装于一个公共底板上，它的作用相当于电动机进出电缆屏蔽层的连接。

规则 19：为了限制辐射干扰，不仅电源进线，所有从外部连接到柜中的电缆都需屏蔽。

变频调速系统的传输导线之间形成相互耦合是产生干扰的主要原因之一，它们主要表现为公共阻抗耦合、电容性耦合、电感性耦合、电磁场耦合和辐射几种形式。

（2）布线中电场耦合的抑制

造成电场耦合干扰的原因是两根导线之间的分布电容产生的耦合，当两导线形成电场耦合干扰时，导线 1 在导线 2 上产生的对地干扰电压 U_N 为

$$U_N = \frac{j\omega C_{12}}{1/R + j\omega C_{2G}} U_1 \tag{3-3}$$

式中，U_1 和 ω 是干扰源导线 1 的电压和角频率；R 和 C_{2G} 是被干扰导线 2 的对地负载电阻和总电容；C_{12} 是导线 1 和导线 2 之间的分布电容。通常 $C_{12} \ll C_{2G}$。

可以看出，在干扰源的角频率 ω 不变时，要想降低导线 2 上的被干扰电压 U_N，应当减小导线 1 的电压 U_1，减小两导线之间的分布电容 C_{12}，减小导线 2 对地负载电阻 R 以及增大导线 2 对地的总电容 C_{2G}。在这些措施中，可操作性最好的是减小两导线之间的分布电容 C_{12}。即采用远离技术：弱信号线要远离强信号线敷设，尤其是远离动力线路。工程上的"远离"概念，通常取干扰导线直径的 40 倍。同时，避免平行走线也可以减小 C_{12}。

（3）布线中磁场耦合的抑制

抑制磁场耦合干扰的方法是屏蔽干扰源，对大电动机、电抗器、磁力开关和大电流载流导线等都是很强的磁场干扰源。采用导磁材料屏蔽起来，在工程上是很难做到的。通常是采用一些被动的抑制技术。当回路 1 对回路 2 造成磁场耦合干扰时，其在回路 2 上形成的串联干扰电压 U_N 为

$$U_N = j\omega \overline{B}\ \overline{A}\ \cos\theta \tag{3-4}$$

式中，ω 是干扰信号的角频率；$\overline{B}$ 是干扰源回路 1 形成的磁场连接至回路 2 处的磁通密度；$\overline{A}$ 为回路 2 感受磁场感应的闭合面积；θ 是 $\overline{B}$ 和 $\overline{A}$ 两个矢量的夹角。

可以看出，在干扰源的角频率 ω 不变时，要想降低干扰电压 U_N，首先应当减小 $\overline{B}$。对于直线电流磁场来说，$\overline{B}$ 与回路 1 流过的电流成正比，而与两导线的距离成反比。因此，要有效抑制磁场耦合干扰，仍然是远离技术。同时，也要避免平行走线。

（4）公共阻抗耦合的抑制

消除公共阻抗耦合的途径有两个，一个是减小公共地线部分的阻抗，这样公共地线上的电压也随之减小，从而控制公共阻抗耦合。减小地线阻抗的核心问题是减小地线的电感。这包括使用扁平导体作地线，用多条相距较远的并联导体作接地线。另一个方法是通过适当的接地方式避免容易相互干扰的电路共用地线，一般要避免强电电路和弱电电路共用地线，数字电路和模拟电路共用地线。

位置相互靠近的变频器柜的单点接地系统如图 3-20 所示，它比较适合于低频信号，

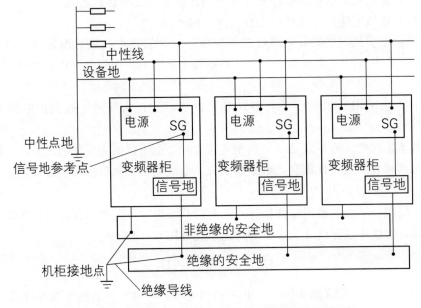

图 3-20　相互靠近变频器柜低频信号单点接地系统

很少用于高频系统。除了与进入的电源电缆一起引入的设备接地导体外，还有增设附加的局部安全接地。当提供该附加接地时，附加接地的连接应通过与地之间的附加低阻抗通道以加强人身安全。

当单个变频器柜与控制站分开很远时，信号参考导体的阻抗将引起控制站与变频器柜体之间的地电位差，是分布式系统存在的问题。控制站与变频器柜之间的通信电路应具有合适的共模干扰的保护，共模干扰可能由于长绝缘信号地的阻抗引起。当设计分布式系统的接地方式时应注满足如下要求：

① 应尽量使分布式系统采用单一电源。

② 每一个变频器柜有自己的局部设备地而取代总体安全地。

③ 系统之间的信号应采用变压器耦合或直流耦合，控制站和变频器柜之间的传输电路应具有一定的抑制在故障情况时地电压升高的能力。

④ 变频调速系统中的信号地与局部地应不连接，通过大尺寸的绝缘线与控制站的信号地相连，如图 3-21 所示。

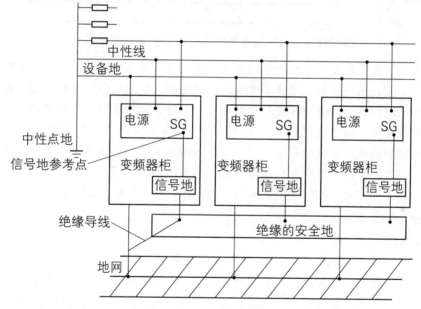

图 3-21　变频器柜远离时低频信号的单点接地系统

当工作频率高于 300kHz 或采用长接地电缆的接地设备应考虑多点接地系统。每个设备在最近的点连接至地网，而不是所有接地导体单点接地。这个系统的优点是电路建造比较容易，可以避免高频时接地系统的驻波效应。多点接地系统的主要缺点是可以构成多个地回路而引起共模干扰。变频器柜相距很远的高频信号的多点接地系统如图 3-22 所示。

（5）布线原则

为了减少动力电缆辐射的电磁干扰，可采用铜带铠装屏蔽电力电缆，以降低动力线产生的电磁干扰。不同类型的信号分别由不同电缆传输，在信号电缆敷设时应按传输信号种类分层敷设，严禁用同一电缆的不同导线同时传送不同类别的信号，并应避免信号线与动力电缆靠近平行敷设，以减少电磁干扰。

信号传输线之间的相互干扰主要来自导线间分布电容、电感引起的电磁耦合。防止干

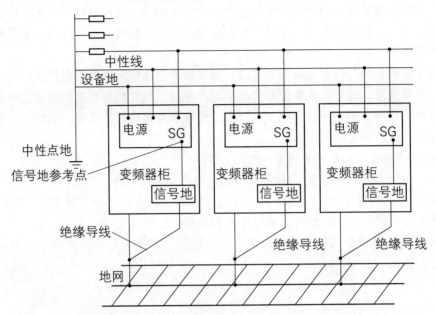

图 3-22   变频器柜远离时高频信号的多点接地系统

扰的有效方法首先是电缆的正确选择,应选用金属铠装屏蔽型的控制、信号电缆,一方面减少了噪声干扰,另一方面也增强了电缆的机械强度;其次,电缆的敷设施工也是一重要的工作,施工时应将动力电缆和控制电缆分开。同时,还要尽量把变频器电源线、I/O电源线、输入信号线、输出信号线、交流线、直流线分别使用各自的电缆,且尽量分开布线,开关量信号线和模拟量信号线也应尽量分开布线。而且,模拟量信号线应采用屏蔽电缆,并要将屏蔽层接地。数字传输线也要采用屏蔽电缆,并要将屏蔽层接地。当交流和直流的输入和输出信号线不得不使用同一配线管时,直流输入、输出信号线要使用屏蔽电缆,并要将屏蔽层接地。

(6) **导线选择**

通常控制电缆的屏蔽层应在变频器的内部接地,另一侧通过一个高频小电容(例如3.3nF/3000V)接地。当屏蔽层两端的差模电压不高和连接到同一地线上时,也可以将屏蔽层的两端直接接地。信号线和它的返回线绞合在一起,能减少感性耦合引起的干扰。绞合越靠近端子越好。模拟信号的传输线应使用双屏蔽的双绞线。不同的模拟信号线应该独立走线,有各自的屏蔽层,以减少线间的耦合。不要把不同的模拟信号置于同一个公共返回线。低压数字信号线最好使用双屏蔽的双绞线,也可以使用单屏蔽的双绞线。选择导线是根据传输信号电平或功率电平、频率范围、敏感情况、隔离要求确定,只有分析信号电平与波形,才能正确选用传输电缆。选用传输电缆的一般原则如下:

① 低频信号线,并对隔离要求很严格的多点接地和单点接地线路用屏蔽双绞线。

② 单点接地的音频线路和内部电源线,用双绞线。

③ 发射射频脉冲、高频、宽频带内阻抗匹配等信号,应选择同轴电缆。

④ 数字电路、脉冲电路,用绞合屏蔽电缆,有时需要单独屏蔽。

⑤ 高电平电源线应穿钢管敷设。

⑥ 多点接地的音频或电源线,需采用屏蔽线。

⑦ 对低频仪表，可用单芯、单屏蔽导线。在传输中等信号电平并有良好接地系统时，效果比较好。

（7）布线的抗干扰设计

在大地电位变化较大的场所，系统将受到共模干扰，且容易转变为差模干扰，因此系统的接地系统设计就尤为重要。系统的接地方式一般采用独立接地方式，接地时应注意：接地线应尽量短且截面积应大于 $2mm^2$；接地点应尽量靠近变频器机柜（距离不大于50m）；接地线应尽量避开强电回路和主回路的导线，无法避开时应垂直相交；接地电阻应小于 1Ω。

外部配线之间存在着互感和分布电容，进行信号传送时会产生窜扰。为了防止或减少外部配线的干扰，屏蔽电缆的处理方法如图 3-23 所示。对于 300m 以上长距离配线时，则可用中间继电器转换信号，或使用远程 I/O 通道。

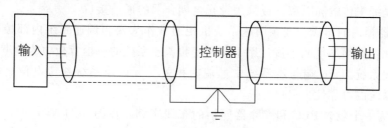

图 3-23 屏蔽电缆的处理方法

① 电源线布线 电动机电缆应独立于其他电缆走线，其最小距离为 500mm。同时应避免电动机电缆与其他电缆长距离平行走线，这样才能减少变频器输出电压快速变化而产生的电磁干扰。如果控制电缆和电源电缆交叉，应尽可能使它们按 90°角交叉。

a. 变频器的电源线和 I/O 线应分别配线，电源线应采用屏蔽电力电缆。将变频器电源线与 I/O 线分开走线，不同类型的线应分别装入不同的电缆管和电缆槽中，并使其尽可能有大的空间距离。

b. 交流线与直流线应分别使用不同的电缆，分开捆扎交流线、直流线，并分槽走线最好，这不仅能使其有尽可能大的空间距离，并能将干扰降到最低限度。

② 输入、输出线布线 变频器的输入接线，一般指外部传感器与输入端口的接线。变频器一般接受的开关量信号对电缆无严格要求，故可选用一般电缆。若信号传输较远，可选用屏蔽电缆；模拟信号和高速信号线应选用屏蔽电缆。传输模拟输入、输出信号的屏蔽线，其屏蔽层应一端接地，为了泄放高频干扰，数字信号线的屏蔽层应并联电位均衡线，或只考虑抑止低频干扰时，也可以一端接地。不同的信号线最好不用同一插接件转接，如必须用同一个插接件，要用备用端子或地线端子将它们分割开，以减少相互干扰。

当模拟量输入、输出信号距变频器较远时，应采用 4～20mA 或 0～10mA 的电流传输方式，而不是电压传送方式。传送模拟信号的屏蔽线，其屏蔽层应一端接地。输入、输出信号线应穿入专用电缆管或独立的线槽中敷设，专用电缆管或独立的线槽的敷设路径应尽量靠近地线或接地的金属导体。若在输入触点电路串联二极管，在串联二极管上的电压应小于 4V。若使用带发光二极管的舌簧开关，串联二极管的数目不能超过两只。另外，输入、输出接线还应特别注意以下几点：

a. 输入接线一般不要超过 30m。但如果环境干扰较小，电压降不大时，输入接线可适当长些。

　　b. 输入、输出线不能用同一根电缆，变频器的输入与输出线应分开走线，开关量与模拟量信号线也要分开敷设。

　　c. 变频器的输入、输出回路配线，必须使用压接端子或单股线，不宜用多股绞合线直接与变频器的接线端子连接，否则容易出现火花。

　　③ 通信线布线　变频器与控制站之间的通信电缆传送的信号小、频率高，很容易受干扰，不能与其他的传输线敷设在同一线槽内，应单独敷设，以防止外界信号的干扰。通信电缆要求可靠性高，有的通信电缆的信号频率很高（如数兆赫兹），一般应选用变频器生产厂家提供的专用电缆（如光纤电缆），在要求不高或信号频率较低时，也可以选用带屏蔽的多芯电缆或双绞线电缆。

　　为了提高抗干扰能力，对变频器的外部信号、变频器和计算机之间的串行通信信息，可以考虑用光纤来传输和隔离，或采用带光电耦合器的通信接口。

　　④ 变频器柜内的布线　变频调速系统机柜通常作为变频调速系统内部控制系统的参考电位，因此，必须尽量减小流过用于安装变频调速系统的机柜背板中的噪声电流，防止出现变频调速系统的 PE 端与本系统中远端的相关变频调速系统参考电位之间的噪声电压，以保证系统的可靠性。

　　图 3-24 为一个包含 PLC 和变频器同柜的布线实例，在图 3-24（a）中，变频器输出电缆被安装在靠近 PLC 背板的正上方，电缆屏蔽层接在机柜上方，变频器输入采用非屏蔽且不带电缆导管的三相三线电缆，变频器的 PE 母排在靠近 PLC 背板的下方与 TE 相连。对于这样一个布线系统，由于变频器产生的共模电流将通过电缆屏蔽层及电缆中线流回到机柜，并通过系统中的 PE 通路经 TE 及供电变压器副边中点 X0 最后返回到变频器的输入侧。因此有大量噪声电流流过用于安装 PLC 背板，将严重干扰 PLC 的正常工作。

　　改进后的布线如图 3-24（b）所示，变频器的输出电缆被安装在靠近 PLC 背板的正上方，输出电缆中线接到变频器的 PE 端。同时，变频器输入也采用三相四线屏蔽电缆，并

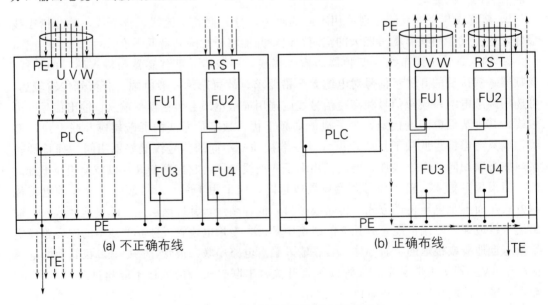

(a) 不正确布线　　　　　　　　　　(b) 正确布线

图 3-24　PLC 与变频器柜布线实例

且，变频器 PE 母排与 TE 相连接点被放在靠近 PLC 背板的下方。布线改进后，有效地减少了流过用于安装 PLC 背板的噪声电流。

3.2.3 变频器周边控制回路的抗干扰措施

由于变频器主回路的非线性（进行开关动作），变频器本身为谐波干扰源，而其周边控制回路却是小能量、弱信号回路，极易遭受其他装置产生的干扰，造成变频器自身和周边设备无法正常工作。因此，变频器在安装使用时，必须对控制回路采取抗干扰措施。

（1）变频器与电动机的距离对系统的影响及防止措施

在工业使用现场，变频器与电动机安装的距离可以大致分为三种情况：远距离、中距离和近距离。20m 以内为近距离，20～100m 为中距离，100m 以上为远距离。变频器与电动机间接线距离较长的场合，来自电缆的高次谐波漏电流，会对变频器和周边设备产生不利影响。因此为减少变频器的干扰，需要对变频器的载波频率进行调整，见表 3-9。

表 3-9　变频器的载波频率与接线距离关系

变频器电动机间的接线距离	50m 以下	50～100m	100m 以上
载波频率	15kHz 以下	10kHz 以下	5kHz 以下

在设计中总是希望把变频器设置在电动机附近，但是，由于生产现场空间的限制，变频器和电动机之间往往有一定距离。如果变频器和电动机之间为 20m 以内的近距离，电动机可与变频器直接连接；对于变频器和电动机之间为 20～100m 的中距离连接，需要调整变频器的载波频率来减少谐波及干扰；而对变频器和电动机之间为 100m 以上的远距离连接，不但要适度降低载波频率，还要加装输出交流电抗器。

在高度自动化的工厂里，可以在中心控制室监控所有的控制设备，变频器系统的信号也要送到中控室，变频器的位置若在中心控制室总控台与变频器之间，可以直接连接，通过 0～5/10V 的电压信号和一些开关量信号进行控制。但是，变频器的高频开关信号的电磁辐射对弱电控制信号会产生一些干扰。如果变频器与中心控制室距离远一点，可以采用 4～20mA 的电流信号和一些开关量作控制连接；如果距离更远，可以采用 RS-485 串行通信方式来连接；若还要加长距离，利用通信中继可达到 1km 的距离；如果采用光纤连接器，可以达到 23km。采用通信电缆连接可以很方便地构成多级控制系统，从而实现主、从和同步控制等要求。与目前流行的现场总线系统相连接将使数据传输速率大大提高。中心控制室与变频器机柜之间的距离的延长，有利于缩短变频器到电动机之间的距离，以便用更加合理布线改善系统性能。总之安装变频器时，需要综合考虑中心控制室、变频器、电动机三者之间的距离，尽量减少电磁干扰的影响，以提高变频调速系统的稳定性。

（2）变频器对微机控制板的干扰

在控制系统中，多采用计算机或 PLC 进行控制，在系统设计中，一定要注意变频器对计算机或 PLC 的干扰问题。变频器产生的传导和辐射干扰，往往导致系统工作异常，因此需要采取如下措施。

①良好的接地。电动机等强电控制系统的接地线必须通过接地汇流排可靠接地，计算机或 PLC 的屏蔽地，最好单独接地。对于某些干扰严重的场合，应将传感器、I/O 接

口屏蔽层与计算机或 PLC 的控制地相连。

② 给计算机或 PLC 的工作电源加装电磁干扰滤波器、共模电感、高频磁环等，如图 3-25 所示，可以有效抑制传导干扰。另外在辐射干扰严重的场合，如周围存在 GSM 或者移动电话机站时，应给计算机或 PLC 增加金属网状屏蔽罩。

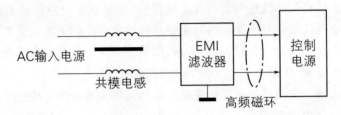

AC输入电源

共模电感

EMI 滤波器

高频磁环

控制电源

图 3-25　计算机或 PLC 的电磁抗干扰措施

③ 对模拟传感器检测输入和模拟控制信号进行电气屏蔽和隔离，在变频器组成的控制系统设计中，尽量不要采用模拟控制，因为变频器一般都有多段速设定、开关频率量输入输出，可以满足要求。如果需要采用模拟量控制时，控制电缆必须采用屏蔽电缆，并在传感器侧或变频器侧实现远端一点接地。如果干扰仍旧严重，可以采用标准的 DC/DC 模块，或者采用 U/F 转换，光耦隔离的方法。

（3）变频器本身抗干扰

① 工作环境　当为变频器供电的系统中存在高频冲击负载，如电焊机、电镀电源、电解电源或者采用滑环供电的场合，变频器本身容易因为干扰而出现变频器保护误动作。变频器若在此种环境工作必须采用如下措施：

a. 在变频器输入侧设置由 LC 构成的滤波网络。

b. 变频器的电源线直接从变压器低压侧独立供电。

c. 在条件许可的情况下，可以采用单独的供电变压器。

d. 在采用外部开关量控制端子控制时，连接线路较长时，传输线应采用屏蔽电缆。当控制线路与主回路电源均在地沟中埋设时，除控制线必须采用屏蔽电缆外，主电路线路必须采用穿钢管敷设方式，以减小彼此干扰，防止变频器的误动作。

e. 在采用外部通信控制端子控制时应采用屏蔽双绞线，并将变频器侧的屏蔽层接地（PE），如果干扰非常严重，应将屏蔽层接控制电源地（GND）。对于 RS-232 通信方式，传输线应不要超过 15m，如果超过 15m，将降低通信波特率，在 100m 左右时，能够正常通信的波特率小于 600bit/s。对于 RS-485 通信，还必须考虑终端匹配电阻等。对于采用现场总线的高速控制系统，迪信电缆必须采用专用电缆，并采用多点接地的方式，才能够提高可靠性。

② 电动机的漏电、轴电压与轴承电流问题　变频器驱动感应电动机的电动机模型如图 3-26 所示，图 3-26 中 C_{sf} 为定子与机壳之间的等效电容；C_{sr} 为定子与转子之间的等效电容；C_{rf} 为转子与机壳之间的等效电容；R_b 为轴承对轴的电阻；C_b 和 Z_b 为轴承油膜的电容和非线性阻抗。在高频 PWM 脉冲输入下，电动机内分布电容的电压耦合作用构成系统共模回路，从而引起对地漏电流、轴电压与轴承电流问题。

电动机漏电流主要是由变频器供电电压的瞬时不平衡电压与大地之间的 C_{sf} 产生，其大小与 PWM 的 du/dt 大小与开关频率大小有关，其直接结果将导致漏电保护装置动作。

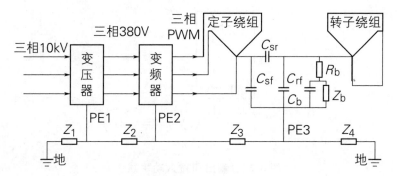

图 3-26　变频器驱动感应电动机的电动机模型

另外，对于旧式电动机，由于其绝缘材料差，又经过长期运行老化，有些在经过变频改造后造成绝缘损坏，对于用于变频调速系统的电动机绝缘要求要比标准电动机高出一个等级。

轴承电流主要以三种方式存在：du/dt 电流、EDM（Electric Discharge Machining）电流和环路电流，轴电压的大小不仅与电动机内各部分耦合电容参数有关，且与脉冲电压上升时间和幅值有关。du/dt 电流主要与 PWM 的上升时间 t_r 有关，t_r 越小，du/dt 电流的幅值越大；逆变器载波频率越高，轴承电流中的 du/dt 电流成分越多。

EDM 电流出现存在一定的偶然性，只有当轴承润滑油层被击穿或者轴承内部发生接触时，存储在转子对地电容 C_{rf} 上的电荷（$1/2C_{rf}\times U_{rf}$）通过轴承等效回路 R_b、C_b 和 Z_b 对地进行火花式放电，造成轴承光洁度下降，降低使用寿命，严重时造成直接损坏。损坏程度主要取决于轴电压和存储在转子对地电容 C_{rf} 上的电荷数量。

环路电流发生在电网变压器地线、变频器地线、电动机地线及电动机负载与大地地线之间的回路中，环路电流主要造成传导干扰和地线干扰，对变频器和电动机影响不大。避免或者减小环路电流的方法就是尽可能减小地线回路的阻抗。由于变频器接地线（PE 变频器）一般与电动机接地线（PE 电动机 1）连接在一个点，因此，应尽可能加粗电动机接地电缆线径，减小两者之间的电阻，同时变频器与电源之间的地线采用地线铜母排或者专用接地电缆，保证良好接地。对于潜水、深井泵这样的负载，接地阻抗（Z_3）可能小于变压器（Z_1）与变频器（Z_2）接地阻抗之和，容易形成地环流。在变频器输出端串由 LRC 组成的正弦波滤波器是抑制轴电压与轴承电流的有效途径。

③ 变频器本身对外界辐射干扰的抑制　变频器本身对外界的辐射干扰可通过以下措施减轻。

a. 为降低辐射干扰，在输出和输入动力线上加装 F_{IL1} 和 F_{IL2} 磁环，如图 3-27 所示，磁环属于共模抑制电抗器，或称零序电抗器，它对被穿过磁芯的几根导线上出现的瞬时相位和幅值不能抵消的干扰有抑制作用，而对被穿过磁芯的几根导线瞬时相加电磁场可完全抵消的干扰不能抑制，也即对三相正弦波电流不起作用。就辐射干扰而言，共模干扰占大多数，所以磁环对辐射干扰抑制有效。

b. 变频器的输入、输出动力电线的布局要防止与对周边设备的控制线的电磁场耦合，即要防止这些动力电线与某条控制线平行捆扎在一起或过分靠近。

c. 数字式测量仪器仪表的输入阻抗高、频率响应好，很容易受变频器本体和输入输

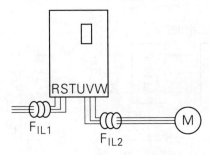

图 3-27　输出和输入功率线上
加装 F_{IL1} 和 F_{IL2} 磁环示意图

出线辐射干扰影响，造成数字式测量仪器仪表显示乱跳或完全不能测量。因此要求数字式测量仪器仪表远离变频器及变频器的输入输出线。如远离不可能，应对数字式仪器仪表的本体、测量线进行屏蔽。屏蔽线的外套金属网不能两端接地，只能一端接地，接地端设在数字式仪器仪表侧，由此形成静电屏蔽如图 3-28 所示，另外一种使用双绞线作为数字式仪器仪表的输入线，每绞间距不得大于 1cm。干扰严重时可以综合采用多种措施：双绞线＋屏蔽套、屏蔽箱、拉开距离、变频器输入输出线加磁环、加电抗器等。

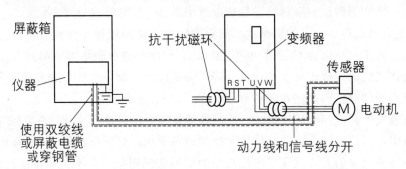

图 3-28　对数字式仪器或其他敏感仪器的抗干扰处理方法

（4）变频器接地技术

接地是提高变频调速系统中电子电气设备电磁兼容性的有效手段之一，正确的接地既能抑制外部电磁干扰的影响，又能防止变频调速系统中电子电气设备向外部发射电磁波；而错误的接地常常会引入非常严重的干扰，甚至会使变频调速系统中电子电气设备无法正常工作。在变频调速系统中，因为有多种控制检测装置分散布置在许多地方，所以它们各自的接地往往会形成十分复杂的接地网络，接地不仅需要在系统设计时周密考虑，而且在安装调试时也要仔细检查和做适当的调整。接地目的有三个：

a. 接地使整个系统中的所有单元电路都有一个公共的参考零电位，保证电路系统能稳定地工作。

b. 防止外界电磁场的干扰。机柜接地可使由于静电感应而积累在机柜上的大量电荷通过大地泄放，否则这些电荷形成的高压可能引起设备内部的火花放电而造成干扰。另外，对于电路的屏蔽体，若选择合适的接地，也可获得良好的屏蔽效果。避免设备在外界电磁环境作用下使设备对大地的电位发生变化，造成设备工作不稳定。

在变频调速系统中，电子电气设备的某些部位与大地相连可以起到抑制外部干扰的作用，例如静电屏蔽层接地可以抑制变化的电场干扰，电磁屏蔽用的导线若不接地常会带来静电耦合而产生所谓的"静电屏蔽"效应，所以仍需要接地。

c. 保证设备操作人员的人身安全。当发生直接雷电电磁感应时，接地可避免变频调速系统中的电气电子设备毁坏；当工频交流电源的输入电压因绝缘不良或其他原因直接与机柜相通时，可造成操作人员的触电事故发生。

以确保人员和设备的安全为目的的接地称为"保护接地"，它必须可靠地接在大地电位上。一般地说，变频调速系统中的电子电气设备的金属外壳、底盘、机座的接地都属于保护接地的范畴。

由此可见，设备接大地除了是对人员安全、设备安全的考虑外，也是抑制干扰发生的重要手段。良好的接地可以保护设备或系统的正常工作以及人身安全。可以消除各种电磁干扰和雷击等。所以接地设计是非常重要的，但也是难度较大的课题。地线的种类很多，有逻辑地、信号地、屏蔽地、保护地等。接地的方式也可分单点接地、多点接地、混合接地和悬浮地等。理想的接地面应为零电位，各接地点之间无电位差。但实际上，任何"地"或接地线都有电阻。当有电流通过时，就会产生压降，使地线上的电位不为零，两个接地点之间就会存在地电压。当电路多点接地，并有信号联系时，就将构成地环路干扰电压。

变频调速系统中的各类电路电流的传输、信息转换要求有一个参考的电位，这个电位还可防止外界电磁场信号的侵入，常称这个电位为"逻辑地"。这个"地"不一定是"地理地"，可能是变频调速系统的金属机壳、底座、印刷电路板上的地线或建筑物内的总接地端子、接地干线等；逻辑地可与大地接触，也可不接触，而"电气地"必须与大地接触。

虽然从抗雷电和静电放电的角度，以及安全的角度，变频调速系统中的设备需要接大地，但是从电磁干扰的角度看，大地可能形成地环路，对信号造成干扰。变频调速系统中有将内部电路连接到金属机柜上的机柜地端子，也有为内部电路地线电流提供的低阻抗通路的信号地端子。两台变频器柜的接地如图 3-29 所示。两台设备与地板之间是绝缘的，信号端子与机柜接地分别在一点接地。这样，流过设备的噪声电流就不会流到信号地线上，因此不会造成电位基准面的变动。并且，由于各个信号端子分别接地，因此不会发生地线电流的相互干扰。

① 接地分类　变频调速系统的接地概括来讲，可以分为系统接地、屏蔽接地和防雷接地。系统接地又可以细化成下面几种接地方式。

a. 交流工作接地（中性线），接地电阻不应大于 4Ω。

b. 安全保护接地，接地电阻不应大于 4Ω。

c. 直流工作接地（逻辑接地），接地电阻应按照系统具体要求确定。

d. 防静电接地。防静电接地是电气设计中不允许被忽视的组成部分，有许多静电导致设备故障的事例，静电接地可以经限流电阻及自己的连接线与接地装置相连，在有爆炸和火灾隐患的危险环境，为防止静电能量泄放造成静电火花引发爆炸和火灾，限流电阻值宜为 $1M\Omega$。

变频调速系统中有许多屏蔽单元，如供电隔离变压器的屏蔽层，局部空间或线路的屏蔽罩（设备外壳），动力屏蔽电缆、信号传输屏蔽电缆的屏蔽层。这些屏蔽的导体只有良

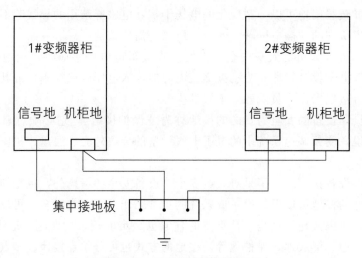

图 3-29　变频器柜接地实例

好接地才能充分发挥作用。

　　系统接地和屏蔽接地宜共用一组接地装置，其接地电阻按照其中最小值确定。设置防雷接地时，应按照现行的《建筑物防雷设计规范》GB 50057—1994 设计，并应采取《建筑物防雷设计规范》中规定的防止反击措施。

　　② 变频调速系统的接地方式　变频调速系统的接地一般有三种方式，如图 3-30 所示。其中图 3-30（a）为变频器和其他设备分别接地方式，这种接地方式最好。如果做不到每个设备专用接地，可使用图 3-30（b）公共接地方式，但不允许使用图 3-30（c）的共用接地方式，特别是应避免与电动机变压器等动力设备共用接地。安装变频器时，安装板应使用无漆镀锌钢板，以确保变频器的散热器和安装板之间有良好的电气连接。确保变频器柜中的所有设备接地良好，使用短和粗的接地线连接到公共接地点或接地母排上。特别重要的是，连接到变频器的任何控制设备（如 PLC）要与其共地，同样也要使用短和粗的导线接地。最好采用扁平导体（例如金属网），因其在高频时阻抗较低，电动机电缆的地线应直接连接到相应变频器的接地端子（PE）。

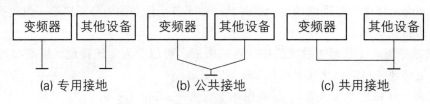

图 3-30　变频调速系统的三种方式

　　③ 变频调速系统通信线屏蔽层接地　在采用上位机通过 RS-232/485 与变频调速系统通信时，由于接地点不在一起，不同接地点之间会出现地电位差，在屏蔽线中形成地回路，不仅起不到屏蔽作用，反而带来干扰。特别是在上位机侧，一般没有专用接地，电源插座的接地端子往往采用接中性线方式，会造成上位机或者变频调速系统的接口模块损坏。

　　由于变频调速系统通信控制信号一般低于 100kHz，所以一般不用带状电缆，而采用屏蔽电缆或者双绞线。但在实际应用过程中，由于接地不当，经常出现接地比不接地通信误码率高的现象,从而使人产生了屏蔽电缆要不要接地,如果要接地,是采用一点、两点还是多点接地的疑惑。据有关资料和实践证明,在通信速率低于100kHz时,选用一点接地效果较好,对于采用Profibus、Modbus总线控制的高速率通信控制电缆的屏蔽层应该选用多点接地,最少也应该两端接地,在通信线路较长时,在网络的终端加终端匹配电阻等抗干扰措施。对于高速率通信的电缆采取多点接地可以减少屏蔽层的静电耦合。另外,还有一个根据传输信号的波长来判别接地方式的参考标准。以传输信号的波长 λ 的 $1/4$ 为界,通信传输线长度小于 $\lambda/4$ 时采用一点接地;长度大于 $\lambda/4$ 时,由于屏蔽层也能起到天线作用,应采用多点接地,在多点接地时,最理想的情况是每隔 $0.05\sim0.1\lambda$ 有一个接地点。

另外,在传输上升下降沿非常陡峭的信号时,也应实施多点接地。如果从干扰角度讲,低频干扰严重时采用屏蔽单点接地,在高频干扰情况下要多点接地,同时在通信电缆中提供一根等电位线将各节点的通信地串起来,以提高抗干扰能力。

④ 传感器信号的屏蔽层接地 变频调速系统的输入端接有各类传感器(如脉冲编码器、旋转变压器、压力、温度、张力、线速度等),这些传感器的一个共同特点是:为了提高抗干扰能力,信号线均采用屏蔽线,而且屏蔽线在传感器内部与传感器壳体接在一起。当传感器安装在电动机、管道或者生产线的设备上时,屏蔽层就与这些设备相连接,而在传感器与变频调速系统或其他控制设备连接时,屏蔽层又连接至PE端子。如果此时变频调速系统或外部设备接地不良,就会出现通过屏蔽层接地的情况,形成对地电流 I_E,对系统工作的可靠性产生很大影响,严重时系统将无法工作。因此,在采用外部传感器的系统中,距离较远时,一定要保证外部设备和变频调速系统的可靠独立接地,或者选用传感器外壳不与控制屏蔽层连接的传感器,在变频调速系统侧实施一点接地;距离较近时,可采用公共接地母排接地,保证传感器与控制设备接地点之间电位差近似为零,从而消除地环流形成的干扰。

⑤ 模拟信号的屏蔽层接地 实践证明,双绞线或双绞屏蔽线对磁场的屏蔽效果明显优于单芯屏蔽线,对于采用标准 $4\sim20$mA/$0\sim10$V/$1\sim5$V 模拟信号的变频调速系统,传输模拟信号的电缆一定要采用双绞线或屏蔽电缆。在实际的变频调速系统中,各种通道的信号频率大多在 1MHz 内,属于低频范围。由于模拟信号频带较窄,原则上在变频调速系统一侧实施接地,即应在线路对地分布电容大的一端接地,这样能够减少信号电缆对地分布电容的影响。在实际系统中,一般在信号电缆数量多的一侧接地。另外,对于抗干扰要求非常高的场合,可采用双重静电屏蔽的电缆,此时,外屏蔽层接至屏蔽地线,内屏蔽层接至系统地线。系统地线可以是变频调速系统的隔离地、模拟控制地,或是系统独立的接地线。对于共模干扰严重的场合,可通过增加共模电感来消除共模干扰,对于多点地电位浮动频繁的场合,可采用DC/DC隔离模块来实现电气隔离以抑制干扰。

第4章

变频调速系统参数设置与调试

4.1 变频器的参数设置

4.1.1 变频器的参数

（1）参数设置

变频器出厂时，厂家对每一个参数都有一个默认值，这些参数叫工厂值。在这些参数值的情况下，用户能以面板操作方式正常运行，但以面板操作并不满足大多数传动系统的要求，所以应用时必须对变频器的参数进行设置。变频器参数设置是十分重要的，由于参数设置不当，不能满足工艺设备的需要，导致变频调速系统启动、制动的失败，或运行时跳闸，导致变频调速系统不能正常运行，严重时会损坏变频器的功率模块或整流桥等器件。变频器的品种不同，参数量亦不同。一般单一功能控制的通用型变频器有50～60个参数值，多功能控制的变频器有200个以上的参数。但变频器的大多数参数不需要设置，可按出厂时的设置值，只需把使用时与出厂值不合适的参数予以重新设置即可，如外部端子操作、模拟量操作、基底频率、最高频率、上限频率、下限频率、启动时间、制动时间（及方式）、热电子保护、过流保护、载波频率、失速保护和过压保护等参数是必须重新设置的。若设置后变频器运行不合适时，需对部分参数进行调整。

变频器需设置的每个参数均有一定的选择范围，使用中常遇到因个别参数设置不当，导致变频器不能正常工作的现象。因此在变频器参数设置前，应了解掌握所使用变频器的技术性能和参数设置方法，因不同品牌的变频器其参数设置方法是不同的，即使是同一品牌，其参数设置方法也不尽相同。所以，用户在正确使用变频器之前，要对变频器参数进行有选择设置，应在以下几个方面进行。

① 确认电动机参数，变频器在参数中设置电动机的功率、电流、电压、转速、最大频率，这些参数可以从电动机铭牌中直接得到。

② 变频器采取的控制方式，即速度控制、转矩控制、PID控制或其他方式。选择控制方式后，一般要根据控制精度，需要进行静态或动态辨识。

③ 设置变频器的启动方式，一般变频器在出厂时设置为从面板启动，用户可以根据实际情况选择启动方式，可以用面板、外部端子、通信方式等几种。

④ 给定信号的选择，一般变频器的频率给定也可以有多种方式，面板给定、外部给

定、外部电压或电流给定、通信方式给定，当然对于变频器的频率给定也可以是这几种方式的一种或几种方式之和。正确设置以上参数之后，变频器基本上能正常工作，如要获得更好的控制效果则只需根据实际情况修改相关参数。

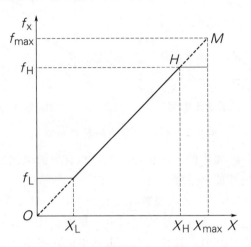

图 4-1　上限频率和下限频率

（2）上、下限频率

变频调速系统根据工艺过程的实际需要，常要求对转速范围进行限制，即系统的最高转速和最低转速。根据传动系统的工作状况来设置。它可以是保护性设置，即变频器的输出频率不得超过所设置的范围；也可以用作程序性设置，即根据程序的需要，或上升至上限频率，或下降至下限频率。根据系统所要求的最高与最低转速，以及电动机与生产机械之间的传动比，可以计算出变频器的输出频率，分别称为上限频率（用 f_H 表示）与下限频率（用 f_L 表示），如图 4-1 所示。变频调速系统的上限频率应小于最高频率

$$f_H \leqslant f_{max} \tag{4-1}$$

变频调速系统的频率限制值为变频器输出频率的上、下限幅值，频率限制是为防止误操作或外接频率设置信号出故障，而引起变频器输出频率的过高或过低，以防损坏工艺设备的一种保护功能。在应用中应按实际情况设置。频率限制功能还可作为限速功能使用，如有的皮带输送机，由于输送物料不太多，为减少机械和皮带的磨损，可将变频器上限频率设置为某一频率值，这样就可使皮带输送机运行在一个固定、较低的工作速度上。

预置变频器给定信号的上、下限值时，给定信号的最大限值用 X_{max} 表示；最小限值用 X_{min} 表示，也可以用百分数 $X_{min}\%$ 表示，如图 4-2（a）所示。预置给定频率的上、下限值时，给定频率的最大值 f_{max} 和最小值 f_{min} 如图 4-2（b）所示。变频器上下限频率设置应注意的事项如下。

① 对转子直径大的电动机，受转子耐受离心力的限制，对平方率负载受高速过载过流的限制，一般不要选择上限频率大于电动机的额定频率。

② 对静态阻尼大的负载，对水泵扬程有要求的负载，一般不要选择下限频率为 0 或较小。须根据工艺设备的特性设置一个合适的下限频率 f_{BI}。

③ 变频器的最低运行频率。变频器的最低运行频率为电动机运行的最小转速，电动机在低转速下运行时，其散热性能很差，电动机长时间运行在低转速下，会导致电动机温

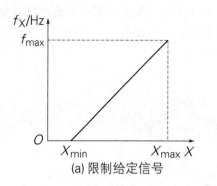
(a) 限制给定信号

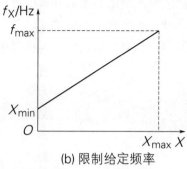
(b) 限制给定频率

图 4-2　频率给定线的起点与终点

度升高。而且低速时，其电缆中的电流也会增大，也会导致电缆发热。通用变频器长期运行在低速区域时，其系统性能将下降。

④ 变频器的最高运行频率。通用变频器最大频率到 60Hz，有的可到 400Hz，高频率将使电动机高速运转，这对普通电动机来说，电动机的机械参数不能长时间的超额定转速运行，其轴承不能长时间的超额定转速运行，电动机的转子不能承受这样的离心力。在参数设置时需根据电动机的机械参数限定变频器的最高运行频率。

对最高频率的设置，在用外部模拟信号如 0～10V 电压设置工作频率时，10V 电压所对应的频率就是最高频率，可以达到 400Hz，所以对最高频率必须重新设置，否则将产生严重故障。通常对最高频率的初始值设置为工频 50Hz，即在外部最大给定 10V 时，变频器最大只能输出 50Hz，以保证电动机在工频以下安全运行。

（3）载波频率

目前中小功率的变频电路几乎都采用 PWM 技术，PWM 变频电路也可分为电压型和电流型两种。根据正弦波频率、幅值和半周期脉冲数，准确计算 PWM 各脉冲宽度和间隔，据此控制变频电路开关器件的通断，就可得到所需 PWM 波形，当输出正弦波频率、幅值或相位变化时，其结果都要变化。通常采用等腰三角波或锯齿波作为 PWM 波的载波，等腰三角波应用最多，其任一点水平宽度和高度成线性关系且左右对称，与任一平缓变化的调制信号波相交，在交点控制开关器件通断，就得宽度正比于信号波幅值的脉冲，其符合 PWM 的要求。各脉冲的上升沿和下降沿都是由正弦波和三角波的交点决定的，在这里，正弦波称为调制波，三角波称为载波。三角波的频率称为载波频率，用 f_C 表示。载波频率设置得越高其高次谐波分量越大，将导致电动机、电缆和变频器发热。

在 PWM 脉冲序列的作用下，变频器输出电流波形是脉动的，脉动频率与载波频率一致。脉动电流将使电动机铁芯的硅钢片之间产生电磁力并引起振动，产生电磁噪声。

变频器运行频率越低，则电压波的平均占空比越小，电流高次谐波成分越大，应适当提高载波频率，可以改善变频器输出电流的波形。变频器逆变桥同一桥臂的上、下两个开关管是在不停地交替导通的，为了保证在交替导通时，只有当一个开关管完全截止的情况下，另一个开关管才开始导通，在两个开关管交替导通过程中，必须设有一个死区时间，以防止两个开关管直通短路。在逆变桥中，上、下两个开关管在交替导通过程中的死区时间越窄，载波频率越高，死区时间过窄易导致桥臂"直通"而损坏变频器。变频器载波频率与死区时间的关系是：

① 变频器的输出电流越大，每次两个开关管交替导通所要求的死区时间也越长。

② 载波频率越高，则死区时间的累计值越大，变频器实际工作的时间越短，变频器的平均输出电流越小，输出功率越小。

载波频率对输出电流的影响如图 4-3 所示，载波频率越高，变频器输出端线路相互之间，以及线路与地之间分布电容的容抗越小，由高频脉冲电压引起的漏电流越大。载波频率对电气设备的影响表现在以下几个方面。

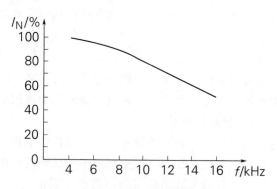

图 4-3　载波频率对输出电流的影响

① 当电动机与变频器之间的距离较远时，则载波频率越高，由线路分布电容引起的不良效应（如电动机侧电压升高、电动机振动等）越大。

② 载波频率越高，其高频电压通过静电感应对附近的其他电气设备的干扰也越严重。高频电流产生的高频磁场将通过电磁感应对其他电气设备的控制线路产生干扰，高频电磁场具有强大的辐射能量，使其他电气设备，尤其通信设备受到干扰。

③ 载波频率设置得越高其高次谐波分量越大，这和电缆长度、电动机发热、电缆发热、变频器发热等因素是密切相关的。则电动机定子绕组的集肤效应越严重，有效电阻值及其损失增大，电动机的输出功率越小。

目前低电压通用型变频器的逆变回路大多采用 IGBT 元件构成，IGBT 元件具有开关速度快、损耗小、触发电路简单等优点。用于变频器上的 IGBT 元件，其载波频率一般设置在 $0.75\sim15\mathrm{kHz}$ 之间，通常这个数值是可调的。设置值小，输出电流波形变差（高次谐波分量增加），电动机有效转矩减少，损耗增加，温度增高；设置值大，变频器自身损耗增加，温度上升，同时变频器输出电压的变化率 $\mathrm{d}u/\mathrm{d}t$ 增大。载波频率对变频运行的影响见表 4-1。

表 4-1　载波频率对变频运行的影响

载波频率	电动机噪声	输出电流波形	漏电流	发生干扰	$\mathrm{d}u/\mathrm{d}t$
高	小	好	大	大	大
低	大	差	小	很小	小

变频器输出电压的变化率 $\mathrm{d}u/\mathrm{d}t$ 对电动机绝缘有很大影响，$\mathrm{d}u/\mathrm{d}t$ 主要取决于两个方面：一是电压跳变台阶的幅值，它与变频器的电压等级和主电路结构有关；二是逆变器功率器件的开关速度，开关速度越高，$\mathrm{d}u/\mathrm{d}t$ 越大。

许多品牌的低压变频器通常在出厂时将此载频参数设置为最大。然而，过高的载波频率不一定适合实际负载情况。因为在现场使用中，低压变频器属于普通的二电平电压型变频器，相电压跳变台阶较大，达到直流母线电压，变频器输出多数未使用输出滤波器，且变频器至电动机距离较长，大都在 100m 左右，由于线路分布电感和分布电容的存在，会产生行波反射放大作用，在参数适合时，加到电动机绕组上的电压会成倍增加，对电动机的绝缘（特别是 F 级绝缘以下的老式电动机）构成很大威胁，甚至会烧毁电动机。因此，在实际应用中一定要对这个参数进行合理设置，确保系统高效安全运行。

（4）回避频率

任何机械设备在运转过程中都会产生一定的振动，而每台机械设备又都有一个固有振荡频率，它取决于机械设备的结构。如果生产机械设备运行在某一转速下时，所引起的振荡频率和机械设备的固有振荡频率相吻合，则机械设备的振动将因发生谐振而变得十分强烈（也称为机械共振），可能导致机械设备损坏。

变频器驱动异步电动机运行时，在某些频率段内电动机的电流、转速会发生振荡，严重时变频调速系统无法运行，系统在加速过程中可能出现变频器过电流保护动作，而使电动机不能正常启动，在电动机轻载或转动惯量较小时电动机的电流、转速振荡更为严重。为此变频器均设有频率回避功能，可以根据系统出现振荡的频率点，在 U/f 曲线上设置回避频率点或回避频率点宽度，以在电动机加速时可以自动跳过系统出现振荡的频率点或频率段，保证系统正常运行。设置回避 f_J 的目的是使变频调速系统回避可能引起谐振的转速，如图 4-4 所示。预置回避频率时，必须预置以下两个数据：

① 中心回避频率 f_J，即回避频率所在的位置；

② 回避频率宽度 Δf_J，即回避频率的区域，如图 4-4（a）所示。大多数变频器都可以预置三个回避频率段，如图 4-4（b）所示。

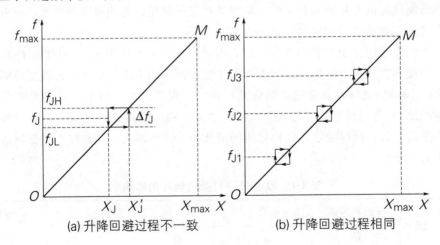

(a) 升降回避过程不一致 (b) 升降回避过程相同

图 4-4　回避频率

（5）偏置频率

偏置频率又叫偏差频率，其作用是当频率由外部模拟信号（电压或电流）进行设置时，可用偏置频率调整频率设置信号最低时的输出频率，频率设置信号与输出频率的关系如图 4-5 所示。当变频器频率设置信号为 0% 时，偏置频率的偏差值可作用在 0～f_{max} 范围内，有的变频器（如明电舍、三垦）还可对偏置极性进行设置。若在系统调试中当频率设置信号为 0% 时，变频器输出频率不为零，而为某一频率值时，可将偏置频率设置为变频器输出某一频率的负值，即可使变频器输出频率为零。偏置频率用 f_{BI} 表示，也可用偏置频率的百分数 $f_{BI}\%$ 表示：

$$f_{BI}\% = \frac{f_{BI}}{f_{max}} \times 100\% \qquad (4\text{-}2)$$

式中，$f_{BI}\%$ 为偏置频率百分数；f_{BI} 为偏置频率，Hz；f_{max} 变频器输出最大频率，Hz。

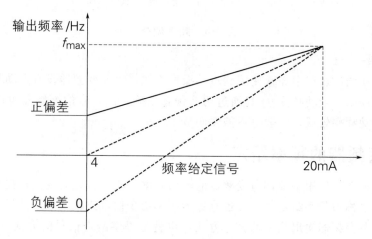

图 4-5 频率设定信号与输出频率关系

（6）频率设置信号增益

频率设置信号增益功能仅在用外部模拟信号设置频率时才有效，是用来补偿外部设置信号电压与变频器内电压（+10V）的不一致问题；同时方便模拟设置信号电压的选择，当给定信号为最大值 X_{max} 时，对应的最大给定频率 f_{XM} 与变频器预置的最大输出频率 f_{max} 的比的百分数定义为频率增益，用 $G\%$ 表示：

$$G\% = \frac{f_{XM}}{f_{max}} \times 100\% \qquad (4\text{-}3)$$

式中，$G\%$ 为频率增益，%；f_{max} 为变频器预置的最大频率，Hz；f_{XM} 为虚拟的最大给定频率，Hz。

变频器的最大给定频率 f_{XM} 与最大频率 f_{max} 不一定相等，当频率增益 $G\% < 100\%$ 时，变频器实际输出的最大频率就等于给定频率 f_{XM}，当频率增益 $G\% > 100\%$ 时，变频器实际输出的最大频率等于最大频率 f_{max}。当输入最大信号时，输出频率不满足要求时，可通过调整频率增益 $G\%$ 解决。$G\%$ 下调时最大输入信号的频率下降，相反，$G\%$ 上调时，最大输入信号时的频率上升。如图 4-6 所示。

（7）频率指令保持

频率指令保持功能是在变频器停止运行后，对是否保持停机前的运行的频率作出选择。频率保持功能无效，系统启动时，变频器运行频率为 0Hz，如要回复到原来的工作频率，须重新加速。频率保持功能有效，系统启动时，变频器运行频率自动上升到停机前的工作频率。

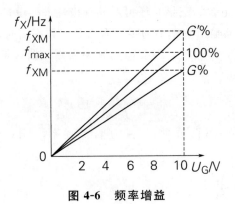

图 4-6　频率增益

（8）点动频率功能

各类机械在调试过程中经常使用到点动操作方式，为此变频器设有点动频率功能，其主要用于系统调试，点动频率 f_J 是通过功能预置来确定的，有的变频器也可以预置多挡点动频率，点动频率较低，一般也不需要调节。

4.1.2　变频器的频率给定

在变频调速系统应用中要调节变频器的输出频率，必须首先向变频器提供改变频率的信号，这个信号称为频率给定信号，也有称为频率指令信号或频率参考信号的。所谓给定方式，就是调节变频器输出频率的具体方法，也就是提供给定信号的方式。可由控制盘、端子台、微机联网三种方式设置频率，通常只用控制盘和端子台两种方式。但两种方式也要有所选择，如 VF61 变频器用控制盘时选择 DIR 模式，用端子台操作时选择 REM 模式，否则在 DIR 模式下端子台不能操作，在 REM 模式下控制盘不能操作。当用控制盘操作时，在控制盘上设置一个频率，电动机就以一个固定频率旋转，若想改变转速需再重新设置一个频率，对于通用型变频器来说有以下几种频率给定方式。

（1）面板给定方式

通过变频器面板上的键盘或电位器进行频率给定（即调节频率）的方式，称为面板给定方式，用变频器操作面板进行频率设置，只需操作面板上的上升、下降键，就可以实现频率的设置。该方法不需要外部接线，方法简单，频率设置精度高，属数字量频率设置方式，适用于单台变频器的频率设置。部分变频器在面板上设置了电位器，频率大小也可以通过电位器来调节。电位器给定属于模拟量给定，频率设置精度稍低。

多数变频器在面板上并无给定电位器，变频器说明书中所说的面板给定，实际就是键盘给定。变频器的面板通常可以取下，通过延长线安置在用户操作方便的地方。采用哪一种给定方式，须通过功能预置来事先决定。

（2）外部给定方式

从变频器的输入端子输入频率给定信号，来调节变频器输出频率的大小，称为外部给定，或远控给定。主要的外部给定方式有：

① 外接模拟量给定　通过变频器的外接给定端子输入模拟量信号（电压或电流）进行给定，并通过调节给定信号的大小来调节变频器的输出频率。模拟量给定信号的种类有：

a. 使用电压端子；以电压大小作为给定信号。给定信号的范围有：0～10V、2～10V、0～±10V、0～5V、1～5V、0～±5V等。

b. 使用电流端子；以电流大小作为给定信号。给定信号的范围有：0～20mA、4～20mA等。

可以任意设置其中的一种或多种输入，变频器内部用10位以上的A/D把它转换成数字量。应用这种方式设置变频器的运行频率可以实现外控操作，且在现场可以实时修改，但模拟量在传输过程中易受干扰，特别是电压信号，更易受干扰，造成系统运行不稳定。

② 外接数字量给定　通过变频器的外接给定端子输入开关信号进行给定，这种设置频率的方式，各种品牌的变频器叫法不一，如ABB变频器称为电动电位器，而富士变频器称为上升/下降功能等，实际上就是利用变频器本身的多功能数字输入端子来改变变频器的运行频率，且升/降速的速率可调。

③ 外接脉冲给定　通过变频器的外接给定端子输入脉冲序列进行给定。

④ 通信给定　由PLC或计算机通过变频器的通信接口进行频率给定，这种以串行通信的方式设置变频器的运行频率在变频调速系统中应用最为广泛，常见的有RS-485或CAN总线等。

⑤ 编程给定　当使用控制端子X1、X2……时，设置对应的各自频率。

当然，在通用型变频器的频率设置方式中，常见的是以上几种给定方式也并非独立存在，它们可以组合使用，例如ABB800系列变频器在设置频率时就可以用模拟量的代数和，多个模拟量的最大值，多个模拟量的最小值，模拟量的乘积，模拟量与通信量的和等多种组合方式，在使用中，应根据实际情况，灵活运用。

（3）选择给定方式的一般原则

在选择给定方式时应优先选择面板给定方式，因为面板给定不需要外部接线，方法简单，频率设置精度高。并且变频器的操作面板包括键盘和显示屏，而显示屏的显示功能十分齐全，但在实际工程应用中由于受连接线长度的限制时，可选择外部给定方式，但应优先选择数字量给定。因为：

① 数字量给定时频率精度高。

② 数字量给定通常用触点操作，非但不易损坏，且抗干扰能力强。

在给定信号选择上应优先选择电流信号，因为电流信号在传输过程中，不受线路电压降、接触电阻、杂散的热电效应以及感应噪声的影响，抗干扰能力较强。但由于电流信号电路比较复杂，故在距离不远的情况下，仍以选用电压给定方式居多。

（4）频率给定异常现象

变频器在采用外部模拟量或数字量给定时，因接线或电磁干扰等因素会出现以下异常现象：

① 给定信号丢失。当外接模拟给定信号因电路接触不良或断线而丢失时，变频器需对处理方式作出选择，如，是否停机；继续运行；在多大频率下运行等。

② 给定信号小于最低频率。有的负载在频率很低时实际上不能运行，因而需要预置"最低频率"。对应地，也就有一个最小给定信号。当实际给定信号小于最小给定信号时，变频器视为异常状态。

③ 模拟量给定的滤波时间不正确。滤波的目的是消除干扰信号对给定信号的影响，

滤波时间常数是指给定信号上升至稳定值 63％所需的时间。滤波时间太短，当变频器显示"给定频率"时，有可能不够稳定。滤波时间太长，当调节给定信号时，给定频率随给定信号改变时的响应速度较慢。

④ 用模拟量给定信号进行正、反转控制时，"0"速控制很难稳定。在给定信号为"0"时，常常出现正转或反转的"蠕动"现象。为了防止这种"蠕动"现象，需要在"0"速附近设置一个死区 ΔX，使给定信号从 $-\Delta X$ 到 $+\Delta X$ 的区间内，输出频率为 0Hz。

⑤ 在给定信号为单极性的正、反转控制方式中，存在的问题是给定信号因电路接触不良或其他原因而"丢失"，则变频器的给定输入端得到的信号为"0"，其输出频率将跳变为反转的最大频率，电动机将从正常工作状态转入高速反转状态。在生产过程中，这种情况出现将是十分危险的，甚至有可能损坏生产机械和造成人身事故。对此，变频器设置了一个有效"0"功能。就是说，变频器的最小给定信号不等于 0（$X_{min} \neq 0$）。如果给定信号 $X=0$，变频器将认为是故障状态而把输出频率降至零。例如，将有效"0"预置为 0.3V。当给定信号 $X=0.3V$ 时，变频器的输出频率为 f_{min}；当给定信号 $X<0.3V$ 时，变频器的输出频率降为零。

（5）频率给定线

变频器由外部模拟量进行频率给定时，变频器的给定信号 X 可以是电压信号 U_G，也可以是电流信号 I_G，给定信号 X 与给定频率 f_X 之间的关系曲线 $f_X=f(X)$，称为频率给定线。频率给定线分为：

① 基本频率给定线。基本频率给定线是基本信号变动范围所对应的基本频率范围，如图 4-7 中的曲线①，在给定信号 X 从 0 增大至最大值 X_{max} 的过程中，给定频率 f_X 也线性地从 0 增大到最大频率 f_{max}，该曲线称为基本频率给定线。

② 任意频率给定线。任意频率给定线需设置最低频率和最高频率，如图 4-7 中的曲线②所对应的输出频率 $f_{BI} \sim f_{xm1}$（f_{BI} 为最低频率，也称偏置频率，f_{xm1} 为最高频率，最

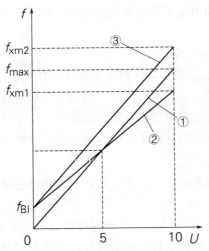

图 4-7 频率给定线和频率增益的含义

线①—基本频率给定线，f_{max} 为对应最高输入电压的输出频率（基本频率给定线是 $U=0$ 时 $f=f_{BI}=0Hz$，$U=$ 最大时 $f=f_{max}$，即 $G=100\%$）；线②—频率增益 $G<100\%$，f_{xm1}①$<f_{max}$。通常偏置频率可设为 f_{BI}；线③—频率增益 $G>100\%$，$f_{xm2}>f_{max}$。通常偏置频率也可设为 f_{BI}

高频率 f_{xm1} 低于最大频率 f_{max}），当频率增益 $G>100\%$ 时，$f_{xm1}=f_{max}$。如图 4-7 中的曲线③对应的输出频率 $f_{BI}\sim f_{xm2}$（f_{BI} 为最低频率，即为偏置频率，f_{xm2} 为最高频率，f_{xm2} 高于 f_{max}），在任意给定线的设置时考虑上下限频率的要求。

变频调速系统驱动生产机械设备所要求的最低频率及最高频率不一定是零和额定频率，所以，在系统调试需要对频率给定线进行适当的调整，使之符合生产工艺实际的需要。通常是调整频率给定线的起点（调整给定信号为最小值时对应的频率）和调整频率给定线的终点（调整给定信号为最大值时对应的频率），通过预置起点坐标（X_{min}，f_{min}）与终点坐标（X_{max}，f_{max}）来预置频率给定线，如图 4-8（a）所示。如果系统要求频率与给定信号成反比，则起点坐标为（X_{min}，f_{max}），终点坐标为（X_{max}，f_{min}），如图 4-8（b）所示。

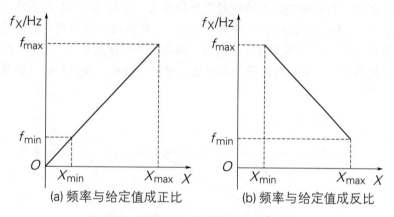

(a) 频率与给定值成正比　　(b) 频率与给定值成反比

图 4-8　直接预置坐标调整频率给定线

4.1.3　变频器压频比的正确设置

由于通用变频器一般采用 U/f（变频器的压频比由变频器的基准电压与基准频率两项功能参数的比值决定，即基准电压/基准频率＝压频比）控制，即采用变压变频（VVVF）方式调速，因此，变频器在使用前正确地设置压频比，对保证变频器的正常工作至关重要。

（1）基频参数

变频器基频参数的示意图如图 4-9 所示，基频以下，变频器的输出电压随输出频率的变化而变化，$U/f＝$常数，适合恒转矩负载特性。基频以上，变频器的输出电压维持电源

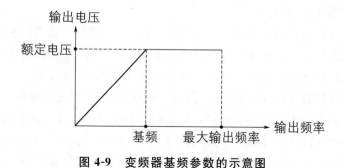

图 4-9　变频器基频参数的示意图

额定电压不变，适合恒功率负载特性。

（2）基频参数设置

基频参数设置应该以负载的额定参数设置，而不能根据负载特性设置，若负载为电动机即使电动机选型不适合负载特性，也必须尽量遵循电动机的参数，否则，电动机容易过流或过载。例如：电动机的额定工作频率为 50Hz，基频应设置为 50Hz；如果电动机的额定工作频率为 60Hz，基频应设置为 60Hz；如果电动机的额定工作频率为 100Hz，基频应设置为 100Hz。

如果电动机选择专用的交流变频电动机，电动机一般都标注恒转矩、恒功率调速范围。如果标注 5～100Hz 为恒转矩，100～150Hz 为恒功率，基频应该设置为 100Hz。

基频参数直接反映变频器输出电压和输出频率的关系，如果设置不当容易造成负载的过流或过载。例如一台交流电动机的额定工作频率为 50Hz，额定电压 380V。如果变频器的基频设置低于 50Hz，如图 4-10 中的基频 1，U/f 比例高，同等频率的输出电压高，输出电流高，在启动时，容易造成过流。如果变频器的基频设置高于 50Hz，如图 4-10 中的基频 2，U/f 比例低，同等频率的输出电压低，输出电流低，在启动时，容易造成无法启动而过载。

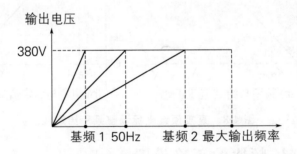

图 4-10　设变频器输出电压和输出频率的关系曲线

如果负载在低速时的转矩较大，而转矩补偿（U/f 比）预置得较小，则低速时带不动负载。反之，如果负载在低速时的转矩较轻而转矩补偿（U/f 比）预置得较大，则补偿过分，低速时电动机的磁路将饱和，励磁电流发生畸变，严重时会因励磁电流峰值过高而导致"过电流"跳闸。

调试时，U/f 比的预置宜由小逐渐加大，每加大一挡，观察在最低频时能否带得动负载，还应观察空载时会不会跳闸。一直调整到在最低频率下运行时，既能带得动负载，又不会空载跳闸时为止。

（3）基频设置的注意事项

U/f 类型的选择包括最高频率、基本频率和转矩类型等。最高频率是变频器、电动机可以运行的最高频率。由于变频器自身的最高频率可能较高，当电动机容许的最高频率低于变频器的最高频率时，应按电动机及其负载的要求进行设置。

基本频率是变频器对电动机进行恒功率控制和恒转矩控制的分界线，应按电动机的额定电压设置。转矩类型指的是负载是恒转矩负载还是变转矩负载。应根据变频器使用说明书中的 U/f 类型图和负载的特点，选择其中的一种类型。如恒转矩负载，即速度变化转矩恒定，如运输机械类，U/f 曲线应设置为恒定特性。若变转矩负载，如泵、通风机等负载，U/f 应设置成平方率递减特性（转矩以速度的平方变化的负载）。例如根据电动机的实际情况和实际要求，将最高频率设置为 83.4Hz，基本频率设置为工频 50Hz。负载类型：50Hz 以下为恒转矩负载，50~83.4Hz 为恒功率负载。

基准电压与基准频率参数的设置，不仅与电动机的额定电压与额定频率有关（电动机的压频比为电动机的额定电压与额定频率之比），而且还必须考虑负载的机械特性。对于普通异步电动机在一般调速应用时，其基准电压与基准频率按出厂值设置（基准电压 380V，基准频率 50Hz），即能满足使用要求。但对于某些行业使用较特殊的电动机，就必须根据实际情况重新设置基准电压与基准频率的参数。

电动机采用变频器调速时有两种情况：基频（基准频率）以下调速和基频以上调速。在压频比设置时必须考虑的重要因素是：尽量保持电动机主磁通为额定值不变。如果磁通过弱（电压过低），电动机铁芯不能得到充分利用，电磁转矩变小，带负载能力下降。如果磁通过强（电压过高），电动机处于过励磁状态，电动机因励磁电流过大而严重发热。根据电动机原理可知，三相异步电动机定子每相电动势的有效值为

$$E_1 = 4.44 f_1 N_1 \Phi_m \tag{4-4}$$

式中，E_1 为定子每相由气隙磁通感应的电动势的有效值，V；f_1 为定子频率，Hz；N_1 为定子每相绕组有效匝数；Φ_m 为每极磁通量。

由式（4-4）中可以看出，Φ_m 的值由 E_1/f_1 决定，但由于 E_1 难以直接控制，所以在电动势较高时，可忽略定子漏阻抗压降，而用定子相电压 U_1 代替。要保证 Φ_m 不变，只要 U_1/f_1 始终为一定值即可。这是基频以下调时速的基本情况，为恒压频比（恒磁通）控制方式，属于恒转矩调速。从图 4-11 可以看出，基准频率为恒转矩调速区的最高频率，基准频率所对应的电压为即为基准电压，是恒转矩调速区的最高电压，在基频以下调速时，电压会随频率而变化，但两者的比值不变。

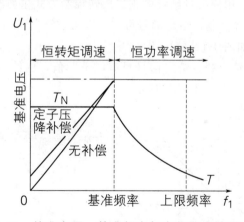

图 4-11　基准电压、基准频率与变频调速控制特性

在基频以上调速时，频率从基频向上可以调至上限频率值，但是由于电动机定子不能超过电动机额定电压，因此电压不再随频率变化，而保持基准电压值不变，这时电动机主磁通必须随频率升高而减弱，转矩相应减小，功率基本保持不变，属于恒功率调速区。由图 4-11 可见，基准频率为恒功率调速区的最低频率，是恒转矩调速区与恒功率调速区的转折点，而基准电压值在整个恒功率调速区内不再随频率变化而改变。

负载基本上可分为恒转矩负载、恒功率负载以及平方转矩负载三类，恒转矩负载其所

需转矩基本不受速度变化的影响（T＝定值），对于该类负载，变频器的整个工作区最好运行在基频以下，这时变频器的输出特性正好能满足负载的要求。

恒功率负载在转速越高时，所需转矩越小（$T \times N$＝定值），对于恒功率负载来说，电动机的工作频率若运行在基频以上，其所要求的机械特性将与变频器的输出特性相吻合。

平方转矩负载所要求的转矩与转速的平方成正比（T/N^2＝定值），电动机应运行在基频以下较为合理。需要注意的是：平方转矩负载的工作频率绝不能超过工频（除非变频器容量大一个等级），否则变频器与电动机将严重过载。

4.1.4 变频器启停与加减速过程

（1）启动方式

在变频调速系统中，电动机从较低转速升至较高转速的过程称为电动机的加速过程，电动机加速过程的极限状态是电动机的启动。变频器的控制命令包括控制电动机的启动、停止，电动机的运行方向。

启动、停止：当变频调速系统准备就绪后（通电），变频器处于待机状态，电动机并没有运行。要使系统运行需给变频器一个启动命令。变频器有三种启动方式：操作面板、外部端子、通信方式。可以根据实际情况，选择其中的任一种方式。变频器按正常方式启动后，变频器开环运行于设置频率，或闭环运行于被控量的期望值。变频器停止时和启动完全一样，只不过动作相反。

电动机的运行方向：交流电动机是通过改变其输入三相电源任意两相的相序来改变其旋转方向的，在变频中只需给它一个电平信号自动调整三相电源任意两相的相序，从而改变电动机的旋转方向，采用模拟量给定的正、反转控制方式主要有两种：

• 由双极性给定信号控制，给定信号可"－"可"＋"，正信号控制电动机正转，负信号控制电动机反转，如图4-12（a）所示。

• 由单极性给定信号控制，给定信号只有"＋"值，由给定信号中间值作为电动机正转和反转的分界点，如图4-12（b）所示。

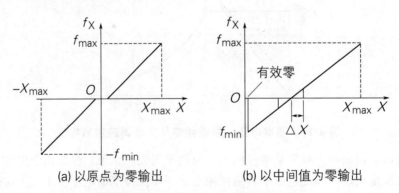

(a) 以原点为零输出　　　　　(b) 以中间值为零输出

图 4-12　模拟量给定的正、反转控制

① 工频启动　电动机工频启动是指电动机直接采用工频电源启动，也叫直接启动或全压启动。在电动机接通电源瞬间，电源频率为额定频率（50Hz），如图4-13（a）所示，电源电压为额定电压（380V），如图4-13（b）所示。由于电动机转子绕组与旋转磁场的

相对速度很高，电动机转子电动势和电流都很大，从而定子电流也很大，一般可达电动机额定电流的 4～7 倍，如图 4-13（c）所示。电动机工频启动存在的主要问题有：

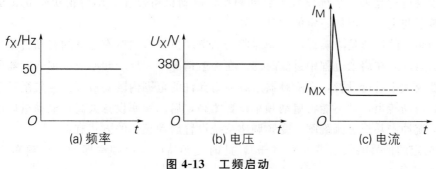

图 4-13　工频启动

a. 启动电流大。当电动机的容量较大时，其启动电流将对电网产生干扰，引起电网电压波动。

b. 对生产机械设备的冲击很大，影响机械设备的使用寿命。

② 变频启动　电动机采用变频启动时，电动机电源的频率从最低频率（通常是 0Hz）按预置的加速时间逐渐上升，如图 4-14（a）所示。以 4 极电动机为例，假设在接通电源瞬间，将启动频率降至 0.5Hz，则同步转速只有 15r/min，转子绕组与旋转磁场的相对速度只有工频启动时的百分之一。电动机的输入电压也从最低电压开始逐渐上升，如图4-14（b）所示。

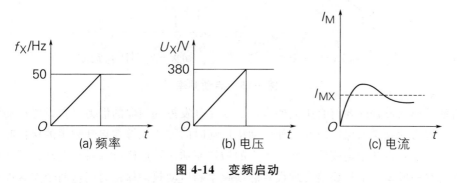

图 4-14　变频启动

电动机转子绕组与旋转磁场的相对速度很低，故启动瞬间的冲击电流很小。因电动机电源的频率逐渐增大，电压开始逐渐上升，如在整个启动过程中，使同步转速 n_0 与转子转速 n_M 间的转差 Δn 限制在一定范围内，则启动电流也将限制在一定范围内，如图 4-14（c）所示。因减小了启动过程中的动态转矩，加速过程将能保持平稳，减小了对生产机械的冲击。

（2）启动频率

电动机开始启动时，并不从变频器输出为零开始加速，而是直接从某一频率下开始加速。电动机在开始加速瞬间，变频器的输出频率便是启动频率。启动频率是指变频器开始有电压输出时所对应的频率。在变频器启动过程中，当变频器的输出频率还没达到启动频率设置值时，变频器就不会输出电压。通常，为确保电动机的启动转矩，可通过设置合适的启动频率来实现。变频调速系统设置启动频率是为了满足部分生产机械设备实际工作的需要，有些生产机械设备在静止状态下的静摩擦力较大，电动机难以从变频器输出为零开始启动，而在设置的启动频率下启动，电动机在启动瞬间有一定的冲力，使其拖动生产机械设备较易启动起来，系统设置了启动频率，电动机可以在启动时很快建立起足够的磁通，使转子与定子间保持一定的空气隙等。

启动频率的设置是为确保由变频器驱动的电动机在启动时有足够的启动转矩，避免电动机无法启动或在启动过程中过流跳闸。在一般情况下，启动频率要根据变频器所驱动负载的特性及大小进行设置，在变频器过载能力允许的范围内既要避开低频欠激磁区域，保证足够的启动转矩，又不能将启动频率设置太高，启动频率设置太高在电动机启动时造成较大的电流冲击甚至过流跳闸。变频调速系统设置启动频率的方式有：

① 给定的信号略大于零（$X=0+$），此时变频器的输出频率即为启动频率 f_S，如图4-15（a）所示。

② 设置一个死区区间 X_S，在给定信号 X 小于设置的死区区间 X_S 时，变频器的输出频率为零，当给定信号 X 等于设置的死区区间 X_S 时，变频器输出与死区区间 X_S 对应的频率如图4-15（b）所示。

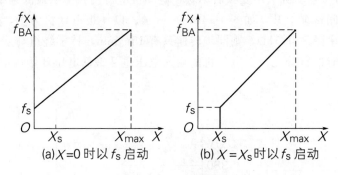

(a) $X=0$ 时以 f_S 启动 (b) $X=X_S$ 时以 f_S 启动

图4-15 启动频率

启动频率的设置既要符合工艺要求，又要充分发挥变频器的潜力。在设置启动频率时要相应设置启动频率的保持时间，使电动机启动时的转速能够在启动频率的保持时间内达到一定的数值后再开始随变频器输出频率的增加而加速，这样可以避免电动机因加速过快而跳闸。在一般情况下只要能合理设置启动频率和启动频率保持时间这两个参数即可满足电动机的启动要求。

在实际调试过程中，常有这样的情况，在电动机启动困难或电动机在启动过程中过流跳闸时，采取的措施是重新设置在低频段有更大转矩提升的转矩提升曲线，甚至是将变频器的允许过载能力调大，来解决电动机启动中存在的问题。这样电动机虽然能比较好地启动，但所选择的转矩提升曲线不能工作在相对最佳的状态，可能使电动机运行在过激磁状态，从而使电动机发热、无功损耗增加、功率因数降低，而调大变频器所允许的过载能力，则可能使变频器或电动机失去应有的保护。在启动过程中存在的难启动或过流跳闸的问题，可采用合理设置启动频率参数来解决。

不同启动方式的速度上升曲线如图4-16所示，可根据实际启动要求选择。图4-16中曲线①适合于需要维持一段低速运转的启动场合；图4-16中曲线②适合于需要有一定冲击的启动场合。对于大惯性负载，要求零速启动，例如风机有可能启动的瞬间正在旋转，会有大的冲击启动电流，因此，先要直流制动，在启动程序设置时应注意，否则有可能损坏变频器。当启动和停止过程中变频器电流偏大，甚至发生过流保护，可延长升降速时间，但一般只要不过流，升降速时间应尽量短以提高效率。

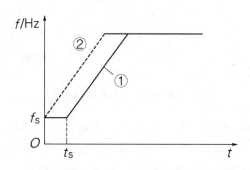

图 4-16　不同启动方式的速度上升曲线

①—要维持一段低速运转的启动场合；
②—要有一定冲击的启动场合

（3）变频调速系统的加速过程

变频器的输出频率从 f_{X1} 上升至 f_{X2} 的加速过程如图 4-17 所示。当频率 f_X 上升时，电动机定子旋转磁场的同步转速 n_0 随即也上升，但电动机转子的转速 n_M 因为有惯性而不能立即跟上。结果是转差 Δn 增大了，导体内的感应电动势和感应电流也增大。为此，在电动机的加速过程中，必须处理好加速的快慢与拖动系统惯性之间的矛盾。在生产实过程中，变频调速系统的加速过程属于不进行生产的过渡过程，从提高生产率的角度出发，加速过程应该越短越好。由于变频调速系统存在着惯性，如果加速过程太快，电动机转子的转速 n_M 将跟不上电动机定子旋转磁场的同步转速的上升，转差 Δn 增大，引起加速电流的增大，若达到过流限值而使变频器跳闸。所以，在设置加速过程参数时，必须折中处理的问题是，在防止加速电流过大的前提下，尽可能地缩短加速过程。

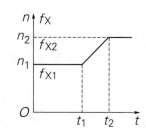

图 4-17　加速过程

（4）变频调速系统的减速过程

在变频调速系统中，电动机转速从较高转速降至较低转速的过程称为减速过程。在变频调速系统中，电动机的减速过程是通过降低变频器的输出频率来实现减速的，电动机的转速从 n_1 下降至 n_2，即变频器的输出频率从 f_{X1} 下降至 f_{X2} 的减速过程，如图 4-18所示。

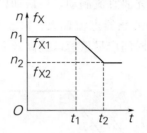

图 4-18   减速过程

当频率刚下降的瞬间，旋转磁场的转速（同步转速）立即下降，但由于拖动系统具有惯性的缘故，电动机转子的转速不可能立即下降。此时，电动机转子的转速超过了同步转速，转子绕组切割磁场的方向和原来相反了。从而，转子绕组中感应电动势和感应电流的方向，以及所产生的电磁转矩的方向都和原来相反了，电动机处于发电动机状态。由于所产生的转矩和转子旋转的方向相反，能够促使电动机的转速迅速地降下来，该状态称为再生制动状态。

电动机在再生制动状态发出的电能，将通过和逆变开关管反向并联的二极管全波整流后反馈到直流电路，使直流电路的电压 U_D 升高，称为泵升电压。如果直流电压 U_D 升得太高，将导致整流器和逆变器的器件损坏。所以，当 U_D 上升到一定限值时，须通过能耗电路（制动电阻和制动单元）放电，把直流回路内多余的电能消耗掉。

变频调速系统的减速过程和加速过程相同。变频调速系统的减速过程属于不进行生产的过渡过程，故减速过程应越短越好。由于变频调速系统存在着惯性的原因，频率下降得太快了，电动机转子的转速 n_M 将跟不上电动机定子旋转磁场同步转速的下降，转差 Δn 增大，引起再生电流的增大和直流回路内泵升电压的升高，甚至可能超过设置的限值，导致变频器因过电流或过电压而跳闸。所以，在设置系统减速过程参数时，必须在防止减速电流过大和直流电压过高的前提下，尽可能地缩短减速过程。

（5）电动机的停机方式

变频调速系统中的电动机可以设置的停机方式有：

① 减速停机　即按预置的减速时间和减速方式停机，在减速过程中，电动机处于再生制动状态。

② 自由制动　变频器通过停止输出来停机，此时，电动机的电源被切断，拖动系统处于自由制动状态。由于停机时间的长短由拖动系统的惯性决定，故称为惯性停机。在惯性停机时应注意不应在电动机未真正停止时就启动，如要启动应先制动，待电动机停稳后再启动。这是因启动瞬间电动机转速（频率）与变频器输出频率差距太大，会使变频器电流过大而损坏变频器的功率管。

③ 减速加直流制动　首先按预置的减速时间减速，然后转为直流制动，直至停机。

④ 异常停机功能　当生产机械发生紧急情况时，将发出紧急停机信号。对此，有的变频器设置了专门用于处理异常情况的功能。在异常停机过程，变频器的操作信号都将无效。

（6）加减速模式选择

加减速模式选择又叫加减速曲线选择，通用变频器都具有线性、非线性和 S 三种曲线，通常大多数都选择线性曲线；非线性曲线适用于变转矩负载，如风机等；S 曲线适用于恒转矩负载，其加减速变化较为缓慢。加减速模式选择时可根据负载转矩特性选择相应曲线。在图 4-19 中，曲线①为线性升降曲线，适用于多数负载。曲线②为 S 形升降曲线，适用于电梯负载、起重机负载。曲线③为指数升降曲线，适用于风机负载、水泵负载。

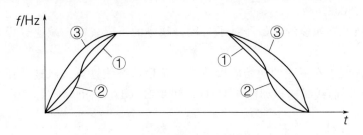

图 4-19　不同负载配合的升降速度曲线

① 加速曲线　变频调速系统电动机在加速过程中，变频器的输出频率随时间上升的关系曲线，称为加速曲线。变频器设置的加速曲线有：

a. 线性曲线。变频器的输出频率随时间成正比地上升，如图 4-20（a）所示。大多数负载都可以选用线性曲线。

b. S 形曲线。在加速的起始和终了阶段，频率的上升较缓，加速过程呈 S 形，如图 4-20（b）所示。例如，电梯在开始启动以及转入等速运行时，从考虑乘客的舒适度出发，应减缓速度的变化，以采用 S 形加速曲线为宜。

c. 半 S 形曲线。在加速的初始阶段或终了阶段，按线性曲线加速，而在终了阶段或初始阶段，按 S 形曲线加速，如图 4-20（c）、（d）所示。图 4-20（c）所示方式主要用于

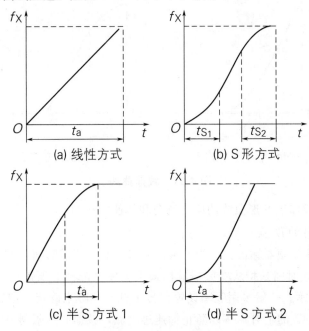

图 4-20　加速曲线

如风机一类具有较大惯性的二次方率负载中，由于低速时负荷较轻，故可按线性曲线加速，以缩短加速过程，高速时负荷较重，加速过程应减缓，以减小加速电流，图 4-20 (d) 所示曲线主要用于惯性较大的负载。

② 减速曲线　减速曲线和加速过程类似，变频器的减速曲线也分线性曲线、S 形曲线和半 S 形曲线。

a. 线性曲线。变频器的输出频率随时间成正比地下降，如图 4-21 (a) 所示，大多数负载都可以选用线性曲线。

b. S 形曲线。在减速的起始和终了阶段，频率的下降较缓，减速过程呈 S 形，如图 4-21 (b) 所示。

c. 半 S 形曲线。在减速的初始阶段或终了阶段，按线性方式减速，而在终了阶段或初始阶段，按 S 形曲线减速，如图 4-21 (c) 和 4-21 (d) 所示。

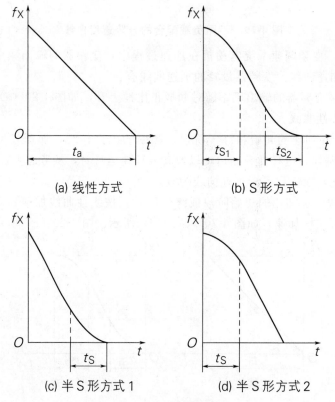

图 4-21　减速曲线

减速时 S 形曲线和半 S 形曲线的应用场合和加速时相同。

（7）加、减速时间的设置

加速时间就是从变频器输出频率为 0 上升到最大频率所需时间，加速时间的定义如图 4-22 (a) 所示。减速时间是指从变频器输出最大频率下降到 0 所需时间。减速时间的定义如图 4-22 (b) 所示。一般采用频率设置信号上升、下降来确定加减速时间，在电动机加速时须限制频率设置的上升速率以防止加速过电流，减速时则限制下降速率以防止减速过电压。

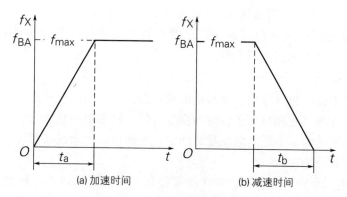

图 4-22　加速时间的定义

电动机加速度 $d\omega/dt$ 取决于加速转矩（T_t、T_1），而变频器在启动、制动过程中的频率变化率则根据变频调速系统要求设置。若电动机转动惯量 J 大或电动机负载变化率大，按预先设置加速时，有可能出现加速转矩不够，从而造成电动机失速，即电动机转速与变频器输出频率不协调，从而造成变频器过电流或过电压。因此，需要根据电动机转动惯量和实际负载合理设置加、减速时间，以使变频器的频率变化率能与电动机转速变化率相协调。此项设置通常是按经验选定加、减速时间。若在启动过程中出现变频器过流，则可适当延长加速时间；若在制动过程中出现变频器过流，则适当延长减速时间；但系统的加、减速时间不宜设置太长，时间太长将影响生产效率，特别是变频调速系统频繁启、制动时。不同变频器对加速时间的定义不完全一致，主要有以下两种：

① 变频器的输出频率从零频率上升到基本频率所需要的时间。

② 变频器的输出频率从零频率上升到最高频率所需要的时间。

通常情况下，变频调速系统的最高频率和基本频率是一致的，在进行加速或减速时间预置时，应该考虑加速或减速过程不是在零频率与 f_{ba} 之间进行的。因此，每个程序步的实际加速或减速时间并不等于预置的加速或减速时间。实际加速所需时间的计算方法如下：

实际加速时间 Δt_1

$$\Delta t_1 = t_{A1}\frac{f_1}{f_{ba}} \tag{4-5}$$

实际加速时间 Δt_2

$$\Delta t_2 = t_{A2}\frac{f_2 - f_1}{f_{ba}} \tag{4-6}$$

式中，t_{A1}、t_{A2} 为预置的加速时间。

某些生产机械设备，出于生产工艺的需要，要求加、减速时间越短越好。对此，有的变频器设置了加、减速时间的最小极限功能。其基本含义是：

① 最快加速方式。在加速过程中，使变频器输出电流保持在变频器允许的极限状态（$I_A \leqslant 150\% I_N$，I_A 是加速电流，I_N 是变频器的额定电流）下，从而使加速过程最小化。

② 最快减速方式。在减速过程中，使变频器直流回路的电压保持在变频器允许的极限状态（$U_D \leqslant 95\% U_{DH}$，$U_D$ 是减速过程中的直流电压，U_{DH} 是直流电压的上限值）下，从而使减速过程最小化。

③ 最优加速方式。在加速过程中，使变频器输出电流保持在变频器额定电流的 120%

($I_A \leqslant 120\% I_N$)，使加速过程最优化。

④ 最优减速方式。在减速过程中，使变频器直流回路的电压保持在上限值的 93%（$U_D \leqslant 93\% U_{DH}$），使减速过程最优化。

（8）转矩限制功能

转矩限制是根据变频器输出电压和电流值，经微处理器进行转矩计算获得的，其能明显改善冲击负载在加减速和恒速运行时的恢复特性。转矩限制功能可实现自动加速和减速控制。若设置加减速时间小于负载惯量时间时，也能保证电动机按照转矩设置值自动加速和减速。转矩限制分为：

① 驱动转矩。变频器的驱动转矩功能可提供强大的启动转矩，在稳态运转时，转矩功能将控制电动机转差，而将电动机转矩限制在最大设置值内，当负载转矩突然增大时或加速时间设置过短时，也不会引起变频器过流跳闸。在加速时间设置过短时，电动机转矩也不会超过最大设置值。驱动转矩应设置在 80%～100% 范围内。

② 制动转矩。变频器制动转矩设置数值越小，其制动力越大，适合急减速的场合，如制动转矩设置数值设置过大会使变频器出现过压报警现象。如制动转矩设置为 0%，可使回馈在主电容器的再生总量接近于 0，从而使电动机在减速时，不使用制动电阻也能减速至停止而不会过压跳闸。但在有的负载上，如制动转矩设置为 0% 时，减速时会出现短暂空转现象，造成变频器反复启动，电流大幅度波动，严重时会使变频器跳闸。

（9）暂停加速功能

暂停加速功能是指在电动机启动后，先在较低频率 f_{DR} 下运行一个短时间，然后再继续加速功能。在下列情况下，应考虑变频器调速系统预置暂停加速功能。

① 惯性较大的负载，启动后先在较低频率下持续运行一段时间 t_{DR}，然后再加速。

② 采用齿轮箱传动的变频调速系统，由于齿轮箱的齿轮之间总是存在间隙的，启动时容易发生齿间的撞击，如在较低频率下持续运行一段时间 t_{DR}，可以减缓齿间的撞击。

③ 起重机械在起吊重物前，吊钩的钢丝绳通常是处于松弛状态的，预置了暂停加速功能后，电动机启动后先在较低频率下持续运行一段时间 t_{DR}，可使钢丝绳拉紧后再上升。

④ 有些机械在环境温度较低的情况下，润滑油容易凝固，故要求先在低速下运行一段时间 t_{DR}，使润滑油稀释后再加速。

⑤ 对于附有机械制动装置的电磁制动电动机，在电磁抱闸松开过程中，为了减小闸皮和闸辊之间的摩擦，要求电动机启动后先在较低频率下持续运行一段时间 t_{DR}，待磁抱闸完全松开后再升速等。

变频器设置暂停加速的方式主要有：

① 变频器输出频率从零频率开始上升至暂停频率 f_{DR}，停留 t_{DR} 后再加速，如图 4-23（a）所示。

② 变频器直接输出启动频率 f_S 后暂停加速，停留 t_{DR} 后再加速，如图 4-23（b）所示。

（10）暂停减速功能

暂停减速功能是指在低频状态下，当频率下降到接近于零时，电动机在较低频率下持续运行一段时间，然后再将变频器输出频率下降为零，在下列情况下，应考虑变频器调速系

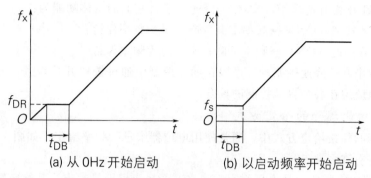

(a) 从 0Hz 开始启动　　　　(b) 以启动频率开始启动

图 4-23　低频持续时间

统预置暂停减速功能。

① 惯性大的负载从高速直接减速至零时，为了避免因停不住而出现滑行的现象。使电动机先在较低频率下运行一段时间，然后使电动机从低速降为零。

② 对于需要准确停车的场合，如卷扬机，为准确停车，使电动机先在较低频率下运行一段时间至爬行后，再使电动机从低速降为零，即可达到准确停车的目的。

③ 对于附有机械制动装置的电磁制动电动机，在电磁抱闸抱紧前使电动机先在较低频率下短时运行，可减少磁抱闸的磨损等。

设置暂停减速的方式和暂停加速相同，需要预置的参数有：暂停减速的频率 f_{DD}；停留时间 t_{DD}。

4.1.5　变频器多功能端子的应用

（1）变频器多功能端子

在变频器的输入信号控制端中，可以任选两个端子，经过功能预置，作为升速和降速端子，如图 4-24 中的 X1 输入端和 X2 输入端。以森兰 SB61 系列变频器为例，通过功能

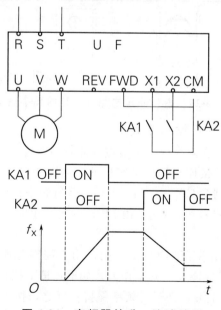

图 4-24　变频器的升、降速端子

预置，可使 X1 作为升速端子，X2 作为降速端子，它们的具体功能为：

X1—COM 接通（ON）→频率上升；断开时为频率保持；

X2—COM 接通（ON）→频率下降；断开时为频率保持。

利用这两个升、降速控制端，可以在远程控制中通过按钮开关来进行升、降速控制，还可以灵活地应用在各种自动控制的场合。

（2）利用多功能端子的给定方式

在变频器的外接给定方式中，通常使用电位器来进行频率给定，如图 4-25（a）所示。但电位器给定有许多缺点：

① 电位器给定实质上是电压给定方式之一，属于模拟量给定，其给定精度较差。

② 电位器的滑动触点与碳膜（或金属膜）之间容易因磨损而接触不良，导致给定信号不稳定，甚至发生频率跳动等现象。

③ 由于给定电源的电压较低，因此，当操作位置与变频器之间的距离较远时，线路上的电压降将进一步影响频率的给定精度。同时，也较容易受到其他设备的干扰。

利用多功能端子来进行频率给定时，只需接入 2 个按钮开关即可，如图 4-25（b）所示。利用多功能端子来进行频率给定的优点有：

① 多功能端子给定属于数字量给定，精度较高；

② 用按钮开关来调节频率，操作简便，且不易损坏；

③ 因为是开关量控制，故不受线路电压降的影响，抗干扰性能极好。因此，在变频器进行外接给定时，应尽量少用电位器给定，而采用多功能端子给定进行给定。

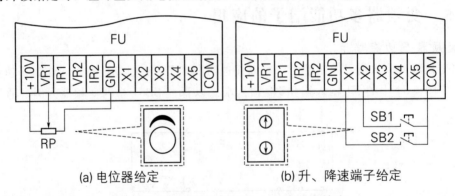

图 4-25　电位器给定与升、降速端子给定

（3）利用多功能端子的多处控制方式

在实际生产中，常需要在两个或多个地点都能对同一台电动机进行升、降速控制。在大多数情况下，这是通过外接控制信号来实现的。如图 4-26 所示，SB1 和 SB2 是一组升速和降速按钮，安装在控制盒 CA 内，由 FA 显示运行频率；SB3 和 SB4 是另一组升速和降速按钮，安装在另一个控制盒 CB 内，由 FB 显示运行频率。控制盒 CA 和 CB 分别放置在两个不同的地方。

SB1 与 SB3 并联，接在 X1 和 COM1 之间，用于控制升速；SB2 与 SB4 并联，接在 X2 和 COM1 之间，用于控制降速。其工作方式如下：按下控制盒 CA 上的 SB1 或控制盒 CB 上的 SB3，都能使频率上升，松开后频率保持；反之，按下控制盒 CA 上的 SB2 或控制盒 CB 上的 SB4，都能使频率下降，松开后频率保持。从而实现了在不同的地点进行升

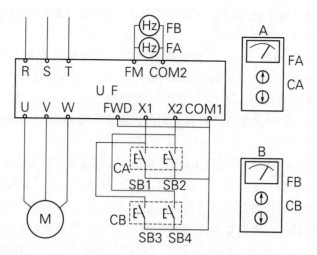

图 4-26　两地升、降速控制

速或降速控制。

4.1.6　变频器的直流制动功能

（1）采取直流制动的必要性

　　有的负载要求能够迅速停机，但减速时间太短将引起电动机实际转速的下降跟不上频率的下降，产生较大的泵升电压，使直流回路的电压超过允许值。采用直流制动，能增大制动转矩、缩短停机时间，且不产生泵升电压。有的负载由于惯性较大，常常停不住，停机后有"爬行"现象，可能造成十分危险的后果。采用直流制动，可以实现快速停机，并消除爬行现象。

　　直流制动就是向定子绕组内通入直流电流，使异步电动机处于能耗制动状态。如图4-27（a）所示，由于定子绕组内通入的是直流电流，故定子磁场的转速为0。这时，转子绕组切割磁力线后产生的电磁转矩与转子的旋转方向相反，是制动转矩。因为转子绕组切割磁力线的速度较大，故所产生的制动转矩比较强烈，从而可缩短停机时间。此外，停止

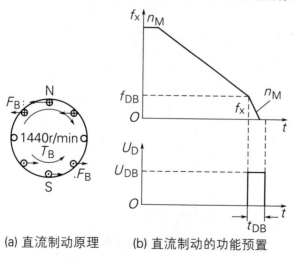

(a) 直流制动原理　　　(b) 直流制动的功能预置

图 4-27　直流制动原理和预置

后，定子的直流磁场对转子铁芯还有一定的"吸住"作用，以克服机械的"爬行"。采用直流制动时，需预置以下功能。

① 直流制动的起始频率 f_{DB}　在大多数情况下，直流制动都是和再生制动配合使用的。首先用再生制动方式将电动机的转速降至较低转速，然后再转换成直流制动，使电动机迅速停住。其转换时对应的频率即为直流制动的起始频率 f_{DB}，如图 4-27（b）所示。预置起始频率 f_{DB} 的主要依据是负载对制动时间的要求，要求制动时间越短，则起始频率 f_{DB} 应越高。

② 直流制动强度　即在定子绕组上施加直流电压 U_{DB} 或直流电流 I_{DB} 的大小决定了直流制动的强度。如图 4-27（b）所示。预置直流制动电压 U_{DB}（或制动电流 I_{DB}）的主要依据是负载惯性的大小，惯性越大者，U_{DB} 也应越大。

③ 直流制动时间 t_{DB}　即施加直流制动的时间长短。预置直流制动时间 t_{DB} 的主要依据是负载是否有"爬行"现象，以及对克服"爬行"的要求，要求越高者，t_{DB} 应适当长一些。

（2）启动前直流制动功能

启动前先在电动机的定子绕组内通入直流电流，以保证电动机在零速的状态下开始启动。如果电动机在启动前，拖动系统的转速不为 0（$n_m = 0$）的话，而变频器的输出频率（从而同步转速 n_0）从 0Hz 开始上升，则在启动瞬间，电动机或处于强烈的再生制动状态（启动前为正转时），或处于反接制动状态（启动前为反转时），则在启动瞬间，有可能引起过电流或过电压。例如：风机在停机状态下，由于有自然风的原因，叶片常自行转动，且往往是反转的。又如电动机以自由制动方式停机时，如在尚未停住的状态下再次启动。如图 4-28（a）所示，容易引起电动机的过电流。为此，变频器可以在启动前，向电动机的定子绕组中短时间地通入直流电流，以保证拖动系统在零速下启动，称为启动前的直流制动，应用该功能须预置直流电压的大小和施加直流电压的时间，启动前直流制动功能设

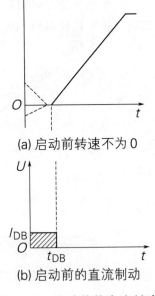

(a) 启动前转速不为 0

(b) 启动前的直流制动

图 4-28　启动前的直流制动

置包括：

① 选择功能　即选择是否需要启动前的直流制动功能。

② 制动量　即应向定子绕组施加多大的直流电压 U_{DB}，如图 4-28（b）所示。

③ 直流制动时间　即进行直流制动（施加直流电压）的时间 t_{DB}，如图 4-28（b）所示。

4.2　变频器参数设置实例

实例 1. CX 系列变频器不同运行模式下的参数设置

富士公司的 CX 系列变频器的运行模式有多种，而且它的参数也非常多，要使变频器高效运行，必须根据实际情况和控制要求，选取一种适合的运行模式。富士公司的 FRN0.4～220G11S-4CX 系列变频器根据信号是取自变频器外部还是自身，可分为以下三种模式：

① E 模式　信号都取自变频器外部。

② PU 模式　信号都取自变频器本身，PU 模式的操作是通过变频器的面板进行的。用∧、∨键来设置频率，按 FWD 键电动机正向旋转，按 REV 键电动机反向旋转，按 STOP 键减速停止。运行中用∧、∨键来改变频率，以达到改变速度的目的。这种方式在接线完毕通电试运行时是非常有效的，但在正常工作中并不实用，因为它的信号不能参与控制，是变频器本身给定的。

③ PU＋E 模式　信号既有变频器外部的，又有变频器本身的。在 PU＋E 模式中，如果启停信号是通过面板的 FWD 键、REV 键和 STOP 键来给定，频率设置信号来自外部，这种模式在实际运行中也很少采用，若正常的工作中速度并不是频繁切换，可选择这种控制，启动信号由外部的开关接点或控制系统给出，按∧、∨键进入数字频率设置，设置一个合适的频率存储起来，以后每次运行都以该速度运行，只有需要改变速度时，再按∧、∨键来提升或降低速度。在该种模式下，有两个参数是关键的：参数 F01（即频率设置方式）设为 0（即由面板的 FWD 键、REV 键设置）；参数 F02（运行操作方式）设为 1（即通过外部端子【FWD】、【REV】作为启动信号）。

变频器实际应用中常用的是 E 模式，在该种模式下，速度调节信号可以是电压也可以是电流，还可以是开关信号、数字输入或脉冲列输入。

① 模拟电压信号由变频器的 12 号端子输入。电压可以是 0～＋10V，还可以是 －10～＋10V。前者参数 F01 设为 1，后者设为 4。此外如果要求反动作时，即＋10V 对应低速，0V 对应高速，F01 需设为 6。

② 模拟电流信号由变频器的 C1 号端子输入。电流信号是 4～20mA。要求正动作时，参数 F01 设为 2；反动作时设为 7。

电压信号和电流信号可结合起来使用，模拟电压信号由 12 号端子输入，模拟电流信号由 C1 号端子输入，此时参数 F01 设为 3。

③ 采用外部组合开关信号，变频器有九个接点输入端子可以用参数自由定义。参数 E01、E02、E03、E04 分别定义为 0、1、2、3，就把接点输入 X1、X2、X3、X4 端子分配为开关信号 SS1、SS2、SS4、SS8，它们共有 $2^4=16$ 种组合，除去都为零的组合还剩 15 种，这样可设 15 种速度与之对应。

④ 在变频器 11、12、13 号端子间接入一个电位器，利用内部的 24VDC 电源，便可以连续地调节转速的高低了，而且电位器可以装设到控制面板上，非常方便现场控制应用。

⑤ 利用面板的 ∧、∨ 键可以方便快捷地改变频率，通过参数定义能够把这两个信号引到变频器的端子上。定义参数 E05＝17，E06＝18，这样就把接点输入端子 X5、X6 分配为增速命令（UP）、减速命令（DOWN）。当然，可以把 X1～X9 之间的任何一个端子定义为 UP 或 DOWN。然后再把参数 F01 设为 8（增减速模式 1）或 9（增减速模式 2），通过点动按下接在 X5、X6 上的按钮来控制电动机升降速。

以上 E 模式下的各种控制方式，控制信号都是模拟信号，很容易受到外部干扰，而变频器本身又是一个大的噪声源，加强抗干扰措施是非常必要的，应用中应采用以下几项措施：

① 控制线尽可能短，并使用屏蔽线，注意良好接地。

② 使用处理微弱信号的双生接点。

③ 在模拟信号设备侧连接电容器和铁氧体磁芯。

实例 2. ACS800 系列变频器的参数及设置

ACS800 系列高性能变频器采用先进的 DTC 控制技术，内置直流电抗器，降低进线电源的高次谐波含量，最大启动转矩可达 200％的电动机额定转矩；ACS800 的动态转速误差在闭环时为 0.05％，静态精度为 0.01％。动态转矩的阶跃响应时间，闭环时达到 1～5ms。可较理想地满足高性能传动系统的需要。

当第一次给 ACS800 变频器上电时，启动向导便会按最佳调试步骤引导调试人员完成整个调试过程。为了保证调试的准确快速性，调试时，启动向导会以问答的方式提醒用户输入必要的数据。例如电动机的额定参数，I/O 端口配置，电动机加减速时间等。每完成一步设置后，变频器便会等待下一步操作。

（1）启动数据

变频器启动数据是设置系统信息的一组参数，只需在第一次运行时设置以后就不需要再改变了，ACS800 系列变频器的这一组参数代码为：

① 电动机信息。ACS800 系列变频器的电动机信息包括电动机额定电压（99.05）、额定电流（99.06）额定频率（99.07）、额定速度（99.08）、额定功率（99.09）。这些参数的获得是从电动机的铭牌数据中得到。例如一台四极三相异步电动机 $P_n＝30kW$，$I_n＝59A$，$n_N＝1450r/min$；$f_N＝50Hz$，$U_N＝380V$，设置参数时：99.05＝380、99.06＝59.0、99.07＝50.0、99.08＝1450、99.09＝30.0。根据电动机的铭牌将参数设置好后，即可作电动机的辨识运行。

② 控制模式（99.04）。ACS800 系列变频器的核心技术就是直接转矩控制（DTC），在直接转矩控制模式下，系统中给定信号为转矩，采用直接转矩控制模式在没有反馈的情况下，也可对电动机进行精确的速度及转矩控制。

③ 应用宏选择（99.02）。应用宏是根据变频器在一些常用的场合中所需的一些功能在出厂时已经经过预编程的参数集。ACS800 系列变频器的应用宏有：工厂宏、手动/自动宏、PID 控制宏、顺序控制宏、转矩控制宏。应用中可根据需要选择应用宏。例如在利用变频器构成的压力或流量控制系统中，就可以用 PID 控制宏实现闭环控制。

（2）控制参数

控制参数主要规定了变频器启动方式，包括：启动、停机、方向命令的信号源，在外部控制时，变频器的启动和停止应使用外部端子或通信的方式，而 ACS800 变频器用外部端子又有多种组合，常用的可以设为 DI1～DI6 的任何一个作启动、停止命令的输入端，启动变频器允许信号的参数必需设为 YES。

变频器所拖动电动机的旋转方向，可根据需要双向运行的场合把这个参数设为 REQUEST，由数字输入端子来控制电动机的旋转方向。

（3）给定方式选择

ABB800 有 EXT1 和 EXT2 两种给定方式可以选择，当选择 EXT1 时，变频器的启动由 10.01 所指定的输入端子控制，频率由 11.03 所指定的方式给定。若选用 PID 应用宏，则为开环控制，若选用转矩控制宏，则为速度控制，当选择 EXT2 时，变频器的启动及频率分别为 10.02、11.06 控制和给定，在 PID 应用宏及转矩控制宏下分别为闭环控制及转矩控制方式。

频率给定 11.03、11.06 的选择，分别为 EXT1、EXT2 给定，若使用模拟给定时可以选择模拟输入端子 AI1～AI3 的任何一个作为给定，AI1 为 0～10VDC 电压信号，AI2～AI3 为 0～20mA 电流信号，也可以选择通信或数字端子进行频率给定。在有些不需要改变变频器的运行频率的场合，可以选用变频器的恒速功能，ABB800 变频器有 15 种恒速可以供用户选择。

（4）加、减速时间

在系统为大惯性负载时，变频器设置的加、减速时间应大一些，若加速时间过短，电动机启动时容易发生变频器因过电流而跳闸，如减速时间过短，因系统负载的惯性使电动机处于再生发电状态，电动机产生的再生能量易导致变频器发生过电压跳闸，对于系统为大惯性负载时，若工艺条件允许可用自由停机方式（即 21.03 设为 COAST）。对于加速、减速参数的类型有线性曲线和 S 形曲线。通用传动系统中均可用线性曲线，在电梯及复卷机传动系统中则用 S 形曲线。

（5）限幅参数

限幅参数主要规定电流转矩最高运行频率等参数，在 ABB800 系列变频器中，最大输出电流能达到 $200\% I_e$（I_e 为额定电流），在转矩控制模式下最大输出能达 $300\% I_e$。ABB800 系列变频器的最高运行频率出厂时设置为 50Hz，可根据生产工艺设备要求设置，若修改最高运行频率参数，变频器运行在频率大于 50Hz 时为恒功率调速。

（6）闭环控制参数

ABB800 变频器有两种途径可实现闭环控制：配编码器反馈卡的速度闭环控制和过程 PID 控制。

① 配编码器反馈卡的速度闭环控制　此时要设置的速度闭环控制参数有：

a. 50.01 为编码器每转的脉冲数，这一参数根据所选编码器来确定，一般有 360，500，1024，2048 等规格。

b. 50.02 为编码器脉冲的计算，若不需正反转运行可以设置为单 A 或 B 输入即可。

c. 23.01 为速度控制器增益。

d. 23.02 为速度控制器的微分时间。

上述参数要根据具体的传动系统进行整定，以使稳定的动态性能指标满足要求。

e. 98.01 为脉冲编码器可选模块选择，应设为 YES。

② 过程 PID 闭环控制　在压力流量等闭环控制系统中，反馈量往往是把压力或流量通过传感器转换为电压或电流信号，这时就可以用过程 PID 控制，参数设置主要是整定 PID 参数：

a. 40.01 为 PID 控制器增益。

b. 40.02 为 PID 控制器积分时间。

c. 40.03 为 PID 控制器微分时间。

实例 3. 西门子变频器参数设置

(1) 控制方式选择

西门子变频器提供的控制方式有 U/f 控制、矢量控制、力矩控制，在 U/f 控制中有线性 U/f 控制、抛物线特性 U/f 控制。将变频器参数 P1300 设为 0，变频器工作于线性 U/f 控制方式，调速时的磁通与励磁电流基本不变。适用于工作转速不在低频段的一般恒转矩调速对象。

将 P1300 设为 2，变频器工作于抛物线特性 U/f 控制方式，这种方式适用于风机、水泵类负载。这类负载的轴功率 P_z 近似地与转速 n 的 3 次方成正比。其转矩 M 近似地与转速 n 的平方成正比。对于这种负载，如果变频器的 U/f 特性是线性关系，则低速时电动机的转矩远大于负载转矩，从而造成功率因数和效率的严重下降。为了适应这种负载的需要，需使电压随着输出频率的减小以平方关系减小，从而减小电动机的磁通和励磁电流，使功率因数保持在适当的范围内。

通过设置参数使 U/f 控制曲线适合负载特性，将 P1312 在 0～250 之间设置合适的值，具有启动提升功能。将低频时的输出电压相对于线性的 U/f 曲线作适当的提高，以补偿在低频时定子电阻引起的压降导致电动机转矩减小，此功能适用于大启动转矩的调速对象。

在选用变频器的 U/f 控制方式时，在某些频率段，电动机的电流、转速会发生振荡，严重时系统无法运行，甚至在加速过程中出现过电流保护，使电动机不能正常启动，在电动机轻载或转矩惯量较小时更为严重。可以根据系统出现振荡的频率点，在 U/f 曲线上设置跳转点及跳转频带宽度，当电动机加速时可以自动跳过这些频率段，保证系统能够正常运行。从 P1091～P1094 可以设置 4 个不同的跳转点，设置 P1101 确定跳转频带宽度。

有些负载在特定的频率下需要电动机提供特定的转矩，用可编程的 U/f 控制对应设置变频器参数即可得到所需控制曲线。设置 P1320、P1322、P1324 确定可编程 U/f 的特性频率坐标，对应的 P1321、P1323、P1325 为可编程的 U/f 特性电压坐标。

参数 P1300 设置为 20，变频器工作于矢量控制。这种控制相对完善，调速范围宽，低速范围启动力矩高，精度高达 0.01％，响应很快，高精度调速系统都采用 SVPWM 矢量控制方式。

参数 P1300 设置为 22，变频器工作于矢量转矩控制。这种控制方式是目前国际上最先进的控制方式，其他方式是模拟直流电动机的参数，进行保角变换而进行调节控制的，矢量转矩控制是直接取交流电动机参数进行控制，控制简单，精确度高。

（2）快速调试

在使用变频器驱动电动机前，必须进行快速调试。参数 P0010 设为 1、P3900 设为 1，变频器进行快速调试，快速调试完成后，进行必要的电动机数据的计算，并将其他所有的参数恢复到缺省设置值。在矢量或转矩控制方式下，为了正确地实现控制，非常重要的一点是，必须正确地向变频器输入电动机的数据，而且，电动机数据的自动检测参数 P1910 必须在电动机处于常温时进行。当使能这一功能（P1910＝1）时，会产生一个报警信号 A0541，给予警告，在接着发出 on 命令时，立即开始电动机参数的自动检测。

（3）加减速时间调整

加速时间就是输出频率从 0 上升到最大频率所需时间，减速时间是指从最大频率下降到 0 所需时间。加速时间和减速时间选择的合理与否对电动机的启动、停止运行及调速系统的响应速度都有重大的影响。加速时间设置的约束是将电流限制在过电流范围内，不应使过电流保护装置动作。电动机在减速运转期间，变频器将处于再生发电制动状态。传动系统中所储存的机械能转换为电能并通过逆变器将电能回馈到直流侧。回馈的电能将导致中间回路的储能电容器两端电压上升。因此，减速时间设置的约束是防止直流回路电压过高。加减速时间计算公式为：

加速时间

$$t_a = (j_m + j_l)n / 9.56(t_{ma} - t_l) \tag{4-7}$$

减速时间

$$t_b = (j_m + j_l)n / 9.56(t_{mb} - t_l) \tag{4-8}$$

式中，j_m 为电动机的惯量；j_l 为负载惯量；n 为额定转速；t_{ma} 为电动机驱动转矩；t_{mb} 为电动机制动转矩；t_l 为负载转矩。

加减速时间可根据公式算出来，也可用简易试验方法进行设置。首先，使拖动系统以额定转速运行（工频运行），然后切断电源，使拖动系统处于自由制动状态，用秒表计算其转速从额定转速下降到停止所需要的时间。加减速时间可首先按自由制动时间的 $1/2 \sim 1/3$ 进行预置。通过启、停电动机观察有无过电流、过电压报警，调整加减速时间设置值，以运转中不发生报警为原则，重复操作几次，便可确定出最佳加减速时间。

（4）转动惯量设置

电动机与负载转动惯量的设置往往被忽视，认为加减速时间的正确设置可保证系统正常工作。其实，转动惯量设置不当会使系统振荡，调速精度也会受到影响。转动惯量公式为：

$$j = t / (d\omega / dt) \tag{4-9}$$

电动机与负载转动惯量的获得方法一样，让变频器工作频率在合适的值（5～10Hz）。分别让电动机空载和带载运行，读出参数 R0333 额定转矩和 R0345 电动机的启动时间，再将变频器工作频率换算成对应的角速度，代入公式，计算得出电动机与负载转动惯量。设置参数 P0341（电动机的惯量）与参数 P0342（驱动装置总惯量/电动机惯量的比值），这样变频器就能更好地调速运行。

（5）制动参数设置

在运行信号的控制下，变频器首先缓慢连续降频，达到 f_{db} 后则开始直流制动，此时输出频率为零。在系统参数设置中系统降速时间 t_z、直流制动起始频率 f_{db}、制动电流 I_{db} 和制动时间 t_{db} 的设置十分重要，直接关系到生产机械的准确定位和电动机的正常运行。现以西门子 6SE21 系列变频器为例，其制动参数设置如下：

P372＝1：启用直流制动功能。

P373（I_{db}）：直流制动电流大小设置，该参数直接关系到制动转矩的大小，系统惯性越大其值应越大，可选范围为电动机额定电流的 20%～400%。经验值为 60% 左右。

P374（t_{db}）：输入直流时间，该参数不宜过长，否则电动机将过热应，但应比实际停机时间略长，否则电动机将进入自由滑行状态。可选范围为 0.1～99.9s，应结合实际情况反复调整。经验值为 5.5s 左右。

P375（f_{db}）：直流制动开始频率，该参数应尽可能小，必须在临界转速 n_k 对应的频率以下，否则电动机将过热。经验值为 10Hz 左右。

P373、P374、P375 选择不当，均会引起电动机过热，需在现场反复调整、测试。变频器输出频率由正常工作时的 f_x 降至 f_{db} 的时间 t_z 虽不在直流制动参数组中设置，但它的设置十分关键，如时间过短，电动机的工作点将转移至第二象限，发生再生制动，引起电动机过热。

4.3 变频调速系统通信网络

4.3.1 变频调速系统网络通信方式

（1）变频器的并行通信与串行通信

并行数据通信是以字节或字为单位的数据传输方式，需要处理数据的 8 根或 16 根数据线、一根公共线和数据通信联络用的控制线。并行通信的传输速度快，但是传输线的根数多，成本高，一般用于近距离数据的传送，如打印机与计算机之间的数据传送。

串行数据通信是以二进制的位（bit）为单位的数据传输方式，每次只传送一位，除了地线外，在一个数据传输方向上只需要一根数据线，这根线既作为数据线又作为通信联络控制线，数据和联络信号在这根线上按位进行传输。串行通信需要的信号线少，最少的只需要两三根线，但是数据传送的效率较低，适用于距离较远、传输速率要求不高的场合，计算机和变频器都备有通用的串行通信接口，工业控制中一般使用串行通信。

在变频器及其网络中并行通信一般发生在变频器的内部，它指的是多处理器变频器中多台处理器之间的通信，以及变频器中 CPU 单元与智能模板 CPU 之间的通信。多处理器变频器中多台处理器之间的通信是在协处理器的控制与管理下，通过共享存储区实现多处理器之间的数据交换；CPU 单元与智能模板 CPU 之间的通信则是经过背板总线（公用总线）通过双口 RAM 实现通信。

串行通信的传输速率的单位是波特，即传送的二进制位数每秒，其符号为 bit/s。常用的标准波特为 300、600、1200、2400、4800、9600 和 19200（bit/s）等。不同的串行通信网络的传输速率差别极大，有的只有数百比特年秒，高速串行通信网络的传输速率可达 100Mbit/s。

在串行通信中，通信的速率与时钟脉冲有关，接收方和发送方的传送速率应相同，但是实际的发送速率与接收速率之间总是有一些微小的差别，如果不采取一定的措施在传送大量的信息时，将会因积累误差造成错位，使接收方收到错误的信息。为了解决这一问题，需要使发送过程和接收过程同步。按同步方式的不同，可将串行通信分为异步通信和同步通信。

（2）变频器的异步通信与同步通信

异步通信的信息格式如图 4-29 所示，发送的数据字符由一个起始位、5～8 个数据位、一个奇偶校验位（可以没有）和停止位（1 位、1 位半或两位）组成。在通信开始之前，通信的双方需要对所采用的信息格式和数据的传输速率作相同的约定。接收方检测到停止位和起始位之间的下降沿后，将它作为接收的起始点，在每一位的中点接收信息。由于一个字符包含的位数不多，即使发送方和接收方的收发频率略有不同，也不会因两台设备之间的时钟周期的误差积累而导致错误，异步通信传送附加的非有效信息较多，它的传输效率较低，一般用于低速通信，变频器一般使用异步通信。

图 4-29　异步通信的信息格式

同步通信以字节为单元（一个字节由 8 位二进制数组成），每次传送 1～2 个同步字符、若干个数据字节和校验字符。同步字符起联络作用，用它来通知接收方开始接收数据。在同步通信中，发送方和接收方要保持完全同步，这意味着发送方和接收方应使用同一时钟脉冲。在近距离通信时，可以在传输线中设置一根时钟信号线，可通过调制解调方式在数据流中提取同步信号，使接收方得到与发送方完全相同的接收时钟信号。

由于同步通信方式不需要在每个数据字符中加起始位、停止位和奇偶位，只需要在数据块（往往很长）之前加一两个同步字符，所以传输效率高，但是对硬件的要求较高，一般用于高速通信。

（3）变频器的单工与双工通信方式

单工通信方式只能沿单一方向发送和接收数据。双工方式的信息可沿两个方向传送，每一个站点既可以发送数据，也可以接收数据。双工方式又分为全双工和半双工两种方式。

① 全双工方式　数据的发送和接收分别由两根或两组不同的数据线传送，通信的双方都能在同一时刻接收和发送信息，这种传送方式称为全双工方式，如图 4-30 所示。

图 4-30　全双工方式

② 半双工方式　用同一根线或同一组线接收和发送数据，通信的双方在同一时刻只能发送数据或接收数据，这种传送方式称为半双工方式，如图 4-31 所示。

图 4-31　半双工方式

4.3.2　变频器通信接口

(1) 变频器串行通信接口标准

计算机与计算机或计算机与变频器之间的数据传送可以采用串行通信和并行通信两种方式。由于串行通信方式具有使用线路少、成本低，特别是在远程传输时，避免了多条线路特性的不一致而被广泛采用。在串行通信时，要求通信双方都采用一个标准接口，使不同的设备可以方便地连接起来进行通信。RS-232C 接口（又称 EIARS-232C）是目前最常用的一种串行通信接口。是 1970 年由美国电子工业协会（EIA）联合贝尔系统、调制解调器厂家及计算机终端生产厂家共同制定的用于串行通信的标准。它的全名是"数据终端设备（DTE）和数据通信设备（DCE）之间串行二进制数据交换接口技术标准"，该标准规定采用一个 25 脚的 DB25 连接器，对连接器的每个引脚的信号内容加以规定，还对各种信号的电平加以规定。

① RS-232C　RS-232C 是美国 EIC（电子工业联合会）在 1969 年公布的通信协议，至今仍在计算机通信网络中广泛使用。RS-232C 采用负逻辑，用 $-5 \sim -15V$ 表示逻辑状态"1"，用 $+5 \sim +15V$ 表示逻辑状态"0"，RS-232C 的最大通信距离为 15m，最高传输速率为 20Kbit/s，只能进行一对一的通信。RS-232C 可使用 9 针或 25 针的 D 型连接器，变频器一般使用 9 针的连接器，距离较近时只需要 3 根线，如图 4-32 所示，第 7 脚为信号地。RS-232C 使用单端驱动、单端接收地电路，如图 4-33 所示，RS-232C 容易受到公共地线上地电位差和外部引入地干扰信号的影响。

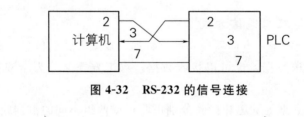

图 4-32　RS-232 的信号连接

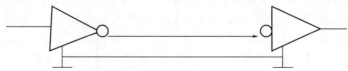

图 4-33　单端驱动、单端接收电路

② RS-422A　美国的 EIC 于 1977 年制定了串行通信标准 RS-499，对 RS-232C 的电气特性作了改进，RS-422A 是 RS-499 的子集，RS-422 采用平衡驱动、差分接收电路，如图 4-34 所示，从根本上取消了信号地线。平衡驱动器相当于两个单端驱动器，其输入信号相同，两个输出信号互为反相信号，图 4-34 中的小圆圈表示反相。外部输入的干扰信

号是以共模方式出现的，两根传输线上的共模干扰信号相同，因接收器是差分输入，共模信号还可以互相抵消。只要接收器有足够的抗共模能力，就能从干扰信号中识别除驱动器的有用信号，从而克服外部干扰的影响。

图 4-34　平衡驱动查分接收

RS-422A 在最大传输速率（10Mbit/s）时允许的最大通信距离为 12m。传输速率为 100Kbit/s 时，最大通信距离 1200m。一台驱动器可以连接 10 台接收器。

③ RS-485　RS-485 是 RS-422A 的变形，RS-422A 为全双工，两对平衡差分信号分别用于发送和接收，RS-485 为半双工，只有一对平衡差分信号线，不能同时发送和接收。使用 RS-485 通信接口和双绞线可组成串行通信分布式网络，如图 4-35 所示，系统中最多可有 32 个站，新的 RS-485 接口器件已允许连接 128 个站。

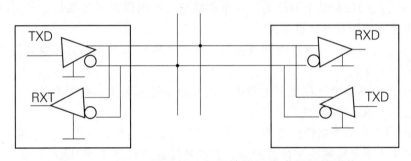

图 4-35　RS-485 通信接口和双绞线组成串行通信网络

（2）RS-485 与 RS-232C 接口比较

由于 RS-232C 接口标准出现较早，难免有不足之处，主要有以下四点。

① 接口的信号电平值较高，易损坏接口电路的芯片，又因为与 TTL 电平不兼容，故需使用电平转换电路方能与 TTL 电路连接。

② 传输速率较低，在异步传输时，波特率为 20Kbit/s。

③ 接口使用一根信号线和一根信号返回线构成共地的传输形式，这种共地传输容易产生共模干扰，所以抗噪声干扰性能较差。

④ 传输距离有限，最大传输距离标准值为 50ft（1ft＝0.3048m）。

针对 RS-232C 的不足，开发出现了一些新的接口标准，RS-485 就是其中之一，它具有以下特点。

① RS-485 的电气特性：逻辑"1"以两线间的电压差为＋（2～6）V 表示；逻辑"0"以两线间的电压差为－（2～6）V 表示。

② 因接口信号电平比 RS-232C 降低了，不易损坏接口电路的芯片，且该电平与 TTL 电平兼容，可方便与 TTL 电路连接。

③ RS-485 的数据最高传输速率为 10Mbit/s。

④ RS-485 接口采用平衡驱动器和差分接收器的组合，抗共模干扰能力增强，即抗噪

声干扰性好。

⑤ RS-485 接口的最大传输距离标准值为 4000ft，另外 RS-232C 接口在总线上只允许连接 1 个收发器，即单站能力。而 RS-485 接口在总线上是允许连接多达 128 个收发器。即具有多站能力，这样用户可以利用单一的 RS-485 接口方便地建立起设备间的通信网络。

因 RS-485 接口具有上述优点，使其成为首选的串行接口。由 RS-485 接口组成的半双工网络，一般只需两根连线，所以 RS-485 接口均采用屏蔽双绞线传输。RS-485 接口连接器采用 DB-9 芯插头座，智能终端 RS-485 接口采用 DB-9（孔），键盘连接的键盘接口 RS-485 采用 DB-9（针）。

在工业环境中，一般希望用最少的信号线完成通信任务。所以在变频器通信网络中应用 RS-485 比较普遍。有些现场总线也是建立在 RS-485 基础上的。RS-485 支持在其总线上挂 32 个节点。每个节点有其自身的地址。RS-485 同样也有传输速率和距离的限制，这与分支的长度有关。通过使用中继器（repeater）可使物理层的拓扑结构不受单一电缆段上的节点数和传输距离的一般限制。RS-485 系统使用中继器后具有以下优点。

① 可使用混合树型拓扑结构，消除了对分支长度最短不应少于 5m 的限制。

② 每个总线网段都是电隔离的，每个中继器可使网段的长度加倍，若再将中继器加以串接，可使通信距离增加更多。

③ 整个总线网络的可靠性得到改善。一旦某个网段短路并不会影响其他设备，仅有部分总线不能工作。

④ 加一个中继器允许挂更多的节点，用 n 个中继器可挂 $n \times 32$ 个节点。每个中继器实际上即是一个 RS-485 系统。

⑤ 可取得更高的数据传输速率。由于数据传输速率与传输距离有关。用了中继器后，长距离的网络再不是传输速率慢的网络，数据传输速率可达 1.5Mbit/s。表 4-2 给出 RS-485 系统中传输速率，总线长度和串接中继器之间的关系。

表 4-2　传输速率、总线长度和串接中继器之间的关系

传输速率 /(Kbit/s)	9.6	19.2	93.75	187.5	500	1500
网段长度 /m	1200	1200	1200	1200	1200	1200
最多可串接网段	9	9	9	5	5	3
最长总线距离 /km	12	12	12	6	2.4	0.8

接口工作方式	双端	单端	驱动器断电输出阻抗 /Ω	在 $-0.25 \sim +6V$ 为 100	300
最大电缆距离 /m	1200	15	驱动器输出电流 /mA	± 150	± 500
最大传输速率 /(bit/s)	10M	20K	接收器输入阻抗 /kΩ	$\geqslant 4$	$3 \sim 7$
驱动器开路输出电压 /V	两输出间为 6V	± 25	接收器输入阈值 /V	$-0.2 \sim +0.2$	$-3 \sim +3$
驱动器有载输出电压 /V	两输出间为 2V	$\pm 5 \sim$ ± 15	接收器输入电压 /V	$-12 \sim +12$	$-25 \sim +25$

（3）RS-485 接口的抗干扰技术

因为 RS-485 的远距离、多节点（32 个）以及传输线成本低的特性，使得 RS-485 成为工业应用中数据传输的首选标准。为此 RS-485 在自动化领域的应用非常广泛，但是在实际工程中 RS-485 总线运用仍然存在着很多问题，影响信号传输的质量，给工程应用带来了很多的不方便。

① RS-485 接口　RS-485 有两线制和四线制两种接线，四线制只能实现点对点的通信方式，现很少采用，现在多采用的是两线制接线方式，这种接线方式为总线式拓扑结构，在同一总线上最多可以挂接 32 个结点。在 RS-485 通信网络中，一般采用的是主从通信方式，即一个主机带多个从机。很多情况下，连接 RS-485 通信链路时只是简单地用一对双绞线将各个接口的"A"、"B"端连接起来。而忽略了信号地的连接，这种连接方法在许多场合是能正常工作的，但却存在很大的隐患，其原因有：

a. 共模干扰问题。RS-485 接口采用差分方式传输信号，仅用一对双绞线将各个接口的 A、B 端连接起来，并不需要相对于某个参照点来检测信号，系统只需检测两线之间的电位差在某些情况下是可以工作。因收发器有一定的共模电压范围，RS-485 收发器共模电压范围为 $-7 \sim +12\text{V}$，只有满足上述条件，整个网络才能正常工作。当网络线路中共模电压超出此范围时就会影响通信的稳定性，甚至损坏接口。当发送器 A 向接收器 B 发送数据时，发送器 A 的输出共模电压为 U_{OS}，由于两个系统具有各自独立的接地系统，而存在着地电位差 U_{GPD}，那么接收器输入端的共模电压就会达到 $U_{CM} = U_{OS} + U_{GPD}$。RS-485 标准规定 $U_{OS} \leqslant 3\text{V}$，但 U_{GPD} 可能会有很高幅度（十几伏甚至数十伏），并可能伴有强干扰信号致使接收器共模输入 U_{CM} 超出正常范围，在信号线上产生干扰电流，轻则影响正常通信，重则损坏设备。

b. EMI 问题。发送驱动器输出信号中的共模部分需要一个返回通路，如没有一个低阻的返回通道（信号地），就会以辐射的形式返回源端，整个总线就会像一个天线向外辐射电磁波。

c. 反射问题。信号在传输过程中如果遇到阻抗突变，信号在这个地方就会引起反射，这种信号反射的原理，与光从一种媒质进入另一种媒质要引起反射是相似的。消除这种反射的方法，就是尽量保持传输线阻抗连续，在实际工程中，在电缆线的末端跨接一个与电缆的特性阻抗同样大小的终端电阻就是为了减小信号反射。

从理论上分析，在传输电缆的末端只要跨接与电缆特性阻抗相匹配的终端电阻，就能有效地减少信号反射。但是，在实际工程应用中，由于传输电缆的特性阻抗与通信波特率等应用环境有关，特性阻抗不可能与终端电阻完全相等，因此或多或少的信号反射还会存在。信号反射对数据传输的影响，归根结底是因为反射信号触发了接收器输入端的比较器，使接收器收到了错误的信号，导致 CRC 校验错误或整个数据帧错误。这种情况是无法改变的，只有尽量去避免它。

RS-485 传输线在一般场合采用普通的双绞线就可以，在要求比较高的环境下可以采用带屏蔽层的同轴电缆。在使用 RS-485 接口时，对于特定的传输线路，从 RS-485 接口到负载间的数据信号传输所允许的最大电缆长度与信号传输的波特率成反比，这个长度主要是受信号失真及噪声等影响。理论上 RS-485 的最长传输距离能达到 1200m，但在实际应用中传输的距离要比 1200m 短，具体能传输多远视周围环境而定。在传输过程中可以采用增加中继的方法对信号进行放大，最多可以加八个中继，也就是说理论上 RS-485 的最大传输距离可以达到 9.6km。如果真需要长距离传输，可以采用光纤为传播介质，收发两端各加一个光电转换器，多模光纤的传输距离是 5～10km，而采用单模光纤可达50km 的传播距离。

② RS-485 网络　RS-485 支持半双工或全双工模式，网络拓扑一般采用终端匹配的总线型结构，不支持环形或星形网络，最好采用一条总线将各个节点串接起来。在使用 RS-485 接口时，当数据信号速率降低到 90Kbit/s 以下时，假定最大允许的信号损失为 6dB时，则电缆长度被限制在 1200m。实际上，在实用时是完全可以取得比它大的电缆长度。当使用不同线径的电缆，取得的最大电缆长度是不相同的。在构建网络时，应注意如下几点。

a. 有些网络连接尽管不正确，在短距离、低速率仍可能正常工作，但随着通信距离的延长或通信速率的提高，其不良影响会越来越严重，主要原因是信号在各支路末端反射后与原信号叠加，会造成信号质量下降。

b. 采用一条双绞线电缆作总线，将各个节点串接起来，从总线到每个节点的引出线长度应尽量短，以便使引出线中的反射信号对总线信号的影响最低。

c. 应注意总线特性阻抗的连续性，在阻抗不连续点将发生信号的反射。易产生这种不连续性的情况有：总线的不同区段采用了不同电缆，或某一段总线上有过多收发器紧靠在一起安装，采用过长的分支线引出到总线。

总之，应该提供一条单一、连续的信号通道作为总线。在 RS-485 组网过程中另一个需要注意的问题是终端负载电阻问题，在设备少距离短的情况下不加终端负载电阻，整个网络能很好的工作，但随着距离的增加、性能将降低。理论上，在每个接收数据信号的中点进行采样时，只要反射信号在开始采样时衰减到足够低就可以不考虑匹配。但这在实际上难以掌握，美国 MAXIM 公司提到一条经验性的原则可以用来判断在什么样的数据速率和电缆长度时需要进行匹配：当信号的转换时间（上升或下降时间）超过电信号沿总线单向传输所需时间的 3 倍以上时就可以不加匹配电阻。

RS-422 和 RS-485 在电气特性上存在着不少差异，共模电压范围和接收器输入电阻不同使得该两个标准适用于不同的应用领域。RS-485 串行接口的驱动器可用于 RS-422 串行接口中，因 RS-485 串行接口满足所有的 RS-422 串行接口性能参数，反之则不能成立。对于 RS-485 串行接口的驱动器，共模电压的输出范围是 $-7～+12V$；对于 RS-422 串行接口的驱动器，该项性能指标仅有 $\pm7V$。RS-422 串行接口接收器的最小输入电阻是 $4k\Omega$；而 RS-485 串行接口接收器的最小输入电阻则是 $12k\Omega$。

③ RS-485 网络配置

a. 网络节点数。网络节点数与所选 RS-485 芯片驱动能力和接收器的输入阻抗有关，如 75LBC184 标称最大值为 64 点，RS-485 标称最大值为 400 点。实际使用时，因线缆长度、线径、网络分布、传输速率不同，实际节点数均达不到理论值。例如 75LBC184 运用在 500m 分布的 RS-485 网络上的节点数超过 50 或速率大于 9.6Kbit/s 时，工作可靠性明显下降。通常推荐节点数按 RS-485 芯片最大值的 70% 选取，传输速率在 1200～9600bit/s 之间选取。通信距离 1km 以内，从通信效率、节点数、通信距离等综合考虑选用 4800bit/s 最佳。通信距离 1km 以上时，应考虑通过增加中继模块或降低速率的方法提高数据传输可靠性。

采用 RS-485 组成的总线型网如图 4-36 所示，在图 4-36 中的 75176 接口芯片将发送和接收差动放大器集成在了一起，每个发送驱动器可以直接驱动 32 个接收器。而 75174、75175 只用于某些只有发送器或接收器的单向工作站的通信接口。

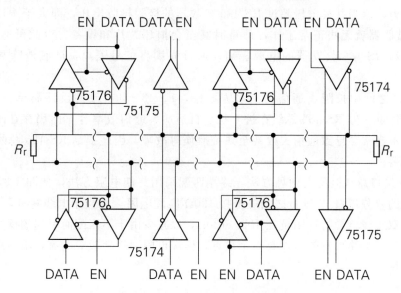

图 4-36　用 RS-485 组成总线网

b. 节点与主干距离。理论上讲，RS-485 节点与主干之间距离（称引出线）越短越好。引出线小于 10m 的节点采用 T 形，连接对网络匹配并无太大影响，但对于节点间距非常小（小于 1m，如 LED 模块组合屏）应采用星形连接，若采用 T 形或串珠型连接就不能正常工作。RS-485 是一种半双工结构通信总线，大多用于一对多点的通信系统，因此主机（PC）应置于一端，不要置于中间而形成主干的 T 形分布。

RS-485 通常应用于一对多点的主从应答式通信系统中，相对于 RS-232 等全双工总线效率低了许多，因此选用合适的通信协议及控制方式非常重要。

应用中若选择在数据发送前 1ms 将收发控制端 TC 置成高电平，使总线进入稳定的发送状态后才发送数据；数据发送完毕再延迟 1ms 后置 TC 端成低电平，使可靠发送完毕后才转入接收状态。使用 TC 端的延时有 4 个机器周期已满足要求。为保证数据传输质量，对每个字节进行校验的同时，应尽量减少特征字和校验字。

c. RS-485 接口的电源和接地。对于由 MCU 结合 RS-485 组建的通信网络，应优先采用各子系统独立供电方案，最好不要采用一台大电源给系统并联供电，同时电源线（交直流）不能与 RS-485 信号线共用同一根多芯电缆。RS-485 信号线宜选用截面积 0.75mm^2 以上双绞线而不是平直线。对于每个小容量直流电源选用线性电源比选用开关电源更合适。若选用 LM7805 线性电源，应采取以下保护措施：

ⅰ．LM7805 输入端与地应跨接 $220\sim1000\mu\text{F}$ 电解电容。

ⅱ．LM7805 输入端与输出端反接 1N4007 二极管。

ⅲ．LM7805 输出端与地应跨接 $470\sim1000\mu\text{F}$ 电解电容和 104pF 独石电容并反接 1N4007 二极管。

ⅳ. 输入电压范围为 $8\sim10V$，最大允许范围为 $6.5\sim24V$。可选用 TI 的 PT5100 替代 LM7805，以实现 $9\sim38V$ 的超宽电压输入。

④ RS-485 接口电路的硬件设计　在工业控制领域，由于现场情况十分复杂，各个节点之间存在很高的共模电压。虽然 RS-485 接口采用的是差分传输方式，具有一定的抗共模干扰的能力，但当共模电压超过 RS-485 接收器的极限接收电压，即大于 $+12V$ 或小于 $-7V$ 时，接收器就无法正常工作，严重时甚至会损坏芯片和设备。对此可通过 DC/DC 将系统电源和 RS-485 收发器的电源隔离；通过光耦将信号隔离，彻底消除共模电压的影响。

在 MCU 之间中长距离通信的诸多方案中，RS-485 具有硬件设计简单、控制方便、成本低廉等优点。但 RS-485 总线在抗干扰、自适应、通信效率等方面仍存在缺陷，一些细节的处理不当常会导致通信失败甚至系统瘫痪等故障，因此提高 RS-485 总线的运行可靠性至关重要。

RS-485 接口总线匹配有两种方法，终端匹配采用终端电阻方法，如图 4-37 所示。位于总线两端的差分端口 A 与 B 之间应跨接 120Ω 匹配电阻，相当于电缆特性阻抗的电阻，因为大多数双绞线电缆特性阻抗在 $100\sim120\Omega$，以减少由于不匹配而引起的反射及吸收噪声。这种匹配方法简单有效，但有一个缺点，匹配电阻要消耗较大电流，不适用于功耗限制严格的系统。

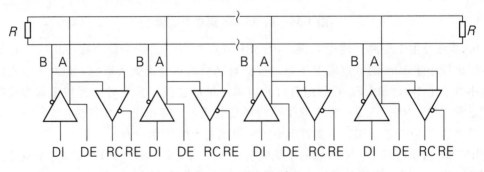

图 4-37　总线匹配电阻

另外一种比较省电的匹配方案是 RC 匹配，如图 4-38（a）所示。利用一只电容隔断直流成分，可以节省大部分功率，但电容的取值是个难点，需要在功耗和匹配质量间进行折中。除上述两种外还有一种采用二极管的匹配方案，如图 4-38（b）所示。这种方案虽未实现真正的匹配，但它利用二极管的钳位作用，削弱反射信号，以达到改善信号质量的目的，节能效果显著。

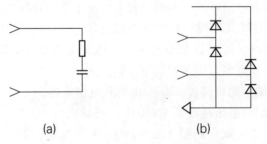

(a)　　　　　　　　(b)

图 4-38　RC、二极管的匹配

异步通信数据以字节的方式传送，在每一个字节传送之前，先要通过一个低电平起始位实现握手。为防止干扰信号误触发 RO（接收器输出）产生负跳变，使接收端 MCU 进入接收状态，RO 需外接 $10k\Omega$ 上拉电阻。

为保证系统上电时的 RS-485 芯片处于接收输入状态，对于收发控制端 TC，采用MCU 通过反相器进行控制，不宜采用 MCU 直接进行控制，以防止 MCU 上电时对总线的干扰。RS-485 总线为并接式二线制接口，一旦有一只芯片故障就可能将总线"拉死"，因此对其二线口 A、B 与总线之间应加以隔离。通常在 A、B 与总线之间各串接一只 $4\sim$ 10Ω 的 PTC 电阻，同时与地之间各跨接 5V 的 TVS 二极管，以消除线路浪涌干扰。

⑤ FSACC01 隔离器   采用直接联网虽然是最经济的方案，但存在以下缺点。

a. 当距离超过 500m 时，需增加 RS-485 中继器来延长通信距离，而中继器需要供电，这对于有些无供电条件的场合，是一个难以解决的问题。

b. 整个通信网络是非隔离的，抗干扰能力较差，特别是当网络需要与变频器通信时容易造成误码和死机。

c. 由于通信网络是非隔离的，当有雷电或其他较强的瞬变电压干扰作用于网络上时，将造成网络上的全部变频器接口损坏，带来重大的损失。

d. 变频器的 TER 和 AUX 口均为 MD8F 圆形插座，不便于接线。

采用 FSACC01 隔离器或 CAN-485G 远程驱动器可以很好地解决以上问题，通过在每台变频器的通信口（TER 口）安装 FSACC01 隔离器构成如图 4-39 所示的主从式 RS-485网络，无中继器时可实现最大通信距离为 2km（9600bit/s 时），在 19200bit/s 波特率时通信距离可达 1.2km，如需传送更远距离可在总线中加装 RS-485 中继器（型号 E485GA），FSACC01 的通信速率为 $0\sim250Kbit/s$ 自动适应，并具有防雷击和浪涌保护电路。

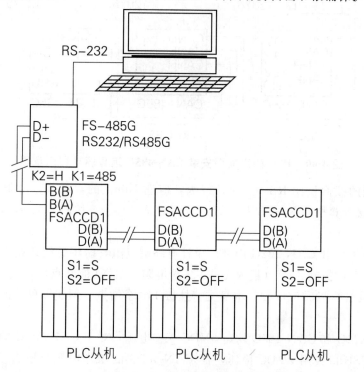

图 4-39   主从式 RS-485 网络

组网的通信线可选截面积为 0.5mm² 以上的双绞线，将 RS-232/RS-485 隔离转换器 FS-485G 上的设置开关 K1 拨到 "485"，选择 RS-485 模式，K2 拨到 "R" 接入 120Ω 终端电阻；将总线末端 FSACC01 上的终端电阻设置开关 S2 拨到 "R"，接入 120Ω 终端电阻，其他站点的终端电阻设置开关 S2 拨到 "OFF"。

虽然 FSACC01 硬件本身支持挂接 64 个站点，但实际可访问的站点数量还是由软件决定。如总线上须挂接变频器通信，为便于使用 PLC 上的 24VDC 电源，可将 FSACC01 换成 BH-485G 隔离器，将变频器的 RS-485 口经 BH-485G 隔离后再和总线相连，这种方案可以很好地解决 PLC 与变频器通信时的干扰和死机问题。

⑥ CAN-485G 远程驱动器　通过在每台变频器的通信口安装 CAN-485G 远程驱动器构成通信网络如图 4-40 所示，传输波特率为 9600bit/s 时可实现最大通信距离为 5km，19200bit/s 时可达 3km，这是目前无中继器时铜线传输的最大距离，CAN-485G 是隔离的透明传输驱动器，该产品并未使用 CAN 协议而采用了透明传输方式，因此使用 CAN-485G 后并不需对原有软件做任何修改，CAN 信号与 RS-485 信号相比有诸多优点。

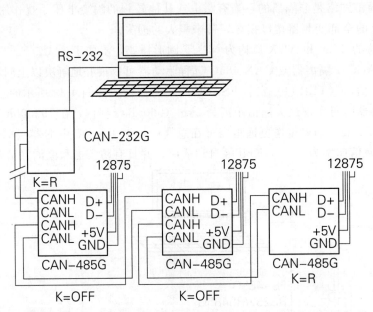

图 4-40　PLC 的通信口安装 CAN-485G 远程驱动器示意图

a. 通信线的截面积比 RS-485 通信线大，应选 1mm² 的双绞线，由于 CAN-485G 和 CAN-232G（接计算机的 RS-232 口）设计有两对总线端子，按图 4-39 所示接线也不存在分支线问题了。

b. CAN-485G 和 CAN-232G 内部已设计有终端电阻，需将总线的始端和末端上的终端电阻设置开关 K 拨到 "R"（接入 120Ω 终端电阻），而其他站点应拨到 "OFF"（不接终端电阻）。虽然 CAN-485G 硬件本身支持挂接 110 个站点，但实际可访问的站点数量还是由软件决定。

c. CAN-232G 和 CAN-485G 均需 5VDC 工作电源，对于 CAN-232G 的工作电源可取自计算机的 USB 口或用 5VDC 稳压，而 CAN-485G 的工作电源可取自 TER 口的 8 脚（+5V）和 7 脚（GND），并将 5 脚和 7 脚短接（从机模式）。

⑦ 网络布线优化　由于 RS-485 总线布线的复杂程度与总线的长短和设备的挂接数目有很大关系，特别在大型系统中显得尤为突出。由于地理环境的原因，在相距一定距离的设备之间总是存在地电位不平衡的问题。有时即使距离很近问题依然存在。这种环境造成的因素，可能造成整个系统无法启动。虽然通过处理地电位可暂时解决部分问题，但时隔不久同样问题又会再次出现。

针对 RS-485 布线中存在的问题，采用独特的等位分差隔离技术和高效的总线分割集中技术能有效解决工程布线中常见的地电位差异、阻抗匹配及雷击问题。可以简单地改变 RS-485/RS-422 总线结构，分割网段，就可以提高通信可靠性。当雷击或者设备故障产生时，出现问题的网段将被隔离，以确保其他网段正常工作。应用此方案具有如下优点。

a. 采用星形结构连接 RS-485 总线，在有效利用接口的情况下布线覆盖面积大大提高（一般为几平方千米）。

b. 可以减少单个 RS-485 总线的负荷，同时有效地提高了整个系统的可靠性。当任一 RS-485 端口短路，只会影响其所在 RS-485 总线系统，不会影响其他接口连接的 RS-485 系统的正常工作。

c. 可以使 RS-485 系统布线过程变得简单和快捷，从而有效减少了工程的费用和时间。

d. 各端口间存在 3000V 隔离。对于由环境问题带来的布线问题，只需把问题显著的区域用单独端口进行连接集中处理，将会有效解决地电位带来的布线问题。

（4）RS-485 通信抗干扰应用案例

在工业现场，当 PLC 与变频器之间采用 RS-485 方式进行通信时，经常容易产生通信中断、误码、死机甚至 RS-485 接口被损坏等故障，而且联网的变频器越多，这种现象越容易发生。由于变频器本身的特点决定了变频器会产生诸多干扰，对于 RS-485 通信口而言，由于各个 PLC 和变频器使用不同的电源，或本身电路结构的不同使得各个 RS-485 通信口的地电位相差很大，势必造成传送数据时信号失真较为严重，使得通信出错，当共模电压超过 $-7V$ 或 $+12V$ 时则会损坏 RS-485 接口。

将每个 RS-485 通信口进行隔离是解决问题的最好办法，是在每台 PLC 和变频器的 RS-485 通信口上加装 RS-485 到 RS-485 的隔离器，为了保证加装了隔离器后仍然使用原来的软件，隔离器必须是无延时的、波特率自动适应的数据完全透明传输装置。

① 采用 BH-485G 隔离器方案　BH-485G 隔离器是具有数据流向自动切换、数据完全透明传输、无延时的隔离器，波特率为 0～250Kbit/s 自适应，供电电源具有 5VDC 或 24VDC 两种方式任选（一般变频器上均有 24VDC 电源输出端子），而且 BH-485G 具有两对 RS-485 接线端子，避免了会使波形畸变的总线分支问题，接线非常方便。

BH-485G 外形为标准导轨安装，带有数据收发指示灯。加装了 BH-485G 隔离器后的 PLC 和变频器组成的 RS-485 通信网络如图 4-41 所示。

设置时需将总线两端的 BH-485G 上的终端电阻设置开关 K 拨到 "R"（接入 120Ω 终端电阻），其他位置的开关拨到 "OFF"（不接终端电阻）。如通信距离超过 2km（9600bit/s 时），可在总线中增加 RS-485 中继器（型号 E485GA）或使用 CAN-485G 超远程隔离驱动器。

② 西门子 PLC 与变频器的光隔离联网方案　通过在每台 PLC 的通信口安装 PFB-G

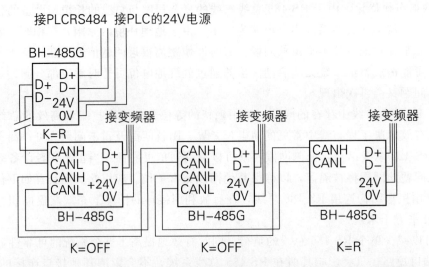

图 4-41　采用 BH-485G 隔离器的变频器和 PLC 组成的 RS-485 通信网络

总线隔离器，如图 4-42 所示，无中继器时可实现最大通信距离为 2km/600（bit/s）时，最多站点数量为 160 个，如距离超过 2km 可在网络中加装 RS-485 中继器（型号 E485GP），PFB-G 的最高通信速率为 12Mbit/s，可用于 Profibus 网络、PPI 网络、MPI 网络和自由口通信网络等一切 RS-485 网络，特别适用于干扰较大的恶劣环境，由于光电隔离解决了各个节点由于地电位差带来的经常损坏通信口的问题，并使通信中的干扰减小到最小，特别是当网络中有变频器通信时效果更为明显。

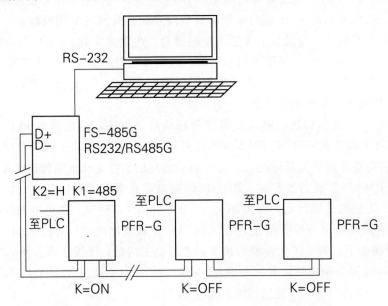

图 4-42　每台 PLC 的通信口安装 PFB-G 总线隔离器

如总线上需挂接变频器通信，为便于安装和接线，可将 PFB-G 换成 BH-485G 隔离器，将变频器的 RS-485 口经 BH-485G 隔离后再和总线相连，这种方案可以很好地解决 PLC 与变频器通信时的干扰和死机问题。

西门子 S7-200 系列 PLC 与变频器组成 RS-485 通信网络，其传统的做法是将 PLC 和变频器的 RS-485 通信口直接相连组成网络，实际应用发现对于一些干扰较恶劣的工业现场，特别是使用西门子 MM4XX 系列变频器时，通信常常产生误码、死机甚至损坏 RS-485 口的故障，系统的可靠性大大降低。对于架空线路，若遭雷击则很可能使总线上的所有设备损坏。

解决以上问题的最简单有效的办法是在 PLC 和变频器的 RS-485 通信口加装带浪涌保护的 RS-485 光电隔离器，以消除地线环路的干扰和变频器特有的瞬态过电压等干扰，采用 PFB-G 总线隔离器和 BH-485G 隔离器组成的 PLC 和变频器通信网络如图 4-43 所示，由图 4-43 可见，所有设备的 RS-485 口均被隔离，整个通信线路被浮空，有效抑制了干扰的进入，也彻底解决了由于设备接地问题而引起的串扰，使系统的可靠性得到很大提高。

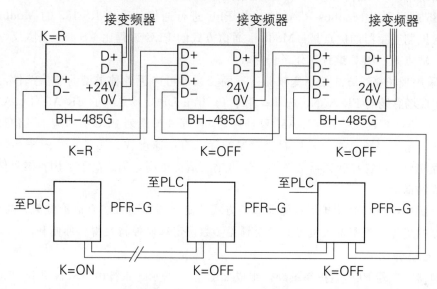

图 4-43 采用 PFB-G 总线隔离器和 BH-485G 隔离器组成的 PLC 和变频器通信网络

PFB-G 直接插在 PLC 的 RS-485 接口（DB9F）上，工作电源由 PLC 通信口的 7 脚和 2 脚的 24VDC 供给无需另接电源，BH-485G 为标准导轨安装结构，安装在变频器机柜中，24VDC 工作电源可取自变频器的 24VDC 电源输出端子，安装非常方便。

4.4 变频器与 PLC 间通信案例

案例 1. 变频器与三菱 PLC 通信

(1) 三菱 PLC 控制变频器的方法

① 开关量信号控制变频器 PLC（MR 型或 MT 型）的输出点、COM 点直接与变频器的 STF（正转启动）、RH（高速）、RM（中速）、RL（低速）、输入端 SG 等端口分别相连。PLC 可以通过程序控制变频器的启动、停止、复位；也可以控制变频器高速、中速、低速端子的不同组合实现多段速度运行。但是，因为它是采用开关量来实施控制的，其调速曲线不是一条连续平滑的曲线，也无法实现精细的速度调节。这种开关量控制方法，其调速精度无法与采用扩展存储器通信控制方式相比。

② 模拟量信号控制变频器 采用 FX1N 型、FX2N 型 PLC 为主机，配置 1 路简易型

的 FX1N-1DA-BD 扩展模拟量输出板；或模拟量输入输出混合模块 FX0N-3A；或两路输出的 FX2N-2DA 模块；或四路输出的 FX2N-4DA 模块等。采用模拟量信号控制变频器的优点有：PLC 程序编制简单方便，调速曲线平滑连续、工作稳定。其缺点是在大规模生产线中，控制电缆较长，尤其是 DA 模块采用电压信号输出时，线路有较大的电压降，影响了系统的稳定性和可靠性。另外，从经济角度考虑，如控制 8 台变频器，需要 2 块 FX2N-4DA 模块，其造价是采用扩展存储器通信控制方式的 5～7 倍。

③ 采用 RS-485 无协议通信方法控制变频器　这是使用最为普遍的一种方法，PLC 采用 RS 串行通信指令编程。采用 RS-485 无协议通信方法控制变频器的优点有：硬件简单、造价最低，可控制 32 台变频器。缺点是：编程工作量较大。

④ 采用 RS-485 的 Modbus-RTU 通信方法控制变频器　三菱新型 F700 系列变频器使用 RS-485 端子利用 Modbus-RTU 协议与 PLC 进行通信。采用 RS-485 的 Modbus-RTU 通信方法控制变频器的优点是：Modbus 通信方式的 PLC 编程比 RS-485 无协议方式要简单便捷。缺点是：PLC 编程工作量仍然较大。

⑤ 采用现场总线方式控制变频器　三菱变频器可内置各种类型的通信选件，如用于 CC-Link 现场总线的 FR-A5NC 选件；用于 ProfibusDP 现场总线的 FR-A5AP（A）选件；用于 DeviceNet 现场总线的 FR-A5ND 选件等。三菱 FX 系列 PLC 有对应的通信接口模块与之对接。采用现场总线方式控制变频器的优点有：速度快、距离远、效率高、工作稳定、编程简单、可连接变频器数量多。缺点是：造价较高，远远高于采用扩展存储器通信控制方式的造价。

综上所述，PLC 采用扩展存储器通信方式控制变频器的方法有造价低廉、易学易用、性能可靠的优势；若配置人机界面，变频器参数设定和监控将变得更加便利。

（2）系统硬件组成

变频器与三菱 PLC 通信系统硬件组成如图 4-44 所示，系统由 FX2N 系列 PLC（产品版本 V3.00 以上）1 台（软件采用 FX-PCS/WIN-CV3.00 版）、FX2N-484-BD 通信模板 1

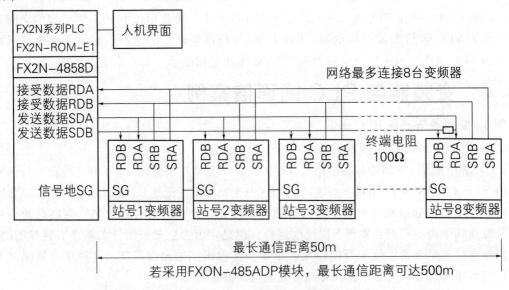

图 4-44　三菱 PLC 采用扩展存储器通信控制变频器的系统配置

块（最长通信距离 50m）或 FX0N-485ADP 通信模块 1 块、FX2N-CNV-BD 板 1 块（最长通信距离 500m），FX2N-ROM-E1 功能扩展存储盒 1 块（安装在 PLC 本体内）、带 RS-485 通信口的三菱变频器 8 台（S500 系列、E500 系列、F500 系列、F700 系列、A500 系列、V500 系列等，可以相互混用，总数量不超过 8 台；三菱所有系列变频器的通信参数编号、命令代码和数据代码相同）、RJ45 电缆（5 芯带屏蔽）、终端电阻（100Ω）、人机界面（如 F930GOT 等小型触摸屏）1 台构成。

安装 FX2N-484-BD 通信模板和 FX2N-ROM-E1 功能扩展存储器，将 RJ45 电缆分别连接变频器的 PU 口，网络末端变频器的接受信号端 RDA、RDB 之间连接一只 100Ω 终端电阻，以消除由于信号反射的影响而造成的通信障碍。

（3）变频器通信参数设置

为了正确地建立通信，必须在变频器设置与通信有关的参数，如"站号"、"通信速率"、"停止位长/字长"、"奇偶校验"等。变频器内的 Pr.117～Pr.124 参数用于设置通信参数，参数设定采用操作面板或变频器设置软件 FR-SW1-SETUP-WE 在 PU 口进行。

（4）通信方式

PLC 与变频器之间采用主从方式进行通信，PLC 为主机，变频器为从机。1 个网络中只有一台主机，主机通过站号区分不同的从机。它们采用半双工双向通信，从机只有在收到主机的读写命令后才发送数据。PLC 指令规格见表 4-3。

表 4-3　PLC 指令规格

功　　能	对应指令	内　　容
变频器各种运行的监视	EXTRK10	可以读取输出转速、运行模式
变频器各种运行的控制	EXTRK11	可以变更运行指令、运行模式
变频器参数的读取	EXTRK12	可以读取变频器的参数值
变频器参数的写入	EXTRK13	可以变更变频器的参数值

案例 2. 西门子 MMV 变频器远程控制及通信

（1）硬件接口

MMV 变频器的通信采用半双工方式，所以微处理器的串行通信接口选用半双工的电平转换芯片（TTL→RS-485），系统采用的是 MAXIM 公司的 MAX-485。在通信可靠的前提下，通信波特率的选择越高实时性越好，但对微处理器系统的要求越高。硬件接口原理图如图 4-45 所示。

（2）通信协议

MMV 变频器采用的是 SiemensUSS 通信协议，它是西门子所有传动产品的通用通信协议。USS 总线上的每个传动装置都有一个从站号，通过串行接口的 USS 总线最多可接 30 台变频器。

① 通信执行过程　在微处理器与变频器的通信过程中，始终由微处理器给变频器发送报文，变频器接受报文并发送反馈报文，但不能主动向微处理器发送报文。根据微处理器对变频器的两种操作，有两种通信过程。

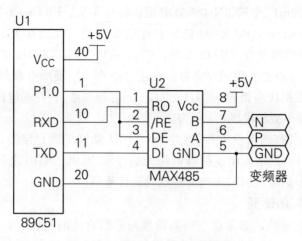

图 4-45　硬件接口电路原理图

　　a. 写操作。写操作是微处理器向变频器写参数，控制变频器的运行。其过程如下：微处理器发报文→变频器接收报文→变频器发送反馈报文→微处理器接收报文。

　　b. 读操作。读操作是微处理器从变频器读出参数，监视变频器的状态。其过程如下：微处理器发报文（要查询的变频器的运行参数）→变频器发送报文（微处理器要查询的相关参数）→微处理器接收报文。

　　在微处理器发报文中，所要查询的变频器的运行参数有：变频器的运行频率、旋转方向、电动机转速、故障状态、电动机电流值等。

　　② 报文格式　MMV 通信的所有数据报文都由 14 个字节组成，用 16 进制数表示。每个数据报文都是标准的异步报文格式，包括 1 个起始位、8 个数据位、1 个偶校验位和 1 个停止位。微处理器到变频器的报文格式为

　　STXLGEADRPKEINDVALSTWHSWBCC

　　其中：STX 为报文的首字节，单字节，值为 02H；LGE 为报文长度，单字节，值为 0CH；ADR 为变频器地址，单字节；PKE 用来控制变频器的参数设定，双字节；IND 在 MMV 中不用，双字节，设为 0；VAL 为 PKE 中的参数设定值，双字节；STW 为变频器的控制字，用来控制变频器的运行，双字节；HSW 用来设定变频器的运行频率，通过系统参数 P095 设置，可以用 4000H 代表 100%，亦可代表实际频率值，双字节；BBC 为报文校验值，由前面所有字节的异或构成，单字节。

　　STW 控制字的结构如图 4-46 所示，其中位 13、14、15 未被使用，设为 0。

　　变频器到微处理器的报文格式为

　　STXLGEADRPKEINDVALZSWHIWBCC

　　其中：ZSW 为变频器的当前状态，双字节；HIW 为变频器的输出频率，双字节。其余同微处理器到变频器的报文格式中的定义。

　　ZSW 为变频器状态字，其结构如图 4-47 所示。其中位 8 未被使用，总返回 1，位 13、14、15 未被使用，总返回 0。微处理器在发送报文后，超过时间（$1.5 \times 11 \times 14$/波特率）未收到应答报文，说明变频器未收到报文，应再次重发该报文。

（3）通信程序设计

　　微处理器与变频器通信时，微处理器始终处于主动地位。软件要实现 2 个功能，设置

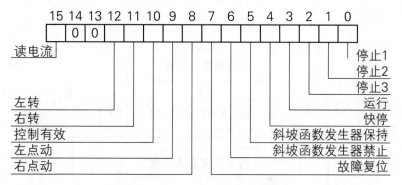

图 4-46 STW 控制字的结构图

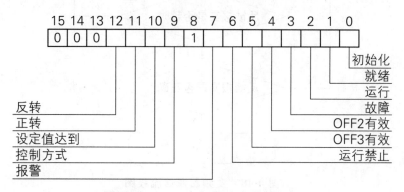

图 4-47 ZSW 变频器状态字结构图

变频器的运行参数和读取变频器的运行状态参数。功能模块有：通信初始化、变频器故障复位、变频器关断、减速停车、立即停车、快速制动停车、按设定频率、方向运行等。

程序主要由发送报文和接收报文子程序组成，报文初始化后，每个功能模块只是改变相应的报文参数，调用发送报文子程序 SendMessage 实现相应功能。变频器参数读取为先发送参数查询程序 SPWMQuery（intPEK1；intPEK2），等待 10ms 后查询接收变频器发送来的报文。变频器通信流程图如图 4-48 所示。

案例 3. 台达变频器与计算机串口通信

变频器自身带有控制面板，具有简单、高效的特点，但由于现场操作不够方便、直观性差以及仅能实现单机控制等缺点，实际应用中多采用 E 模式运行，即信号完全取自变频器外部。通过 VB6.0 的人机界面实现对变频器控制，应用 RS-485 总线结构，可以同时实现对 32 台变频器的控制。

（1）接口转换

现在一般的 PC 机都有 RS-232 串口，但除工控机外少有 RS-485 口，而为了与变频器通信，采用 ADAM-4520 转换模块，一端可以直接插在计算机串口上；另一端提供一个半双工的 RS-485 接口，而不需要握手信号；其内置的特殊的 I/O 电路可以自动控制信号的传输方向。这种 RS-485 控制对用户是完全透明的，为 RS-232 编写的软件可以不加修改地用在这里。该模块需要外加一个 +10～+30V 直流电源，可以隔离 3000V 的高电压。传输速率达到 115.2Kbit/s，图 4-49 为系统的总体设计框图。

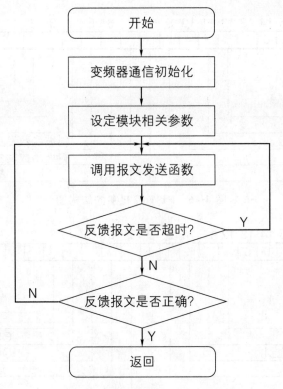

图 4-48　变频器通信流程图

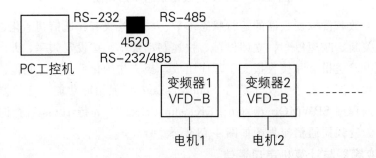

图 4-49　系统的总体设计框图

（2）台达变频器通信协议

VFD-A 系列变频器具有内建 RS-485 串联通信界面，串联通信（SG＋，SG－）位于控制回路端子，端子定义如下：

SG＋：信号正端，SG－：信号负端。

使用 RS-485 串联通信界面时，每一台 VFD-A 变频器必须预先在 Pr.78（参数 78）指定其通信地址，计算机便根据其通信位址实施控制。另外，计算机可控制命令码中"A"设定为 02H，可同时对所有连线的变频器进行控制。

协议格式：波特率（传输速率，位/秒）设定范围为：1200、2400、4800（Pr.77），每一个字节以 11 个位表示，采用奇校验。字节格式见表 4-4。

通信格式：包括控制指令、参数设定指令、参数读取指令以及变频器状态读取指令。以控制指令为例说明如下：

表 4-4　协议字节格式

位	功能	位	功能
1	开始位	1	奇偶校验位
8	数据位	1	停止位

控制指令格式为："C. S. A. UU. MM. FFFF"

其中：C：控制命令字串"CONTROL"字头。S：和检查（03H）。A：命令认可，01H：单一台；02H：所有连线变频器。UU：通信地址（"00"-"31"）。MM：运转命令（X＝无定义）；X0：停止；X1：正转运行；X2：停止；X3：反转运行；X4、X5：寸动正转；X6、X7：寸动反转；X8：异常发生后重置变频器。FFFF：频率指令，设定范围：0000～4000；代表的设定频率值为 0.0～400.0Hz，例如"1234"表示 123.4Hz。

通信格式：包括控制指令、参数设定指令、参数读取指令以及变频器状态读取指令。

在图 4-49 中，PC 机通过 ADAM4520（RS-232 转 RS-485）与多个变频器相连接，最多可达到 32 台（可通过中断器扩展到 254 台）。每个变频器被赋予各自的地址码用以识别身份，这样上位机便能通过 RS-485 通信线对挂在上面的所有变频器进行控制操作。

对于台达 VFD-B 系列变频器通信协定遵守 MODBUSASCII 模式，通信方式为 RS-485，波特率最高可达到 38400bit/s，通信资料格式可自设定。变频器发送、接收控制的通信协议见表 4-5。

表 4-5　变频器发送、接收控制的通信协议

STX	起始字符＝"："(3AH)
AddnssHi	通信地址：
AddnssLo	8bit 位址 2 个 ASCII 码组合
FunctionHi	功能码：
FunctionLo	8bit 功能码由 2 个 ASCII 码组合
DATA(n-1)	资料内容
	$n \times 8$bit 资料内容由 2 个 ASCII 码组合
DATA0	$n \leqslant 25$，最大 50 个 ASCII 码
LRCCHKHi	LRC 检查码
LRCCHKLo	8bit 检查码由 2 个 ASCII 码组合
ENDHi	结束字元：
ENDLo	ENDHi＝CR(ODH)，ENDLo＝LF(OAH)

若功能码为 03H，即读出寄存器内容，比如询问信息字串格式如下：

"：010321020002D7" CRLF

则回应信息字串格式为：

"：0103041770000071" CRLF

这里表示对于变频器位址为01H，读出2个连续寄存器内的资料内容，起始寄存器位址2102H，结果为1770H（60.00Hz）。

若功能码为06H，表示写入一个word至寄存器，比如对于变频器位址01H，写入6000（1770H）至变频器内部设定参数0100H，其询问信息字串格式与回应信息字串格式相同：

"：01060100177071" CRLF

因此，对于变频器能通过面板按键设置功能，通过以上的通信协议也一样能实现。通过ADAM4520的RS-485通信线能同时控制多台变频器，同时各变频器的运行状态和内部设定参数也能实时地回送给上位机或者通过上位机进行修改，这就大大方便了使用，增加了控制系统的灵活性。

（3）VisualC++6.0下对变频器进行串行通信控制

① 串口初始化　在Windows环境下提供了完备的API应用程序接口函数，通信函数是中断驱动的：发送数据时，先将其放入缓存区，串口准备好后，就将其发送出去；传来的数据申请中断，使Windows接收它并将其存入缓冲区，以供读取。用户编写串口通信程序步骤如图4-50所示。初始化程序代码如下：

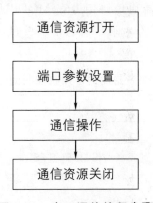

图 4-50　串口通信编程步骤

hCom＝CreateFile（"COM2"，GENERIC _ READ｜GENERIC _ WRITE，O，NULL，

OPEN _ EXISTING，FILE _ ATTRIBUTE _ NORMAL，NULL）；//用于打开通信资源

if（hCom＝INVALID _ HANDLE _ VALUE）

MessageBox（hWnd，"打开COM2失败"，"MyIpc"，MB _ OK）；

SetupComm（hCom，1024，1024）；//用于设置输入输出队列的大小

GetCommState（hCom，＆dcb）；//获得端口参数当前配置

dcb. BaudRate＝9600；//设置波特率

dcb. ByteSize＝7；//设置数据位

dcb. Parity＝0；//设置无校验

dcb. StopBits＝2；//设置停止位数

SetCommState（hCom，&dcb）; //设置端口

PurgeComm（hCom，PURGE＿TXCLEAR）; //清发送缓冲区

Purgcomm（hCOm，PURGE＿RXCLEAR）: //清接收缓冲区

② 串行通信程序　读变频器各个参数的数值并作相应处理，用以在显示屏幕上监视变频器的状态，譬如频率指令（F）、输出频率、输出电流、DC-BUS 电压等，还可以读变频器内部设定参数 00-00～11-04 等。

案例 4. 基于 Modbus 总线的变频调速系统

（1）系统构成

采用自带 Modbus 总线接口的变频器，以 PLC、微处理器或者 PC 机作为主站控制器的自动控制系统组成原理如图 4-51 所示。在图 4-51 中，微控制器 AT89S52 扩展了 2 个通信口，一个是 RS-232 串口预留备用，另外通过芯片 MAX485 扩展 RS-485 接口。AT89S52 作为主站微控制器，它通过 RS-485 总线方式，将多台具有 ModbusRTU 接口的智能型从站设备组成一个数字通信控制网络，在总线的两个终端需配置 120Ω 电阻。AT89S52 可以向从站变频器发送参数设置、启停、数据查询等指令，而变频器则根据指令要求控制电动机运行，并返回信息。该系统不仅可以实现对交流电动机的远程控制，而且还可以通过 89S52 与人机界面连接，完成整个生产线的启动、升速、降速停车等操作和监控（模拟图显示、参数设置和历史记录数据浏览）。该系统的优点在于：

① 89S52 直接利用 Modbus 协议对变频器读写，无需使用其他附件进行组态，简化了硬件，并可实时获取各变频器的工作状态，包括运行状态、运行参数、故障报警等。

② 主站控制器与从站变频器之间的连接只有两根通信线，减少了线路连接的复杂性，提高了系统可靠性。

③ 延长了系统的控制距离。

④ 采集电动机各运行参数并显示在 LCD 上，不需要各种现场智能仪表，极大地减少了线路连接的复杂性。

⑤ 能与高精度网络方便地进行交换信息，从而实现工厂高度自动化。

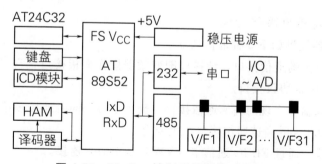

图 4-51　Modbus 控制系统的组成原理

通过主站控制器的设置按钮，可以对系统操作参数进行设置，对于一些重要的参数直接存储在 32KB 的 EEPROM 芯片中。通过设置变频器参数，可实现系统运行在手动或程序自动控制模式下，并可自由切换。变频器 VS606V7 功能码描述见表 4-6。

（2）系统软件设计

微处理器程序使用 C51 语言编写，采用自上而下的模块化设计方法，整个程序包括

表 4-6　变频器 VS606V7 功能码描述

功能码 (HEX)	功能	指令信号		响应信号	
		最小(位)	最大(位)	最小(位)	最大(位)
06H	读寄存器内容	8	8	7	37
08H	循环反馈测试	8	8	8	8
10H	写寄存器	11	41	8	8

系统初始化、串口发送、串口中断接收、485 通信、LCD 显示、键盘接收、报警等功能子模块。应用程序中，Modbus 协议通信由通信子模块实现，包含 CRC-16 计算与验证、信息帧的编制和分解。

　　每一条指令可以对指定地址的变频器进行操作；信息帧中包括数据的字节数、起始地址等。V7 变频器只使用 3 个功能码：03H、08H、10H，分别实现数据读出、回路反馈测试和数据写入功能，其描述如表 4-6 所示。为了实现 Modbus 总线控制，需要预先设置变频器的操作参数：n003＝2（设备启停通过总线方式控制），n004＝6（输出频率由总线通信方式控制），n151～n157 中完成通信参数的设置。系统中，将变频器设置为无超时检测、频率指令单位为 0.01Hz、通信波特率为 9600bit/s、无奇偶校验、8 位数据位、1 位停止位、RS 控制，而变频器地址可以设为 0～32。设置好变频器参数之后，控制器可以通过 RS-485 总线发送通信指令，通信流程如图 4-52 所示，微处理器的主站指令与变频器的响应信号之间具有一定的时间间隔，在程序中需要通过循环延时语句实现。

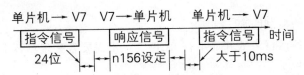

图 4-52　Modbus 总线通信流程

（3）ATV58 变频器的通信功能

ATV58 变频器提供如下 3 种通信功能。

　　① 集成在本机上的通信接口，该接口即变频器操作面板接口，它提供了一个 RS-458 连接的简化的 Modbus 协议接口。

　　② 通过附加通信卡实现的高速通信接口，提供了可以同时连接多达 62 台变频器、最高传输速率达 1Mbit/s 的高速通信接口，主要有：

　　a. FIPIO 总线，通过 FIPIO 通信卡（VW3-A58301）连接。

　　b. ModbusPlus 网络，通过 ModbusPlus 通信卡（VW3-A58302）连接。

　　c. Interbus-S 总线，通过 Interbus-S 通信卡（VW3-A58304）连接。

　　d. AS-i 总线，通过通信卡（VW3-A58305）连接。

　　e. Profibus 现场总线，通过 Profibus 通信卡（VW-3A58307）连接。

　　③ 通过附加通信卡实现的低速通信接口，主要用于与标准总线的连接，包括 Uni-Telway，ModbusRTU，ModbusASCII 总线。通过 Uni-TelwayModbus 通信卡（VW3-

A58303）和 RS-485 通信卡（VW3-A58306）连接。

上述接口的主要特性如表 4-7 所示。

表 4-7　ATV58 通信口特性

协议	基本接口 Modbus （从站）	高速通信				低速通信 Uni-TelwayModbus 和 ASCII
		FIPIO	Modbus +	Interbus-S	AS-i	
最多可连接变频器台数	18	62 个地址，但对 PLC 仅可连接最多 52 个	55 个变频器,同时最多有 64 个站,同时有一个站对变频器进行监控	62 个变频器（与 Premium 的 IBY100 结合）	31	28
传输速度	192000bit／s	1Mbit／s	1Mbit／s	500Kbit／s	166Kbit／s	4800～19200bit／s
传输距离	1000m	15km （光缆）	1800m	13km	100m	1000m
网络或总线特性 （理论上）	最多 256 个地址	最多 128 站,地址 0 用于总线仲裁,地址 64 保留	最多 64 站	最多 256 站	最多 31 站	对 Uni-Telway 有 31 个可选地址接 28 台设备（通过开关）

DRIVECOM 标准是变频器制造商为实现其设备的基本功能标准化而制订的一个统一格式，以保证用户可以对不同的设备进行相同的操作，可实现一台符合 DRIVECOM 标准的设备可以为另一台具有同样标准的设备所替换，而上位系统（PC 或 PLC）对该设备的处理程序是相同的。

DRIVECOM 标准对变频器的处理过程提供一份状态图，图中的每个步骤清晰表明了变频器的相应状态，变频器的状态由变频器内部的状态寄存器（ETA）的值给出，同时可以通过发送一个控制字（CMD）对其进行修改。

ATV58 变频器的串行通信连接（包括高速和低速通信功能）的处理过程依从 DRIV-ECOM 标准，同时其内部数据区提供了变频器操作的全部通信变量，ATV58 变频器的几个典型内部通信变量见表 4-8。

取下 ATV58 变频器的操作面板，可以看到本机上的 Modbus9 针 D 型接口，该接口 RS-485 引脚定义如下：引脚 3，D（A）；引脚 7，D（B）；引脚 4，0V。

表 4-8　ATV58 变频典型内部通信变量

写入操作		读出操作	
地址代码	说明	地址代码	说明
400CMD	DRIVECOM 命令寄存器	450FRH	给定频率
401LFR	在线给定频率	451RFR	电动机输出频率
252ACC	加速度	454ULN	线电压
253DEC	减速度	457LFT	上一次故障
254UFR	IR 补偿	458ETA	DRIVECOM 状态寄存器

以 PC 机、PLC 或人机界面（Magelis）为主站，根据 Modbus 协议，依从 DRIVE-COM 标准编写从站访问程序，通过对 ATV58 变频器内部通信变量的访问，即可实现 Modbus 通信功能。ATV58 变频器应用通信功能时，其端子控制功能是无效的，但可以通过对 ATV58 变频器的逻辑输入进行编程，以一个外接触点的输入将变频器强制为本地控制方式，即端子控制。ATV58 变频器的 Modbus 通信参数需要通过操作面板预先设置如下：控制菜单（CTL：4-CONTROL）；端子控制（LCC：KeypadComm.）-No（不采用端子控制）；变频器地址（Add：DriveAddress）—1，2，…，18（Modbus 子站地址）。

在 PLC 的软件编程中，通过下列指令可以实现对 ATV58 变频器的内部通信变量的访问（m：模块，v：通道，i：从站地址）。

读变量：

READ _ VAR（ADR♯m，v，I，%MW，450，10，%MW3101；10，%MW3150；4）

将 ARV58 地址 450～459 中的数据读入 PLC 内部数据区%MW3101～3110 内，通信正常与否等通信管理数据存入%MW3150～3153 中。

写变量：

WRITE _ VAR（ADR♯m，v，I，%MW，400，3，%MW3001；3，%MW3050；4）

将 PLC 内部数据区%MW3001～3003 中的数据写入 ATV58 地址 400～402 中，通信正常与否等通信管理数据存入%MW3050～3153 中。

变频器运行、停止、故障后重启等操作控制须依从 DREVECOM 标准编写相应的程序。

案例 5. 华为 TD2000 系列变频器的通信控制网

华为 TD2000 系列变频器可以采用单监控主机多变频器从机控制网，即"单主多从 RS-485"方式和单监控主机单变频器从机控制，即"点对点 RS-232"方式进行组网控制。TD2000 系列变频器选择通信控制方式可通过功能码 F000 和 F002 进行设置，见表 4-9。

表 4-9　TD2000 系列变频器通信控制方式选择

功能码	内容	作　　用
F000	5	运行频率设定方式:上位机串口设定
F002	2	运行命令:上位机串口控制

（1）物理接口

① 物理接口方式

RS-232：异步，全双工；

RS-485：异步，半双工；

RS-232 和 RS-485 之间的选择可由控制板上的跳线 CN14、CN15 来完成。

② 数据格式

1 位起始位、8 位数据位、1 位停止位、无校验；

1 位起始位、8 位数据位、1 位停止位、奇校验；

1 位起始位、8 位数据位、1 位停止位、偶校验。

默认为 1 位起始位、8 位数据位、1 位停止位、无校验。数据格式的选择可通过功能码 F117 进行设置。

③ 波特率（bit/s）　TD2000 系列变频器通信波特率可选择参数有：300，600，1200，2400，4800，9600，19200，38400。默认值为 9600bit/s，波特率的选择可通过功能码 F116 进行设置。

（2）协议格式

TD2000 系列变频器的通信协议采用 ASCII 码变长单参数自主开放协议，其中每个所发送的字节都遵守 ASCII 规范，即用 1 字节的 ASCII 字符 30H～39H，41H～46H 表示 0～F 的十六进制数。数据包格式如图 4-53 所示。

发送顺序	1	2	3	4	5	6	7	8	9	10	11	12	13	14	15	16	17	18
	数据包头	从机地址	从机地址	命令响应	命令响应	辅助索引	辅助索引	命令索引	命令索引	运行数据	运行数据	运行数据	运行数据	校验和	校验和	校验和	校验和	数据包尾
定义	头	地址		命令区		索引区				数据区				检验区				尾
发送字节	1	2		2		4				4				4				1

图 4-53　数据包格式

① 数据包头。每次所发送信息的第一个字节，固定为 7EH＝"～"。

② 从机地址。变频器从机的本机地址，为十六进制数，两个字节。设置范围为 01H～7EH，7EH＝127 号地址是广播地址，00H＝0 号地址为预留，在变频器上可通过功能码 F118 设置本机地址。

③ 命令响应。当主机发送时为命令，可完成通信功能目的，如对变频器进行启动、停止、频率设置、参数读取等。当从机（变频器）发送时为对主机命令的响应或工作状态的反馈，十六进制数，2 个字节。

④ 索引。包括辅助索引和命令索引两部分，是对命令响应码进行的详细说明，如变频器采取哪种方式运行，读取哪个参数，变频器的停车方式等。十六进制数，4 个字节。

⑤ 运行数据。描述运行参数或设置参数，十六进制数，4 个字节。可根据命令的不同而省略，是一种变长通信协议。协议中的数据可根据不同的参数对应不同的单位，设定频率参数的单位为 0.01Hz，如对变频器的频率设置为：3000D，则变频器的实际设定频率为 3000×0.01Hz＝30Hz。

⑥ 校验和。十六进制数，4 个字节。为所发送数据包中从"从机地址"到"运行数据"所有字节对应的 ASCII 字符的累加和（十六进制）再转换为 4 个字节的 ASCII 码。如不够 4 个字节，前面补零。如一校验和为：3B7H，则补为 03B7H。

⑦ 包尾。每次所发送信息的最后一个字节，固定为 0DH，即"回车符"。

（3）系统的物理链接

在变频器与上位机的通信系统中，计算机的 RS-232 口通过一个 BOSIRS-485A 转换为 RS-485 构成通信网络，变频器作为从机组成"单主多从"通信网，通信介质为屏蔽双绞线，屏蔽层一点接地，总线的两个物理终端需接入终端电阻（电阻值为 120Ω）。系统的网络配置如图 4-54 所示。

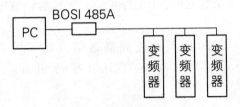

图 4-54　系统网络配置图

① 用 MSComm32ocx 控件　MSComm32 控件是 VisualBasic 自带的一个控件，MSComm32 控件为黄色的电话机状组件，非常用控件。应用时首先要求注册，把它放到表单上，然后设置其属性：CommPort＝1，InBufferSize＝1024，InPutLen＝0，OutBufferSize＝1024，RTHreshold＝18，RTSEnable＝False，settings＝9600，n，8，1。其中波特率设为 9600，校验码为无校验，8 位数据位，1 位停止位。通信时驱动 MSComm32 控件的 ONCOMM 事件。

② 可视化界面　VisualBasic 等可视化编程软件的最直观的优点就是操作界面可视化，这样使得程序员的编程和操作员的操作都比较方便。图 4-55 为此系统的主控制界面，其中包含了一些常用的控制按钮。"开机"等按钮为单个孤立的控件，设计时可单独进行设置和编程。

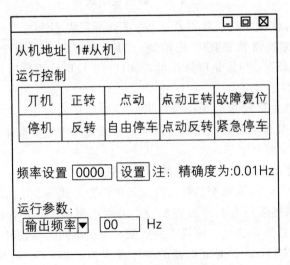

图 4-55　系统的主控制界面

③ VB 编程　VisualBasic 在编程时可以对单个控件的某一个事件进行编程，运行时事件与事件之间互不影响，这样使编程大大简化，调试更加方便。

案例 6. CX 变频器与 PLC 间的通信

CX 变频器使用 RS-485 通信接口，以 MODBUSRTU 模式的通信协议与外界通信，传输速率为：2400bit/s、4800bit/s、9600bit/s、19200bit/s（由变频器参数 Pn70 设定）。联机方式如图 4-56 所示。

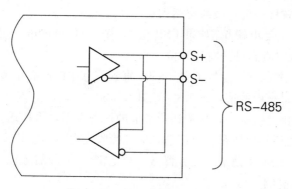

图 4-56　CX 变频器联机方式

（1）通信协议说明

在 MODBUSRTU 模式的通信协议中，一个信息由 4 个部分组成：slave 地址、功能码、资料及 CRC-16 检查资料，并依序送出。每一个信息的开始与结束，皆以 3.5 个字符的间隔时间来做识别（T1～T4：字符时间）。

在 RTU 模式中，字符的格式如表 4-10 所示。

表 4-10　字符格式

有同位检查	start	1	2	3	4	5	6	7	8	parity	stop
没有同位检查	start	1	2	3	4	5	6	7	8	stop	stop

① slave 地址（Slaveaddress）　由 Pn69 可设定每一台变频器的地址，设定范围从 01～31。由 master 发出的信息，可以被所有共同连接的 slave 接收，但仅有地址与信息中 slave 地址设定相同的 slave 才会执行此信息。当信息中的 slave 地址设定为 0 时，所有共同连接的 slave 皆可收到信息，并执行此信息，但此信息仅能做 RUN/STOP、FAULTRESET 和频率命令的设定。此时 slave 只会接收 master 送来的信息，而不会响应任何信息给 master。

② 功能码（Functioncode）　功能码如表 4-11 所示。

表 4-11　功能码

功能码	功　　能	备　　注
03H	读取 Holdingregister 内资料	
08H	回路测试	
10H	写入资料到 Holdingregister	slave 地址可设定为 0

③ 资料（Data） 因每一种功能需要的资料不尽相同，在"信息模式"中可根据功能选择不同的信息资料。

④ CRC-16 检查资料 CRC-16 是一个 14bit binary 值，计算 CRC-16 的步骤如下。

a. 先设定 CRCregister 为 FFFFH。

b. 将 CRCregister 的低字节与信息中的第一个字节作 XOR，并将结果传回 CRCregister 的低字节。

c. CRCregister 右移一位，最高位填入 0。

如果 LSB 是 0，重复步骤 b。如果 LSB 是 1，则 CRCregister 与 A001H 作 XOR。

d. 重复步骤 b 及 c 直到已经右移 8 位为止。

e. 对信息的下一个字节，重复步骤 a~d，直到信息中的所有字节都处理完。

f. 此时 CRCregister 中的值，即为 CRC-16data。

在传送 CRC-16 检查数据时，先传送低字节的检查数据，再传送高字节的检查数据。

⑤ 响应信息 变频器如果有响应信息，应在接收完命令信息约 20ms 以后，才可能送出响应信息。当写入 0400H 地址，变频器做参数记忆，约 1s 后才能送出响应信息。在以下情形下，变频器没有响应信息：

a. 在接收信息时，检出通信错误（parityerror，framingerror，overrunerror 或 CRC-16error）。

b. 命令信息中的 slave 地址与参数 Pn69（变频器地址）不相同。

(2) 信息格式

7200CX 仅使用三种命令：读取、回路测试及写入。信息长度见表 4-12。

表 4-12　信息长度

命令	功能码	功能	命令信息		响应信息	
			Byte(Min.)	Byte(Max.)	Byte(Min.)	Byte(Max.)
读取	03H	读取 Holdingregister 内资料	8	8	7	21
回路测试	08H	回路测试	8	8	8	8
写入	10H	写入资料到 Holdingregister	11	25	8	8

一次可同时写入的 Holdingregister 最多为 8 个 register，写入命令中可以设定 slave 地址为 0，此时所有线上的 slave 皆会收到此信息，但仅能设定 RUN/STOP、FAULTRESET 和频率命令等资料。此时 slave 不作任何响应。利用写入命令改变的参数，在关机时并未存入 E^2PROM 中，必须在 PRG 模式下，写入 0400H 地址，方可记忆。

(3) RS-485 通信范例

利用 PLC 经由 RS-485 来控制变频器地址为 5 的 7200CX，执行图 4-57 所示的运转操作程序。

① 控制 7200CX 以 100％速度正向运转，同时多机能输出端子 11、12 动作。

② 控制 7200CX 以 100％速度到 50％速度，多功能输出端子 11、12 不动作，而多机

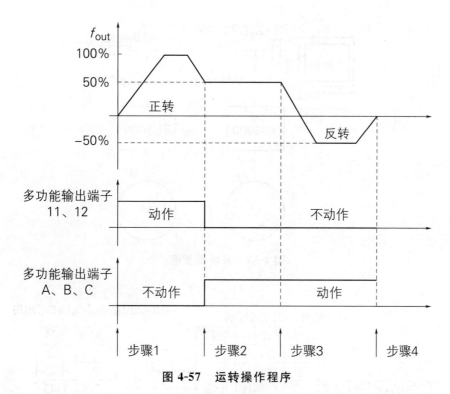

图 4-57　运转操作程序

能输出端子 A、B、C 动作。

③ 控制 7200CX 以 50％速度反向运转，同时多机能输出端子 A、B、C 动作。

④ 控制 7200CX 以 50％减速停止，同时多机能输出端子 A、B、C 仍然保持动作状态。

案例 7. PC 对多台 TD3000 变频器的实时监控

（1）系统的硬件连接

TD3000 是 EMERSON 公司的高性能矢量控制变频器，能以很高的控制精度进行宽范围的调速运行，它带有内置的标准 RS-485 通信口，通过转换器可方便地与上位机进行串行通信，实现上位机对变频器功能码的快速修改及运行状态的直观监控，并实现组网监控运行。系统配置如图 4-58 所示。

计算机的 RS-232 口通过一个 RS-232/RS-485 转换器转换为 RS-485 构成通信网络，以 TD3000 变频器作为从机组成"单主多从"通信控制网（单监控主机多变频器从机），通信介质为屏蔽双绞线，屏蔽层一点接地。变频器串行通信端子的接线如图 4-59 所示。

（2）TD3000 变频器的串行通信协议及相关参数设置

TD3000 的通信协议中，上位机与变频器之间的通信是通过交换命令和应答实现的。

① 物理接口　RS-485 总线接口：异步、半双工；总线上每段最多 32 个站（最多 31 个从站），可用中继器扩展至 127 个站（包含中继器）。

② 数据格式　1 位起始位、8 位数据位、1 位停止位、无校验；1 位起始位、8 位数据位、1 位停止位、奇校验；1 位起始位、8 位数据位、1 位停止位、偶校验；默认：1 位起始位、8 位数据位、1 位停止位、无校验。

③ 波特率　TD3000 变频器的通信波特率有以下几种可选择：9600bit/s、19200bit/s、

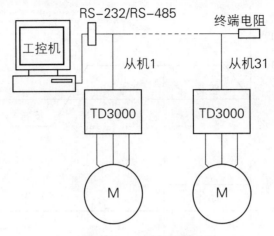

图 4-58 系统配置图

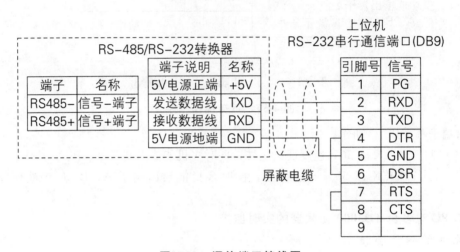

图 4-59 通信端口接线图

38400bit/s、125Kbit/s。默认值为 9600bit/s。

④ 通信地址 从机的本机地址设置范围 2～126。127 号为广播地址，主机广播时，从机不允许应答。

⑤ 通信方式 上位机为主机，变频器为从机。采用主机"轮询"，从机"应答"方式。

⑥ 协议类型 协议采用长短帧结构：短帧用于独立传送自动控制系统所需的控制字和状态字；长帧既包括控制字和状态字又含有涉及操作控制、观测、维护以及诊断等的内容（所具有的内容受变频器自身功能的限制）；特殊报文用于获取从站的软件版本和机器型号。

⑦ TD3000 变频器的参数设置 使用通信方式控制变频器时，应对变频器的通信数据格式、波特率、通信地址等进行设置。下面是对 TD3000 变频器的参数设置：

F0.03＝6 频率设定方式选择"通信给定"；

F0.05＝2 运行命令选择"通信控制"；

F9.00＝3 串行通信时的波特率设定为 9600bit/s；

F9.01＝0串行通信时的数据格式采用"N，8，1"，即1位起始位，8位数据位，1位停止位，无校验；

F9.02＝2本机地址设置2号从机。

（3）数据帧结构

数据帧结构见表4-13。

表4-13　数据帧结构

起始字节 （1字节）	从机地址 （1字节）	功能码操 作命令/ 响应 （1字节）	功能码号 （1字节）	功能码设 定/实际值 （2字节）	控制/状态 （2字节）	主设定/ 实际值 （2字节）	异或校验 （1字节）
		参数数据			过程数据		
帧头		用户数据					帧尾

帧头包括：起始字节（特殊报文：68H；短帧：7EH；长帧：02H）；从机地址（范围2～126，127为广播地址，0、1号地址保留）。

帧尾包括：校验数据（异或校验，计算方法为本帧数据字节的连续异或结果）。

用户数据包括：参数数据和过程数据两部分（在短帧中没有参数数据）。其中参数数据包括：功能码操作命令/响应、功能码号、功能码设定/实际值。

过程数据包括：主机控制命令/从机状态响应、主机运行主设定/从机运行实际值。当主机发送时为"命令"或"设定值"，如对变频器进行开机、关机、正反转、频率设置、参数读取等，当从机（变频器）发送时为对主机命令的"响应"或工作状态及参数"实际值"的反馈。数据遵循先发高字节，再发低字节的原则。如果功能码操作不正确，则用低字节返回操作错误代码，此时高字节为0。变频器的运行控制既可以用长帧实现，也可以用短帧实现。以长帧为例的帧格式如图4-60所示。

（4）监控界面

图4-61是监控系统的主控制界面，对TD3000的开机、关机、正转、反转、点动正转、点动反转、自由停车、紧急停车、故障复位等控制，通过点击窗口上相应的运行控制按钮来实现，如果点击右边的"运行参数"按钮，即可进入变频器运行参数监控界面，实时监视变频器的运行频率、设定频率、运行转速、设定转速、输出电流、输出电压、闭环反馈、闭环设定、变频器当前状态等。

基于RS-485总线的计算机对变频器通信过程中应注意以下的事项：

① 在实际的运行过程中，长帧和短帧的发送，有时会出现不能同时发送的情况，这是因为变频器对指令的处理时间与所设置的波特率不协调，以至于不能辨认数据帧，这时可以改变一下波特率，使之协调。

② 两个通信帧之间要保证有2个字节以上传输时间的间隔，确保准确识别报文头。

③ 在读取参数时，会出现所返回的数据不能够稳定地固定在某一个范围内，返回错误数据。这是因为发送数据与接收数据的间隔设置不当引起的，以至于变频器还没有正确

计算机到变频器：

发送顺序 (字节)	1	2	3	4	5	6	7	8	9	10	11
	起始字节	从机地址	命令字	功能码号	功能码设定值	功能码设定值	控制字	控制字	运行数据设定	运行数据设定	异或校验
字节定义	头	地址	命令区		参数区		控制区		数据区		校验

变频器到计算机：

发送顺序 (字节)	1	2	3	4	5	6	7	8	9	10	11
	起始字节	从机地址	响应字	功能码号	功能码设定值	功能码设定值	状态字	状态字	运行数据设定	运行数据设定	异或校验
字节定义	头	地址	命令区		参数区		控制区		数据区		校验

图 4-60 变频器的运行控制长帧格式

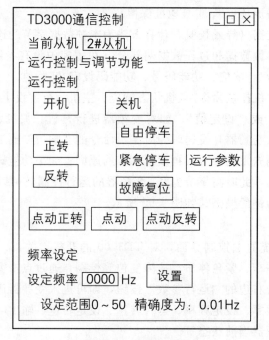

图 4-61 监控界面

处理完数据时，就已经读出错误数据。

④ 使用 MSComm 控件时，不能以数字串的形式直接发送，而是要以字节形式发送，同时在接收时，要用二进制的形式来取回数据，否则通信就不能成功。

实例 8. 基于 Profibus-DP 现场总线的 PLC 与变频器间通信

变频器通过 Profibus-DP 网与主站 PLC 的接口是经过通信模块 CBP 板来实现的，带有 DP 口的 S7-300/400 系列 PLC 也可以通过 CPU 上的 DP 口来实现。采用 RS-485 接口及支持 9.6Kbit/s～12Mbit/s 波特率数据传输，数据传输的结构如图 4-62 所示，其中数据的报文头尾主要是来规定数据的功能码、传输长度、奇偶校验、发送应答等内容，主从站之间的数据读写的过程如图 4-63 所示。核心部分是参数接口（简称 PKW）和过程数据（简称 PZD），PKW 和 PZD 共有五种结构形式，即 PPO1、PPO2、PPO3、PPO4、PPO5，其传的字节长度及结构形式各不相同。在 PLC 和变频器通信方式配置时要对 PPO 进行选择，每一种类型的结构形式如下：

PPO1 4PKW＋2PZD（共有 6 个字组成）

PPO2 4PKW＋6PZD（共有 10 个字组成）

PPO3 2PZD（共有 2 个字组成）

PPO4 6PZD（共有 6 个字组成）

PPO5 4PKW＋10PZD（共有 14 个字组成）

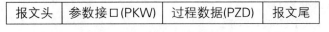

| 报文头 | 参数接口(PKW) | 过程数据(PZD) | 报文尾 |

图 4-62　数据传输的结构

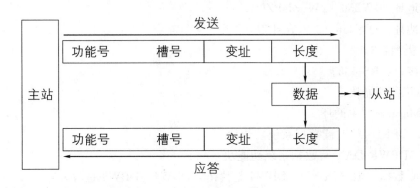

图 4-63　主从站间数据读写过程

参数接口（PKW）由参数 ID 号（PKE）、变址数（IND）、参数值（PWE）三部分组成。过程数据接口（PZD）由控制字（STW）、状态字（ZSW）、主给定（Mainsetpoint），实际反馈值（Mainactualvalue）等组成，另外要了解掌握控制字和状态字每一位的具体含义，并熟悉西门子变频器参数的具体应用，在通信参数设置时需要具体定义。

（1）实现通信的软硬件要求

① 硬件要求

a. 133MHz 以上且内存不小于 16MB 的编程器。

b. 西门子 S7-300/400 系列 PLC，RAM 不小于 12KB，并带有 Profibus-DP 接口，或是 S7-400（RAM 不小于 12KB）配 CP443-5 的通信板。

c. 带有 CBP 通信模块和带有 CU2/SC 的 VC 板的变频器。

② 软件要求

a. Win95 或 WinNT（V4.0 以上）。

b. STEP7（V3.0 以上）。

c. 安装 DVA-S7-SPS7。

（2）传动参数的设置

　　　P053＝3；参数使能

　　　P090＝1；CBP 板在 2＃槽

　　　P918＝3；从站地址

　　　P554.1＝3001；控制字 PZD1

　　　P443.1＝3002；主给定 PZD2

　　　P694.1＝968；状态字 PZD1

　　　P694.2＝218；实际值 PZD2

（3）PLC 与变频器通信程序

　　要实现通信功能，正确的程序编写是非常重要的，下面将以西门子的 S7-416PLC 和 6SE70 变频器为例来介绍通信的程序编写。

　　① 基本配置和定义

　　主站 Master 为 CPU-414-2DP。

　　从站 Slave 为 6SE70 变频器，Profibus-DP 地址是 3。

　　输入地址：IW256（2WordsPZD）。

　　输出地址：QW256（2WordsPZD）。

　　PPO 类型：3。

　　总线接口：RS-485。

　　② 使用的功能块

　　OB1Maincycle 主循环

　　SFC14DPRD-DAT 读数据系统功能块

　　SFC15DPWR-DAT 写数据系统功能块

　　DB100 数据存取（DBW0～DBW4 是读出，DBW4～DBW8 是写入）

　　MW200MW210 通信状态显示

　　③ 程序编写

　　OB1

　　NETWORK1：读出数据

　　CALLSFC14

　　LADDRW＃16＃100

　　RET-VALMW200

　　RECORDP＃DB100.DBX0.0BYTE4

　　NETWORK2：显示数据

　　LDB100.DBW0

　　TMW50

　　NOP0

　　NETWORK3：写入数据

　　LW＃16＃EFFF

　　TDB100.DBW5

　　NETWORK4：发送数据

CALLSFC15

LADDRW♯16♯100

RECORDP♯DB100.DBX5.0BYTE4

RET-VALMW210

把程序存储编译下装，检查变频器的参数设置后，即可上电进行调试。

实例 9. 三菱变频器与西门子 PLC 通信

（1）系统配置

三菱 A、F、E 系列变频器具有与 Profibus-DP 现场总线连接的通信功能，三菱 Q 系列 PLC 可能作为该网络的主站。可由主站向变频器发送各类命令：启/停、多段速选择、频率设定、修改参数、故障复位等，主站从变频器读取相关信息〔运行方向、输入输出端子状态、运行频率（转速）、电流、电压、参数内容、故障代码等〕，能极大地方便了配有 Profibus-DP 总线的用户。PLC 控制变频器的方法有：

三菱变频器可内置各种类型的通信选件，如用于 Profibus-DP 现场总线的 FR-A740 选件。三菱 FX 系列 PLC 有对应的通信接口模块与之对接。采用现场总线方式控制变频器的优点有：速度快、距离远、效率高、工作稳定、编程简单、可连接变频器数量多。缺点：造价较高，远远高于采用扩展存储器通信控制的造价。

FR 系列变频器与 Profibus-DP 网络的连接是通过安装 FR-A5NP、FR-E5NP、A7NP 卡来实现的，其典型配置如图 4-64 所示，可以把系统分为三层结构，分别为监控层、控制层、执行层。IPC 作为监控层，采用 MCGS 组态软件，用于对系统进行监控，PLC 作为控制层，它作为工控机与变频器之间的桥梁，一方面，它对变频器进行控制，另一方面将生产线上信息（如变频器的速度、报警等）传达给工控机，其中 IPC 与 PLC 采用 MPI（multipointinterface）。变频器作为执行层，将 PLC 下达的指令执行，实现对电动机的控制。

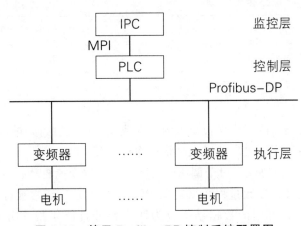

图 4-64 基于 Profibus-DP 控制系统配置图

（2）基于 FR-A5NP、FR-E5NP、A7NP 变频器数据通信

① 参数设置 用设备数据文件（GSD）使主站识别 Profibus-DP 总线下的设备功能及特点，在主站设置软件列表中已有部分厂商（包括三菱）的设备数据文件，如驱动、阀门、I/O、HMI、PLC 等，可选择与所用从站性质相符的文件。

启动设置软件 GXConfigurator-DP，在主站中设定相关参数，除连接模式（通常模式 0 或扩展模式 E）和站号（一个主站时应设 0），其余内容（波特率、间隔时间、超时检测、控制时间等）均可取默认值。进行总线设置时，也不必改动原设置，可确认默认值，选择自动刷新。

建立从站并设定相关参数，选定除 0 以外的站号（1～125）和与 CPU 通信的输入输出元件的编号（X、Y、M、D 等），其余可用默认值。在三菱变频器与该总线连接时，输入输出各占 6 个字元件（12 字节），它们中包括了：参数号（PNU）和任务及应答 ID（AK）、参数索引、参数值、变频器状态字。

在进行设备通信之前，必须对变频器的相关参数进行设置，设置变频器适配卡 FR-A5NP、FR-E5NP、A7NP 上的网络节点地址，必须要与 STEP7 硬件组态中设置的地址完全一致，这个设置主要通过 FR-A5NP、FR-E5NP、A7NP 上 SW3、SW1 两个旋钮开关来调节的，开关 SW2、SW1 分别设为 0 和 1，即为一号站。并将部分相关部分参数设于网络工作方式：Pr79＝0、2 或 6；Pr338＝Pr339＝0；Pr340＝1 或 2，另外其他主要参数设置如表 4-14 所示。

表 4-14　A740Profibus 通信主要参数设置

参数编号	通信参数	单位	设置值	设置内容
Pr. 79	运行模式选择	1	0、2、6 均可	网络运行模式
Pr. 340	通信开始模式选择	1	1、2	
Pr. 338	通信运行指令权	1	0	运行指令权通信
Pr. 339	通信速度指令权	1	0	速度指令权通信
Pr. 342	EEPROM 保存模式选择	1	0	写入 EEPROM
Pr. 349	通信复位	1	0	在任何模式
Pr. 500	通信错误等待时间	0.1s	0	0s
Pr. 550	网络模式操作权选择		9999	自动识别

以上参数是在变频器的操作面板设置的。参数设置完成后，并进行断电后再通电，使新的设置生效，以后每次开机后即进入网络运作模式。

② Profibus-DP 通信协议　对于调速驱动装置，根据变速驱动行规，在周期型通道中传输的数据结构被定义为参数过程数据对象 PPO。这个通道经常被称为标准通道，其中包含有用的用户数据。可用的数据结构分为两个部分且能用报文分别传送：过程通道 PZD 部分、参数通道 PKW 部分。具体的协议报文结构如图 4-65 所示。

协议结构 （头部）	有效数据		协议结构 （尾部）
	参数通道(PKW)	过程通道(PZD)	

图 4-65　Profibus-DP 报文中有效的数据结构

变速驱动行规对 PPO 的结构、长度作了更具体的规定，常用的参数过程数据对象 PPO 一共有 5 种类型，按照可用数据有无参数通道及过程通道的数据字的多少来划分：

a. 可用数据有数据区而无参数区，有两字或六个字的过程数据，如 PPO3 和 PPO4。

b. 可用数据有参数区和数据区，且有两个字、六个字的过程数据，如 PPO1、PPO2、PPO5。常用的 PPO 类型见表 4-15。选用哪种类型的 PPO，取决于在硬件组态中的设置。过程数据在传动系统中总是以最高优先级进行传送和处理，它主要传送传动装置的状态信息和控制信息。参数数据运行存取传动系统的所有参数。因而，它能够在不影响过程数据传输性能的情况下，从上一级系统调用参数值、诊断值、故障信号等。

表 4-15 常用 PPO 数据类型

PPO 类型		1	2	3	4	5
PKW(参数识别值)段	PKE /参数识别	√	√			√
	IND /变址	√	√			√
	PWE /参数值	√	√			√
	PWE /参数值	√	√			√
PZD(过程数据)段	PZD1STW1 /控制字 ZSW1 /状态字	√	√	√	√	√
	PZD2HSW /主设定值 HIW /主实际值	√	√	√	√	√
	PZD3		√		√	√
	PZD4		√		√	√
	PZD5		√		√	√
	PZD6		√		√	√
	PZD7					√
	PZD8					√
	PZD9					√
	PZD10					√

PKW 区说明参数数值（PKW）的数据接口处理方式，PKW 接口并非物理意义的接口，而是一种通信机理。这一机理确定了参数在两个通信伙伴之间（如 PLC 和变频器之间）的传输方式。PKW 参数区一般包含 4 个字。前两个字（PKE 和 IND）的信息是关于主站请求任务（任务识别标记 ID）和从站应答响应（应答识别标记 ID）的报文。PKW 的后两个字（PWE1 和 PWE2）用来读写具体的参数数值。

PKW 参数通道的第一个字是参数标识符 PKE，位 0～10（PNU）包括所请求的参数号，它决定所要执行的参数读写任务访问的是数组参数中的哪一个元素。位 11（SPM）是用来参数变更报告的触发位。位 12～15（AK）包括任务标识 ID 和应答标识 ID。

PKW 参数通道的第二个字为变址 IND 的 12～15 位，是参数号 PNU 的扩展页号，它和参数标识符基本参数号 PNU 共同产生完整的变频器参数号。变址 IND 的 0～7 位为带数组的参数寻址提供数组下标，决定访问数组参数的哪一个元素。

第三和第四字为参数数值（PWE）。参数值总是以双字来传送，在 PPO 报文中，一次只能传送一个参数值，由 PWE1（高位字）和 PWE2（低位字）共同组成一个 32 位参数数值。当用 PWE2 传送一个 16 位参数值，必须在 DP 主站中设置高位字 PWE1 为零。

利用 PKW 参数通道修改变频器参数必须遵守以下规则：

a. 一个任务或一个应答仅能涉及一个参数。

b. 主站必须重复地发送任务报文直到从站得到相应的应答报文，主站通过对应答识别 ID、参数号、变址下标和参数值的处理识别任务的应答。

c. 完成的任务必须送出一个报文，对于应答也一样。

d. 在应答报文中重复的实际值总是当前的最新值。

e. 如果在周期工作中不需要 PKW 参数通道的信息而只需要 PZD 过程通道的信息，则任务 ID 被发布为"无任务（用 0 表示）"。

过程通道 PZD 区是为监测和控制变频器而设计的，在 DP 主站和从站中收到的 PZD 报文总是以最高的优先级处理，即处理 PZD 过程通道的优先级高于处理参数通道 PKW 的优先级，而且 PZD 过程通道总是变频器当前最新的有效数据。通常 DP 主站给变频器的任务报文中，第一个 PZD 字为控制字，第二个字为主设定值；变频器给 DP 主站的响应报文中，第一个 PZD 字为状态字，第二个字为主实际值。

FR-A740 采用 PPO3 的数据传输结构，即使用过程通道（PZD）控制和监测变频器的工作，而没有使用参数通道（PKW）修改变频器的内部参数。PPO3 的数据结构见表 4-16。

表 4-16　PPO3 的数据结构

传输 ＼ 通道	PZD1	PZD2
PLC-FR-A740	STW	HSW
FR-A740-PLC	ZSW	HIW

主站给 FR-A740 的 PZD 任务报文的第一个字 PZD1 是变频器的控制字（STW），其每一位的含义见表 4-17。

对于变频器收到的控制字，其中位 10 必须设置为 1。如果位 10 是 0，变频器将以从前的控制方式继续工作。主站给变频器的 PZD 任务报文的第二个字 PZD2 是变频器的主设定值（HSW），即主频率设定值，以十六进制发送，最小单位是 0.01Hz。

变频器给主站的 PZD 应答报文的第一个 PZD 字是变频器的状态字（ZSW），其每一位的含义见表 4-18。PZD 应答报文的第二个字是主要的运行参数实际值（HIW）。通常，把它定义为变频器的实际输出频率。

③ PLC 程序的编写　以上工作完备并准确无误即可建立通信，由于 Profibus-DP 是基于 RS-485 接口通信，并且主-从站间进行着轮回（polling）通信，每次循环只能执行一件工作，或发出某一指令或接受某一信息，即各类运行指令和状态信息均占用相同的缓冲存储器或字元件，故而需用程序保证其分时工作。在编写变频器通信程序时，首先应该读

表 4-17　FR-A740 变频器控制字定义

位	名　　称	说　　明
0～2	未使用	
3	控制使能	0:输出停止;1:停止取消
4～6	未使用	
7	故障复位	0:无动作;1:故障复位
8～9	未使用	
10	PZD 功能	0:不执行;1:PZD 执行
11	正转启动	0:否;1 是
12	反转启动	0:否;1 是
13	第 2 功能选择	0:否;1 是
14	输出停止	0:否;1 是
15	RAM /EEPROM	0:写入 RAM;1 写入 EEPROM

表 4-18　FR-A740 变频器状态字定义

位	名　　称	说　　明
0～2	未使用	默认 1
3	变频器故障	0:正常;1:变频器故障
4～5	未使用	
6	接通命令	0:接通
7	报警	0:命令执行正常;1:命令执行不正常
8	未使用	默认 0
9	控制请求	0:无;1:有请求
10	频率检测信号	0:无;1:接通
11	变频器正在运行	0:无;1:正在运行
12	电动机正向运行	0:无;1:电动机正转
13	电动机反向运行	0:无;1:电动机反转
14	变频器运行模式	0:无;1:网络模式
15	变频器是否在忙	0:变频器在准备状态;1:变频器在忙

取变频器的状态字，判断变频器是否准备就绪，如果没有就绪则判断是否存在故障，若有故障要判断故障的类型，给出相关的故障提示信息。然后根据操作指令组装控制字，设定

主频率值，同时实时读取从站的应答报文，完成运行状态的在线显示。其程序结构框图如图 4-66 所示。

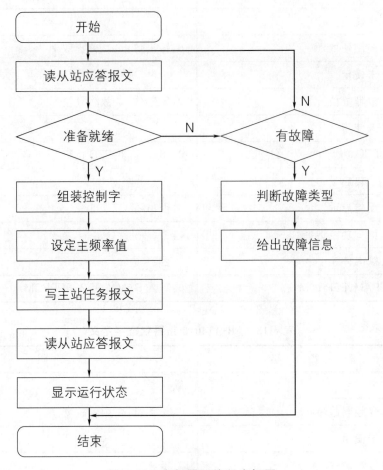

图 4-66　变频器通信程序框图

PLC 作为总线主站读 PZD 应答报文是通过调用 S7 系统功能 SFC14（DPRD＿DAT）来实现，SFC14 用于从一个标准的 Profibus-DP 从站读取一串连续的数值，读取数值的长度取决于 CPU 的类型，它有三个形式参数：DP 从站的读数据区的首地址、存放数据变量的首地址、存放错误代码的地址。若能正确读取数据，错误代码返回 0000（HEX）；若读取出错，错误代码为非零值。同理，写 PZD 报文是通过调用系统功能 sfc15（DPwr＿dat）来实现的，它也有三个入口参数：DP 从站写数据区的首地址、存放待写入数据变量的首地址、存放错误代码的地址。若正确写入，错误代码返回 0000（HEX）；若写入出错，错误代码为非零值。编写变频器通信的 PLC 程序如图 4-67 所示。

实例 10. 基于 Profibus-DP 现场总线 S7PLC 与西门子变频器通信

（1）硬件连接

CBP 为 Master 系列变频器的 Profibus-DP 接口板，先将电子箱中的主电子板取出，将 LBA 总线装入，再将主电子板插回。然后把 CBP 装在 ADB 适配板上，插入电子箱并固定。PLC 安装方式如图 4-68 所示。

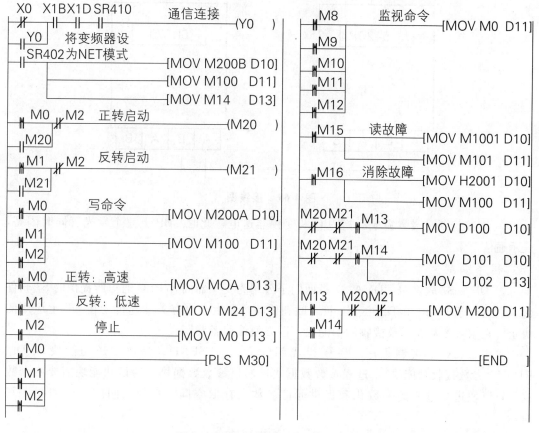

图 4-67 变频器通信的 PLC 程序

图 4-68 PLC 安装方式

Profibus-DP 的硬件接口为 D 型九针插头。连接时可采用西门子提供的总线连接器,按图 4-69 接线,并在两端打开终端电阻开关。

(2) 参数设置

① 设置变频器参数 在硬件连接完毕后,需要对变频器的以下参数进行设置,以便 CBP 能够正常工作。

a. 设置 PPO 类型。

b. 设置报文监控时间。

c. 设置 CBP 的 Profibus-DP 站点地址。

d. 设置 CBP 的参数使能状态。

② 设置 PLC 参数 对 CPU 的 DP 接口进行参数设置,使其能够参数化 CBP。

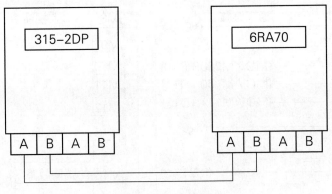

图 4-69　接线图

③ 连接诊断　设置完成后，PLC 及变频器送电，此时 CBP 上三个发光管同时闪亮，表示通信正常。

（3）程序编制

① DVA-S7 软件包　DVA-S7 是西门子公司为变频器同 S7PLC 通信所提供的 S7 软件包，它运行于 Profibus-DP 之上，符合欧洲传动产品生产商有关变速传动在 DP 上应用的协定。它内含参数发送及接收的功能块，以方便编程者调用。

采用 DVA-S7 编制程序，主要组成部分为：DP-SEND（参数发送功能块），DP-RESV（参数接收功能块），过程参数数据块，通信参数数据块。通信功能块需要两个数据块，以便进行过程的参数化和提供通信参数的存取空间。它们之间的关系如图 4-70所示。

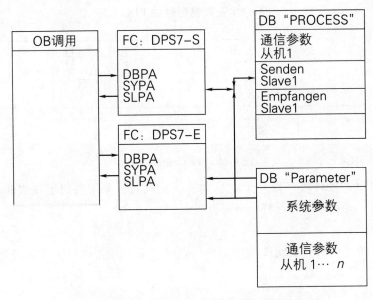

图 4-70　过程的参数化和提供通信参数的关系图

② DPS7-S　用于向变频器发送通信数据，它根据 PPO 的类型以及通信控制字的内容，自动形成有效数据，并将其送往 DP 接口。如果此功能块发现参数设置错误，则将错误代码写入过程数据块的两个字节中。此功能块有三个参数：

DBPA：通信参数数据块代码。

SYPA：系统参数字在通信参数数据块中的起始地址。

SLPA：有效数据在通信参数数据块中的起始地址。

③ DP-RESV　用于接收变频器发送的通信数据，它根据 PPO 的类型以及通信控制字的内容，读入通信设备的缓冲区数据，经过变换后，写入数据块。如果此功能块发现参数设置错误，则将错误代码写入过程数据块的一个字节中。此功能块有三个参数：

DBPA：通信参数数据块代码。

SYPA：系统参数字在通信参数数据块中的起始地址。

SLPA：有效数据在通信参数数据块中的起始地址。

对于上述两个数据块，在程序中至少每个变频器都要调用一次。

（4）数据块

① 通信参数数据块（DBPA）　此数据块与参与通信的变频器数目有关。每个变频器需要 5 个字，另外数据块本身有四个保留字。

② 过程参数数据块（DBND）　此数据块为每一个参与通信的变频器提供如下通信接口：

a. 同每个变频器相关的通信数据。

b. 当前 PKW 任务的缓冲区。

c. PPO 有效数据的发送缓冲区。

d. PPO 有效数据的接收缓冲区。

实例 11. 西门子 6SE70 系列变频器与 S7-300/400 的 Profibus-DP 通信

（1）Profibus-DP 的西门子 6SE70 控制系统结构

Profibus-DP 网的典型配置如图 4-71 所示，PLC（SIMATICS7-300 或 S7-400 系列）作为一级 DP 主站，负责在预定的信息周期内循环与从站交换信息，发送控制信息，读取从站的状态等，组态软件 Wincc 作为二级 DP 主站，用于系统操作与监视等，6SE70 变频器加上 CBP2 通信板（Profibus-DP 通信模块）后作为从站。

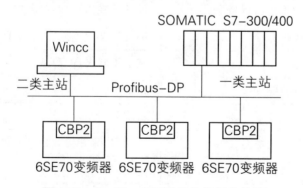

图 4-71　**Profibus-DP 网的总线拓扑结构**

（2）Profibus-DP 网组态与通信

CBP2 通信板是 6SE70 变频器的通信处理器，它负责控制 6SE70 变频器与 SIMATICS7-300 之间的通信，6SE70 变频器接入 Profibus-DP 网中接受控制，必须要与 CBP2 配合使用，在 6SE70 变频器上有固定的插槽，来放置 CBP2。CBP2 通信板将从 Profibus-DP

网中接收到的过程数据存入双向 RAM 中，双向 RAM 中的每一个字都被编址，可通过被编址参数排序，写入控制字、设置值或读出实际值、诊断信息等参量。

采用 SIMATICS7-300 系列的 CPU314-2DP 作为 DP 主站，CPU314-2DP 系统本身具有 Profibus-DP 接口，无需另外的通信接口单元。在编程软件 STEP7 中完成硬件网络的组态，为 6SE70 变频器分配网络地址，该地址必须与变频器内部参数设定的地址相同，在组织块 OB 中选用 sfc14 "DPrd _ dat" sfc15 "DPwr _ dat" 系统功能块，向变频器的 CBP2 模块接收/发送过程数据，如图 4-72 所示。PLC 向变频器发送的控制字各位的定义见表 4-19。

图 4-72　PLC 与 6SE70 变频器之间的通信

表 4-19　PLC 向变频器发送的控制字各位的定义

位数	描　　述	运 行 条 件
bit0	开/关 1 命令	低信号和 P100 = 3、4
bit1	关机 OFF2 命令	低信号
bit2	关机 OFF3 命令	低信号
bit3	逆变器使能命令	低信号
bit4	斜波函数发生器封锁命令	低信号在运行(014)状态
bit5	斜波函数发生器保持命令	低信号在运行(014)状态
bit6	设定值使能命令	高信号及建立励磁时间(P602)终了
bit7	确认命令	在故障状态(007)从 L—＞H 上升沿
bit8	点动 1 开机命令	低信号
bit9	点动 2 开机命令	低信号
bit10	PLC 来的开机命令	高信号,只在接收命令后处理数据
bit11	顺时针旋转命令	高信号
bit12	逆时针旋转命令	高信号
bit13	电动电位计增加命令	高信号
bit14	电动电位计减少命令	高信号
bit15	外部故障 1 命令	低信号

工业组态软件 Wincc 提供各种 PLC 的驱动程序，本例要建一个 Profibus-DP 的二级主站，所以选择支持 S7 协议的通信驱动程序 SIMATICS7protocolsuite，在其中的 "Profibus-DP" 下连接一台 S7-300，设置参数必须与 PLC 中的设置相同。通过以上步骤，即完成了对整个变频器控制系统 Profibus-DP 网的组态与通信。

在 STEP7 软件中创建一个项目，在硬件组态该项目下建一个 Profibus-DP 网络，6SE70 系列变频器在 Proibus-DP->SIMOVERT 文件夹里进行组态，并设定好通信的地址范围。

（3）建立通信 DB 块

一般读写数据都做在一个 DB 块中，且最好与硬件组态设定的 I/O 地址范围大小划分相同大小的区域，便于建立对应关系和管理。读变频器的数据的 12 个字节在 DB0～DB11 中，写给变频器的 12 个字节数据放在 DB12～DB23 中。接下来还可以存放诸如通信的错误代码和与变频器有关的其他计算数据。

（4）写通信程序

通信程序可以直接调用 STEP7 编程软件的系统功能 SFC14（DPRD_DAT）、SFC15（DPWR_DAT）来实现。写通信程序如下：

CALLSFC14//变频器－>PLC

LADDR：＝W＃16＃230//通信地址：为硬件组态的起始地址，即 IAddess 中的 560

RET_VAL：＝DB15.DBW24//错误代码：查帮助可得具体含义

RECORD：＝P＃DB15.DBX0.0BYTE12//传送起始地址及长度

CALLSFC15//PLC－>变频器

LADDR：＝W＃16＃230//通信地址：为硬件组态的起始地址，即 QAddess 中的 560

RECORD：＝P＃DB15.DBX12.0BYTE12//传送起始地址及长度

RET_VAL：＝DB15.DBW26//错误代码：查帮助可得具体含义

（5）变频器参数设置

变频器的简单参数设置见表 4-20。

对于写变频器的数据是与变频器的 k3001～k3016 建立对应关系，读变频器的数据则是与变频器的参数 P734 建立对应关系。即 DB15.DBW12～DB15.DBW22 对应 P734 的 W01～W06。B15.DBW0～DB15.DBW11 对应 k3001～k3012。PLC 读取变频器的数据可以通过设置参数 P734 的值来实现，PLC 写给变频器的数据存放在变频器数据 k3001～k3012 中，在变频器的参数设置里可以进行调用，从而建立了彼此的对应关系。

这样，变频器与 PLC 的连接已经基本建立，就可以编写程序通过 PLC 来控制变频器的启、停、速度给定等各项功能，以满足工艺给定要求。同时也可以读取变频器数据通过上位机进行显示，达到在线监视和诊断的目的。

实例 12. 西门子 PLC 与 ABB 变频器之间的现场总线通信

（1）系统配置及通信协议

① 系统配置　图 4-73 为采用西门子公司和 ABB 公司的相关产品实现全数字交流调速系统在 Profibus-DP 网中的通信网络配置图，其中 PLC 为西门子公司的 SIMATICS7-314-2DP，变频器为 ACS600 系列，NPBA-12 为与变频器配套的通信适配器。编程软件为

表 4-20　变频器的简单参数设置

参数号	参数值	注　　译
P60	3	快速参数设置
P71	380V	进线电压
P95	10	电动机类型:同步/异步电动机 IEC(国际标准)
P100	1	控制方式:U/f 控制
P101	380V	铭牌上电动机额定电压
P102		铭牌上电动机额定电流
P104		铭牌上电动机功率因数
P107	50Hz	铭牌上电动机额定频率
P108		铭牌上电动机额定转速
P109		铭牌上电动机极对数
P382		电动机冷却方式
P383		电动机热时间常数
P368	6	设定控制命令来源:Profibus
P370	1	启动快速参数设置
P60	0	返回用户菜单
P60	4	电子板设置菜单
P711.1		起始通信诊断
P712.1	4	通信方式
P918.1		Profibus 地址
P60	1	返回参数菜单
P734.1	32	装置状态字
P734.2	20	电动机运行频率

STEP7V5.2 软件,用于对 S7-300PLC 编程和对 Profibus-DP 网进行组态和通信配置,上位机画面操作采用 Wincc5.1 进行画面编程和操作。

②通信协议　在本系统中,S7-300PLC 作为主站,变频器作为从站时,主站向变频器传送运行指令,同时接受变频器反馈的运行状态及故障报警状态信号。变频器与 NPBA-12 通信适配器模块相连,接入 Profibus-DP 网中作为从站,接受主站 SIMATICS7-314-2DP 控制。NPBA-12 通信适配器模块将从 Profibus-DP 网中接收到的过程数据存入双向 RAM 中,在变频器端的双向 RAM 可通过被编址参数排序,向变频器写入控制字、设置值或读出实际值、诊断信息等参量。

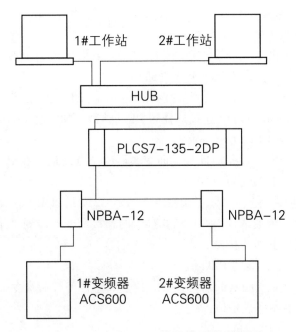

图 4-73　**Profibus-DP 的通信网络配置图**

变频器现场总线控制系统若从软件角度看，其核心内容是现场总线的通信协议。Profibus-DP 通信协议的数据报文结构分为协议头、网络数据和协议层。网络数据即 PPO 包括参数值 PKW 及过程数据 PZD。参数值 PKW 是变频器运行时要定义的一些功能码，过程数据 PZD 是变频器运行过程中要输入/输出的一些数据值，如频率给定值、速度反馈值、电流反馈值等。

Profibus-DP 共有两种类型的网络 PPO：一类是无 PKW 而有 2 个字或 6 个字的 PZD；另一类是有 PKW 且还有 2 个字、6 个字或 10 个字的 PZD。将网络数据这样分类定义的目的是为了完成不同的任务，即 PKW 的传输与 PZD 的传输互不影响，均各自独立工作，从而使变频器能够按照上一级自动化系统的指令运行。

（2）STEP7 项目系统组态及通信编程

① 使用 STEP7V5.2 组态软件，进入 HardwareConfigure 完成 S7-300PLC 硬件组态。

② 选定 S7-314-2DP 为主站系统，将 NPBA-12 的 GSD（设备数据库）文件导入 STEP7 的编程环境中，软件组态 NPBA-12 到以 S7-314-2DP 为主站的 DP 网上，并选定使用的 PPO 类型，本设计使用 PPO4，设定站点网络地址。在变频器的 Profibus-DP 结构中，ABB 变频器使用 Profibus-DP 通信模块（NPBA-12）进行数据传输，主要是周期性的：从从站读取输入信息并把输出信息反送给从站，因此需要在 PLC 主程序中调用两个系统功能块 SFC14 和 SFC15 来读写这些数据，实现对变频器的通信控制。

③ 在主 PLC 程序中建立一个数据块，用于与变频器的数据通信，建立一变量表，用于观测实时通信效果。

（3）变频器运行设置

变频器与 PLC 应用 Profibus-DP 现场总线连成网络后，除在 PLC 中进行编程外，在每个变频器上也要进行适当的参数设置。通信连接后，启动变频器，对变频器通信参数进行设置。

① 基本设置

a. 51.01 参数显示由变频器检测到的模块型号,其参数值用户不可调整。如果本参数没有定义,则不能在模块与变频器之间建立通信。

b. 51.02 参数选择通信协议,"0" 为选择 Profibus-DP 通信协议。

c. 51.03 参数为 Profibus-DP 连接选择的 PPO 类型,"3" 为 PPO4,变频器上的 PPO 类型应与 PLC 上组态的 PPO 类型一致。

d. 51.04 参数用于定义设备地址号,即变频器的站点地址,在 Profibus-DP 网络上的每一台设备都必须有一个单独的地址。

② 过程参数的连接 过程参数互联完成 NPBA-12 双端口 RAM 连接器与变频器相应参数的定义和连接,包括主站(PLC)到变频器的连接和变频器到主站(PLC)的连接两部分。在变频器上设定下列连接参数。

a. 从 PLC 发送到变频器的 PZD 值有:

1PZD1—控制字,如变频器的启动使能、停止、急停等控制命令。

1PZD2—变频器的频率设定值。

b. 从变频器发送到 PLC 的 PZD 值有:

1PZD1—状态字,如报警、故障等变频器运行状态。

1PZD2—变频器的速度实际值、电流实际值等。

4.5 变频调速系统的调试

4.5.1 系统调试条件

(1) 调试工作条件

会审有关的变频调速系统的技术资料、技术文件、施工图纸,协助配合的电气安装工作已经完成;安装质量经验收合格;符合设计、厂家技术文件和施工验收规范,在安装过程中的有关试验已完成,经验收符合有关标准。需掌握的调试技术条件包括:

① 变频器的主要技术参数:电压、电流、功率、频率范围;电动机转数、启动时间、制动时间。

② 变频器的操作手册中的程序、操作步骤、参数的编程设置、主要保护的内容及参数。

③ 整个系统的控制原理,有关保护及工艺联锁。

④ 一次设备主回路、二次控制回路的接线图。

调试程序为:

① 变频器带电本体调试。

② 变频器及电动机空载调试。

③ 变频器及电动机系统带负荷调试。

(2) 送电前检查项目

送电前检查的项目有:

① 高低压开关柜内一次设备本体试验执行的标准和文件。

② 柜内设备的外观检查，着重于螺钉的紧固连接情况，设备的完好情况，主回路的绝缘性能检查及机械联锁检查。察看变频器安装空间、通风情况、是否安全并满足相关规定要求，铭牌是否同电动机匹配，控制线是否布局合理，以避免干扰，变频器的进出线接线是否正确，变频器的内部主回路负极端子 N 不得接到电网中线上，各控制线接线应正确无误。根据变频器容量等因素确认输入侧交流电抗器和滤波直流电抗器是否接入。一般对 22kW 以上要接直流电抗器，对 45kW 以上还要接交流电抗器。

③ 柜体内继电器、计量用仪表的检定校验按随机技术文件提供的测试项目及数据。

④ 按照原理图设计的要求，二次控制、保护、信号调试动作要可靠、正确，应符合设计。确认变频器工作状态与工频工作状态的互相切换要有接触器的互锁，不能造成短路，并且两种使用状态时电动机转向相同。

⑤ 大型变频调速系统若设有专用变压器，除了按照厂家技术文件执行外，在测试项目上，可增加一些测试项目，用于产品质量的把关。如直流电阻和交流耐压试验等。交流耐压试验标准可按 IEC 标准执行或按国标执行。

⑥ 按照电缆的电压等级、型号，按照标准试验的实验报告。

⑦ 对于大型变频调速电动机，变压器至变频器至电动机主回路电缆，往往是独芯电缆。所以，在电缆头做好以后，要对电缆进行核相，电缆的相序一定准确不得有误。

⑧ 当变频器与电动机之间的导线长度超过约 50m，当该导线布在铁管或蛇皮管内长度超过约 30m，特别是一台变频器驱动多台电动机等情况，存在变频器输出导线对地分布电容很大，应在变频器输出端子上先接交流电抗器，然后接到后面的导线上，最后是负载，以免过大的电容电流损坏逆变模块。在输出侧导线较长（大于 100m）时，还要将 PWM 的调制载频设置在低频率，以减少输出功率管的发热，以便降低损坏的概率。

⑨ 电网供电不应有缺相，测定电网交流电压和电流值、控制电压值等是否在规定值，测量绝缘电阻应符合要求（注意因电源进线端压敏电阻的保护，用高电压兆欧表时要分辩是否压敏电阻已动作）。

⑩ 熟悉变频器的操作键。一般的变频器均有运行（RUN）、停止（STOP）、编程（PROG）、数据/确认（DATA/ENTER）、增加（UP、▲）、减少（DOWN、▼）等 6 个键，不同变频器操作键的定义基本相同。此外有的变频器还有监视（MONTTOR/DISPLAY）、复位（RESET）、寸动（JOG）、移位（SHIFT）等功能键，对这些键要进行模拟调试操作。

（3）变频调速电动机本体试验

本项试验要在变频器通电前，主回路电缆未连接之前完成。

① 对于电动机参照厂家技术文件执行，一般经与厂家协商可增设直流电阻、极性及旋转方面的试验。如厂家同意还可依据 IEC 标准进行交流耐压试验。

② 国产电动机可参照国家有关标准执行。

③ 做好电动机试运行中的各项技术参数测试工作。

（4）安全防护

① 为保证设备的安全，根据电气设备各回路不同的电压等级选择不同的兆欧表的电压等级，对设备、电缆、线路进行绝缘测试。

② 通电投运前调试的试验报告及安装情况，须经质检部门、甲方确认后方可送电。

③ 有经审批的试车方案。

④ 对于配合调试的工作重点放在一次回路的检查，电缆的校相、变压器、电动机的本体试验上，确保二次回路接线正确无误。

⑤ 对于变频器的调试重点放在掌握手册、操作步骤及各种联锁的相互关系，掌握设备的技术参数，并在试运中记录检验参数的可行性。

（5）质量标准

① 对于国产设备应遵循国家有关的标准执行。

② 对于国外进口设备应遵照厂家技术文件、IEC 标准或设备所属国家和地区的标准。

③ 对于国外进口工程，在电气专业的施工方法方面应执行设备国的相关标准，并应结合国内相关标准。尤其是电气调试，专业性技术性强，对整个电气安装工程检验电气设备内在质量，要严格把关、确保工程送电、试运、投产顺利。所以对进口项目工程不能照搬国内工程的常规施工项目、标准、方法进行调试工作，而应依据 IEC 标准、设备所属国家和地区或制造厂家企业标准进行调试。

④ 当有额外的试验项目时，可与国外设备方协商按 IEC 标准和厂家试验标准实施。例如：一次设备的交流耐压试验应根据 IEC 标准经外方认可。

4.5.2 变频器操作

（1）变频器面板按键功能说明

变频器面板示意图如图 4-74 所示，图 4-74 中按键功能为：

1—改变方向。按此键可改变电动机的旋转方向。

2—启动变频器。

3—停止变频器。

4—电动机点动。变频器无输出的情况下按下此键，将使电动机启动，并按预先设置的点动频率运行。释放此键时变频器停止。

5—访问参数。按此键可访问变频器参数。

6—减少数值。按此键可减少面板上显示的数值。

7—增加数值。按此键可增加面板上显示的数值。

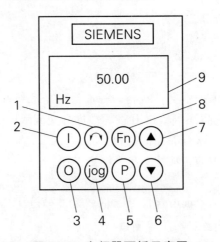

图 4-74　变频器面板示意图

8—Fn 键用于浏览辅助信息。按下此键并保持不动，将从运行时的任何一个参数开始显示的数据有：直流回路电压（用 d 表示）；输出电流（A）；输出频率（Hz）；输出电压（0）；P0005 选定的数值。

9—状态显示。显示变频器当前使用的设置值。

（2）变频器简易操作步骤

变频器运行的参数已经设置，若采用远程控制模式，需将变频器参数 P0700 和 P1000 设为 5。具体操作如下。

按编程键 P，数码管显示 r0000，按▲键直到显示 P0700，按 P 键显示旧的设置值，按▲或▼键直到显示为 5，按 P 键将新的设置值写入变频器，数码管显示 P0700，按▲键直到显示 P1000，按 P 键显示旧的设置值，按▲或▼键直到显示为 5，按 P 键将新的设置值输入，数码管显示 P1000，按▼键返回到 r0000，按 P 键退出，即完成设置，可投入运行。

采用手动控制模式（即用变频器的面板按钮进行控制），须将变频器参数 P0700 和 P1000 设为 1（设置方法与远程控制模式相同），然后再按运行键（面板上的绿色按钮），即可启动变频器，按▲键可增加频率，按▼键可降低频率，按停止键（面板上的红色按钮）则停止变频器。

正常运行时 P0010 应设置为 0，为了防止操作失误，通常应将 P0003 设为 0，但调整参数及改变控制模式时，应将 P0003 设为 2。

（3）日锋变频器简单操作（PID）

① 变频器送电　变频器闭环运行时，运行状态显示实际压力值，停机状态显示压力设置值。开环时，显示频率 Hz 或其他物理量（由用户设置）。

② 参数设置

按 shift 键，进入功能代码。

按▼或▲键，选择相应的功能代码。

按 shift 键，进入功能代码的设置参数状态。

按▼或▲键，修改参数。

按 set 键，确定。

按 shift 键，退出设置。

③ 监视功能代码　闭环和开环状态，都是从 C00 开始（特选的功能代码除外）。

按 shift 键，进入功能代码。

按 set 键，进行翻页查找显示。

按 shift 键，进行查看相应的功能代码参数值。

按 shift 键，退出显示相应的功能代码参数值。

按 set 键，进行翻页查找。

④ PID 控制功能代码参数设置

F10＝1；0 为键盘控制启停（开环）；1 为端子控制启停（闭环）。

F11＝0；0 为键盘▼或▲键数字设置；1 为旋钮模拟设置。

＊F12＝0；F11＝0 时，F12 为出厂值（0）；F11＝1 时，F12 相应改动。

F20＝33；为平方转矩型负载使用。

F21＝3；为平方转矩型负载使用。

F80＝1；PID闭环模式1为选择闭环有效。

＊F81＝1.0；反馈系数选择，调整显示实际值的准确度。

＊F82＝0；VF、IF端子选择：VF为电压信号；IF为电流信号。

F83＝2.0；反馈滤波时间常数。

F84＝设置值；停机或运行时均可设置，但运行设置为运行监视功能代码C01。

＊F85＝0；作用方式选择：0为反作用；1为正作用。

＊F86＝0.00；反馈偏置电压。

F87＝90；积分作用范围。

F88＝3.0；比例增益。

F89＝10.0；积分时间常数。

＊F90＝0.0；微分时间常数。

注：＊为选择出厂值即可，无须改动。

（4）科比F5变频器的操作

① 用于同步电动机

a. 打开COMBIVIS软件，首先将参数Ud02设为"11"。

b. 点击菜单栏中"Project-explorer"下"Editsetadr. Mode"，在弹出的对话框中点击"Allset"选项。

c. 将初始化参数打开下载至变频器。

d. 输入电动机铭牌额定参数dr23～dr31，dr26所输入的是同步电动机反电势，dr28为1.1倍额定电流。

e. 将参数fr10设为"1"并确认，电动机自适应。

f. 电动机自学习，电动机空载，抱闸打开，将参数Ec02输入"2206"，启动检修开关开始自学习，直至Ec02稳定为止，若自学习不成功则将Ec06设为"1"重新作自学习。

g. 多段速设置，点击oP03左边的绿色小箭头，出现set0～set7的菜单，分别设置各段速度，其中：set2为爬行速度，set3为额定速度，set4为检修速度，set5为中速1，set6为中速2，其他set未启用。

h. 在Ec27中设置相应分频比。

i. 进行各段速度试运行，监视接触器、抱闸等时序是否正常。

② 用于异步电动机

a. 打开COMBIVIS软件，首先将参数Ud02设为"4"。

b. 点击菜单栏中"Project-explorer"下"Editsetadr. Mode"，在弹出的对话框中点击"Allset"选项。

c. 将初始化参数打开下载至变频器。

d. 输入电动机铭牌额定参数dr00～dr06。

e. 将参数fr10设为"1"并确认，电动机自适应。

f. 多段速设置，点击oP03左边的绿色小箭头，出现set0～set7的菜单，分别设置各段速度，其中：set2为爬行速度，set3为额定速度，set4为检修速度，set5为中速1，

set6 为中速 2，其他 set 未启用。

g. 开环运行电动机，将参数 cS00 设为"0"即开环，运行电动机，监视实际速度 ru09 与给定速度 ru01 大小、方向是否一致，同时监视接触器、抱闸等时序是否正常，若 ru09 与 ru01 方向相反，则将 Ec06 设为"1"再进行调试。

h. 闭环运行电动机，观察 ru09 与 ru01 大小、方向一致后，将 cS00 设为"4"闭环，运行电动机时观察电流和时序。

i. 在 Ec27 中设置相应分频比。

4.5.3　变频器调试

（1）变频器的静态调试

① 静态调试前检查　静态调试前检查的主要项目有：

a. 盘柜的外观检查：在送电之前，先目测观察控制柜外表有无撞击痕迹，柜内一次、二次设备元器件有无人为损坏、连接正确性、各元器件之间的电缆连接是否牢靠、控制线路接头是否松动。各个电动机电缆连接是否牢靠，各相对地绝缘是否满足标准要求。

b. 盘柜内及盘柜间二次回路接线检查。

c. 通电前应进行系统的模拟测试。

d. 与厂家配合进行通电前对开关柜、电缆、变压器、变频器电动机整个系统的检查确认。

② 通电及参数设置　在完成上述静态检查无误后，按变频调速系统的调试方案的步骤送电至变频器；通电后，先检测三相电源是否缺相，电源是否稳定，应在允许范围内，观察显示器，并按产品使用手册变更显示内容，检查有否异常。听看风机运转否，有的变频器使用温控风机，一开机不一定转，等机内温度升高后风机才转。

进行变频器带电后的调试，技术参数的测试及设置。设置前先读懂产品使用手册，电动机能脱离负载的先脱离负载。变频器在出厂时设置的功能不一定符合实际使用要求，因此需进行符合现场所需功能的设置。对矢量控制的变频器，要按手册设置或自动检测。并在检查设置完毕后进行验证和储存。

（2）空载运行

变频器带机（即接上电动机）空载（即电动机不带负载）调试，下列几步至关重要。

① 设置电动机的功率、极对数，以及确定变频器的工作电流。

② 压/频（U/f）工作方式的选择包括最高工作频率、基本工作频率（即基底频率）和转矩类型等项目。

③ 按照变频器使用说明书对其电子热继电器功能进行设置。

④ 将变频器设置为自带键盘操作模式，按变频器自带的键盘的运行键、停止键，观察电动机是否能正常地启动、停止。将电动机所带的负载脱离或减轻，作以下空载运行检查。

a. 检查进线和出线电压，听电动机运转声音是否正常，检查电动机转向反了没有，反了首先要更换电动机接线校正。

b. 改变不同的运行频率进行观察，注意检查电动机温升情况及加减速是否平滑等。

加速时间、减速时间的设置应满足设备运行速度控制的要求，同时不应在正常加速、减速过程中出现变频器过流过压等跳闸现象。不能满足升速要求应考虑加大变频器容量；降速出现问题时，应选用制动单元。

c. 各频率点有否异常振动、共振、声音不正常，如有共振应使用变频器跳频功能，避开该点。

d. 按设置的程序从头到尾试一遍进行确认。

e. 模拟日常会发生的操作，将各种可能操作做一遍确认无误。

f. 听电动机因调制频率产生的振动噪声是否在允许范围内，如不合适可更改调制频率，频率选高了振动噪声减小，但变频器温升增加，电动机输出力矩有所下降，可能的话，调制频率低一些为好。

g. 测量输出电压和电流对称程度，对电动机而言不得有 10％以上不平衡。

（3）负载试运行

变频器负载（即变频器接上电动机并且电动机带上负载）运行调试的检查项目有：

① 手动操作变频器面板的运行停止键，观察电动机运行停止过程及变频器的显示窗，看是否有异常现象。对于低速重负荷的恒转矩负载，启动时变频器时常出现电流保护动作或位能负载出现溜车现象，均为启动力矩不够。解决的方法是提高低频时的启动力矩。应适当加大转矩的提升值（实际为低频电压补偿），提升转矩过大会加剧电动机低速铁芯过饱和引起电动机发热。如果变频器运行故障还是发生，应更换更大一级功率的变频器。如果变频器带动电动机在启动过程中达不到预设速度，可能有两种情况：

a. 系统发生机电共振，可从电动机运转的声音进行判断。采用设置频率跳跃值的方法，可以避开共振点。一般变频器能设置三级跳跃点。

b. 电动机的转矩输出能力不够，不同品牌的变频器出厂参数设置不同，在相同的条件下，带载能力不同，也可能因变频器控制方法不同，造成电动机的带载能力不同；或因系统的输出效率不同，造成带载能力会有所差异。对于这种情况，可以增加转矩提升量的值。如果达不到，可用手动转矩提升功能，不要设置过大，电动机这时的温升会增加。如果仍然解决不了问题，应改用新的控制方法，比如日立变频器采用 U/f 比值恒定的方法，启动达不到要求时，改用无速度传感器空间矢量控制方法，它具有更大的转矩输出能力。对于风机和泵类负载，应减少降转矩的曲线值。

② 按正常负载运行，用钳形电流表测各相输出电流是否在预定值之内（观察变频器自显示电流也可，两者略有差别）。

③ 对有转速反馈的闭环系统要测量转速反馈是否有效，做一下人为断开和接入转速反馈，看一看对电动机电压电流转速的影响程度。

④ 检查电动机旋转平稳性，加负载运行到稳定温升（一般 3h 以上）时，电动机和变频器的温度是否太高，如太高应调整，调整可从改变以下参数着手：负载、频率、U/f 曲线、外部通风冷却、变频器调制频率等。

⑤ 试验电动机的升降速时间是否过快过慢，不适合应重新设置。检查此项设置是否合理的方法是先按经验选定加、减速时间进行设置，若在启动过程中出现过流，则可适当延长加速时间；若在制动过程中出现过压，则适当延长减速时间。

⑥ 试验各类保护显示的有效性，在允许范围内尽量多做一些非破坏性的各种保护的确认。如果变频器在限定的时间内保护仍然动作，应改变启动/停止的运行曲线，从直线改为S形、半S形线或反S形、反半S形线。电动机负载惯性较大时，应该采用更长的启动停止时间，并且根据其负载特性设置运行曲线类型。

如果变频器仍然存在运行故障，应尝试增加最大电流的保护值，但是不能取消保护，应留有至少10%～20%的保护余量。

⑦ 按现场工艺要求试运行24h，随时监控，并做好记录作为今后工况数据对照。

在手动负载调试完成后，如果系统中有上位机，将变频器的控制线直接与上位机控制线相连，并将变频器的操作模式改为端子控制。根据上位机系统的需要，进行系统调试。

（4）变频器调试实例

实例1. 风光变频器的调试

① 风光低压变频器的调试。

a. 空载检查及参数预置。风光变频器可以在不接通主电源，而只接控制电源的情况下，检查变频器。小功率变频器可以把主接线端子排上的短路片去掉，输入380V电源，大功率变频器一般都有控制电压输入端子，可用一电缆接入380V电源检查变频器（注意：接之前应将两端子上与三相输入相连的两根线去掉），参照说明书，熟悉各个键盘的使用方法，即了解键盘上各键的功能，进行试操作，并观察显示的变化情况。按说明书要求进行"启动"、"停止"等基本操作，观察变频器的工作情况是否正常，同时进一步熟悉键盘的操作。

上述模拟操作完成后，变频器开机，频率升至50Hz，用万用表（最好用指针式）测量三相输出电压应平衡。按照说明书介绍的方法对主要参数进行预置，较易观察的项目如升速和降速时间、点动频率、多挡转速时的各挡频率等，检查变频器的执行情况是否与预置的相符合。

模拟操作和检查完成后，变频器停电，小功率的将拆下的短路片上回原处（注意上之前主回路上短路片的两个端子要放电）。大功率的应将控制端子的两根外接线去掉，并将原来的接线恢复。

b. 空载运行。检查变频器外接控制线接线是否正确和牢固可靠，变频器的三相输出先不接电动机线，给变频器的三相输入380V电源，启动变频器运行，检查和测试变频器空载运行情况。

c. 负载运行。经空载运行检查和测试，证明变频器是正常的，即可以带负载运行了。变频器的负载运行包括轻载试运行和重载运行，即正常运行。

试运行前一般都应检测一下电动机的绝缘，绝缘电阻不能低于规范要求值。将变频器的输出接上电动机线，变频器送电，由键盘启动变频器运行。

ⅰ. 点动或在低频下试运转。观察电动机的正反转方向，若是反转，可利用变频器的正反转端子调整，或停电后调整变频器的输出接线进行调整。有的机械可能不允许反转，这时就应当将电动机与机械的联轴器拆开，点动电动机空转，调整好转向后再将联轴器连接好。

ⅱ. 启转试验。使工作频率从0Hz开始慢慢增大，观察拖动系统能否启转。在多大频率下启转，如启转比较困难，应设法加大启动转矩。具体方法有：加大启动频率，加大

U/f 比，以及采用矢量控制等。

ⅲ. 启动试验。将给定信号加至最大，观察启动电流的变化；整个拖动系统在升速系统中，运行是否平稳。如因启动电流过大而跳闸，则应适当延长升速时间。如在某一速度段启动电流偏大，则设法通过改变启动方式（S形、半S形等）来解决。

ⅳ. 停机试验。将运行频率调至最高工作频率，按停止键，观察拖动系统的停机过程。停机过程中是否出现因过电压或过电流而跳闸，如有，则应适当延长降速时间。当输出频率为 0Hz 时，拖动系统是否有爬行现象，如有，则应加入直流制动。

ⅴ. 拖动系统的负载试验。负载试验的主要内容有：

• 如 $f_{max} > f_N$，则应进行最高频率时的带载能力试验，也就是在正常负载下能否带得动。

• 在负载的最低工作频率下，应考察电动机的发热情况。使拖动系统工作在负载所要求的最低转速下，施加该转速下的最大负载，按负载所要求的连续运行时间进行低速运行试验，观察电动机的发热情况。

• 过载试验可按负载可能出现的过载情况及持续时间进行试验，观察拖动系统能否继续工作。

调整完后，变频器正式负载运行，一般应观察 24h 以上。

② 风光高压变频器的调试

a. 将柜门上的隔离开关拉下，并将柜门上的"变频启动"按钮旋开，使其呈断开状态。送电后，用万用表的高压挡"2500V"挡测量三相输入电压（一定注意安全），应在规定的范围内，并三相平衡，若不正确，应停电检查供电电源。

b. 电源正常后，合上隔离开关闸刀，用万用表检测控制电源的 220V 电压（测量里面的接线插盒即可）是否在规定的范围内（220V±20%），若超出此范围，应拉下高压隔离开关的闸刀，调整控制变压器的接头，直至满足要求为止。

c. 用一个单相插头取一根线接在控制端子排的"C"端子上，另一头的两相插在接线盒上（老机型一根线接在"C"上，另一根线接在"D"上），合上隔离开关闸刀，变频器应能送上控制电，面板上显示"43.21"，过几秒"PRO"灯亮（新机型），或只有"PRO"灯亮（老机型），若不显示可将插头反过来重新插入。

d. 面板显示正常后，可检查变频器的控制功能是否正常。用万用表检测延时可控硅两端的电压（即延时电阻上的电压），应在 1.00V 左右。将变频器的"开/停机"开关打在"开机"位置，变频器应能开机，调节"频率调节"旋钮，变频器频率应从"2.00"升至"50.00"。用万用表测量变频器的三相输出端子（这时应从变频器一侧测量，因柜子并没有接通主电，变频器的主接触器没有吸合），三相电压应相互平衡，对中线也应相互平衡。电压大致是 2300V 等级的三相电压为 15V 左右，对中线为 10V 左右；1140V 等级的三相电压为 9V 左右，对中线为 5V 左右。若不平衡，应检查柜子在运输过程中有无掉线或其他问题。

e. 运行参数的设置。这包括变频器参数和电动机保护仪参数的设置两步：

ⅰ. 变频器参数的设置。因变频器出厂时一般是按 2300V/125kW 或 1140V/75kW 而设计的，因此应根据现场负载的要求重新设置，包括额定电流、过载保护电流，其他参数一般不需要修改。

ⅱ．电动机保护仪的参数设置。电动机保护仪的参数包括欠载电流、过载电流、欠压设置、过压设置等。

参数的设置方法可参照相应的说明书进行，主要有两种，BK-3 型和 BK-J1 型。BK-3 型的方法是在显示器显示"P"（刚送电或按四次"上挡"键）时，可对参数值进行修改。根据需要的数值，按相应的数字键，再按"上挡"或"下挡"键，最后按相应的功能键，即可完成参数值的修改。

BK-JI 型的方法是在就绪画面（刚送电或按四次"上挡"键）状态下，按一次"上挡"键，再按一次"整定值"键，屏幕显示整定值操作画面。画面上有光标闪烁，在光标闪烁位置可输入相应的数据。按"移动"键，光标可上下移动，屏幕右上角的箭头（"↑"或"↓"）指出当前的移动方向。按"上挡"、"方向"键可以改变箭头的方向。输入完毕后，应按四次"上挡"键保存修改结果。

f. 带载运行。参数设置好后，就可将插盒上的插头拔下，并将外接的"C"（或者"C"、"D"两点）点上的线拆掉，就可以带载运行。

将柜门上的"变频启动"按钮按下，待设置的延时时间到后，机内接触器吸合，变频器显示"43.21"并且"PRO"亮（新机型）或只有"PRO"亮（老机型），将变频器上的"开停机"开关打在"开机"位置，变频器即可从最低频率逐渐上升，调节"频率调节"旋钮，使频率先升至 30Hz，用钳形电流表测量三相输出电流，应基本平衡，不平衡度不应超过 20%。然后再升至用户要求的频率。再用钳形电流表测量输入、输出电流，三相都应基本平衡。

若在调节过程中出现频率不上升的情况，即调整频率调节旋钮时，频率不上升，输出电流持续增大，呈限速保护状态，直至过流保护，这可能是低频补偿不足造成，可调节主控板上的补偿电位器（老机型）或通过设置变频器的参数"低频补偿"（新机型）予以解决。调整时注意只要输出电流下来，频率能升上去即可，也不可调整过大，以免过补偿，在运行过程中电流过大而使电动机及变频器超电流而不正常运行。

正常运行后，可根据运行电流对电动机保护仪的参数重新调整一下，以达到可靠保护又能正常运行的状态。调整完后，系统可进行变频运行，正常后，启动电动机保护仪，保护仪显示正常后，旋开"变频启动"旋钮（投入电动机保护仪保护，不旋开不起作用），柜子上的各种仪表指示都正常，调试即完毕。

实例 2. PowerSmart（或 JZHICON-1A）系列高压变频器调试

① U/f 曲线与基本压频系数 U/f 曲线的设置是现场调试的关键，中压变频器提供恒转矩特性曲线和二次递增转矩特性曲线，变频调速系统为恒转矩特性时对应一次性方程的 U/f 曲线有如下关系：

变频器输出电压：$U = A \times f + U_B$

U/f 曲线斜率：$A = (U - B)/f$

基底频率：$B_F = f_N(U_d/U_N)$

变频器输出电压：$U = U_d[f_N/(B \times f)]$

式中，U 为变频器输出电压；f 为变频器输出频率；U_B 为某 U/f 曲线的启动电压；B_F 为基本压频系数；f_N 为电动机额定频率；U_N 为电动机额定电压；U_d 为变频器的输入电源电压。

基底频率（B_F）是决定中压变频器逆变波形占空比的一个设置参数，当设置 B_F 值后，变频器微处理器将 B_F 值和运行频率进行运算后，调整变频器输出波形的占空比来达到调整输出电压的目的。变频器一般默认以输入电压为额定电压来计算 B_F 值，当变频器的运行频率等于设置的 B_F 值时，变频器输出为额定电压。如果运行频率超过 B_F 值，其输出电压仍保持额定电压，即进入恒功率区；当运行频率低于 B_F 值时，变频器输出电压按比例同步下降，保持 U/f 曲线符合恒定转矩特性。

② U/f 曲线的现场设置　现场设置 U/f 曲线时，应综合考虑电动机负载情况和变频器运行情况等因素后，一般对于负荷较轻、功率有富裕的电动机，可选定一般 U/f 曲线，按电动机的额定电压、额定频率来设置 B_F 值，在降低频率使用时，电动机按恒定转矩特性运行；对于功率富裕量不大、负荷较重的电动机，在设置 U/f 曲线时，还需设置合适的"自动转矩补偿"参数，以提升电动机端电压增加转矩；对于功率富裕量不大、需降低频率使用的电动机，要选用低端补偿转矩较高的 U/f 曲线。并根据电动机的运行情况，设置较高"自动转矩补偿"曲线来补偿转矩。同时，还应考虑到降低频率使用时，由于电动机在低频端的电阻、漏电抗影响不容忽视，若仍保持 U/f 曲线为常数，则磁通将减少，进而减少电动机的输出转矩。所以在设置基底频率时视需要还应适当降低 B_F 值，目的是相应提高电动机端电压，以提升电动机的转矩和带负载能力，避免电动机在运行中承受冲击负载时发生过流和堵转故障。

设置加减速时间与设置的 U/f 曲线有关联，在加速时间和减速时间设置时，要注意其是以最高频率值为参考点的。设置加减速时间的原则是，在变频器启动时不发生过流跳闸、在变频器减速时不发生过电压跳闸的情况下，选择最短的时间设置值。一般电动机的加减速时间设置在 $20\sim30\mathrm{s}$ 范围内。

③ 电子热继电器保护功能的设置　合理设置电子热继电器（ET）保护功能的参数，可以达到保护电动机和变频器不被过大电流损坏的目的。电子热继电器的门限值定义为电动机和变频器两者额定电流的比值，用百分数表示，一般其调整范围为 $50\%\sim100\%$。当变频器的输出电流达到电子热继电器的设置值时，变频器内微处理器根据通用电动机的参数和特性进行计算，智能地切断变频器的输出，从而起到保护电动机和变频器的作用。电子热继电器保护功能具有反时限特性，即电动机的运行电流越大，电子热继电器的保护时间就越短。电子热继电器的门限最大值一般不会超过变频器的最大容许输出电流，不会超出 IGBT 模块的安全电流范围，变频器的电子热继电器实质就是具有反限时特性的智能过载限流器。

在变频器容量较大，而电动机功率相对较小时，为了保护电动机不受过大电流而损坏，应将 ET 值设置得较小，例如设置为 50%，以达到保护电动机的目的；在电动机和变频器功率匹配的情况下，一般 ET 值可设置为 80% 左右；当电动机负载较重，或设置运行频率低于其额定频率较多，使电动机的负载电流较大，存在着运行过流跳闸故障时，在不超出电动机最大允许电流的前提下，应将电子热继电器的 ET 值设置为 100%。以减少电动机运行过程中的过流保护动作，但是不能取消电子热继电器的保护。必要时，在变频器输出端可外接热继电器，由于变频器的输出电流中有一定的谐波电流，有引起热继电器误动作的可能，所以在设置热继电器的动作电流时，应将动作电流调大 10% 左右。

④ 高压变频器的上电、停电操作

a. 送电前设备检查。检查变频器的旁路柜、变压器柜、功率柜的柜门应关好，以防止人员或小动物触电，造成事故。如果要检查柜内状况时，首先应先确认进线端高压开关是分断的。

检查变频器控制柜，其"工频/变频"转换旋钮，应置于"变频"状态（直接工频运行电动机应置于工频位置）。

变频器检查确认无误后，可以进行进线端高压开关（高压室内3♯电动机断路器）的合闸操作。合闸成功后，旁路柜上的带电显示器将会被点亮。此操作后交流控制电源（380V和220V）已送到了控制柜内。

b. 送控制电源。打开变频器控制柜门，依次合上全部控制电源开关，观察触摸屏是否带电，如不带电应按UPS（在控制柜的后面）的启动按钮（位于UPS前面板），此时触摸屏应得电亮起。待其进入"变频器监控界面"后，按复位按钮，听到控制柜内的小接触器动作声，为正常现象。此时，变频设备将进入待机状态。

c. 变频器高压送电操作。按控制柜门上的"高压合闸"按钮，等待约5s后控制柜门上的"故障"指示灯灭，触摸屏上的"合闸"指示灯亮，表明合闸完毕。此时，变频设备将进入预启动状态。有时，会有出现送不上高压的情况，通常是由变频器残余电压不一致造成的，等待数秒后再次按"高压合闸"按钮，一般就会成功，否则需重新进行"合控制电"过程操作。

⑤ 预启动状态的参数设置　按触摸屏上的"远控"按钮，再按"确定"，然后将弹出"远控箱/DCS"选择框，按"远控箱"，此时触摸屏中的远控箱指示灯将被点亮，表示设置完成；设置预启动频率，按"设置"按钮，将弹出参数设置图框，在"P参数号:"一栏输入50，在"P参数下传值:"一栏输入预设置的频率，如输入40，表示预启动频率为40Hz。再按"P参数下设"按钮，确定即可。

当预启动状态的参数设置完成后，就可以进入工艺设备启动运行前的检查和准备阶段，待工艺设备允许启动运行条件具备后。可按下触摸屏上的"启动"按钮，变频器将使电动机软启动至预定频率。然后就可以按着"变频器的运行操作"进行加速、减速、停止等各项操作了。

在中压变频器的U/f曲线现场调试时，由于各种复杂性因素的存在，常会发生U/f曲线设置不当的问题。U/f设置失调后，无论失调的是电压，还是频率。只要偏差过大，都会使电动机带负载特性改变，并产生过流、过热、甚至堵转等故障。空载电流与设置U/f曲线的偏差大小具有密切的函数关系，实践证明，空载电流结合负载电流情况，可基本反映U/f曲线调试情况。在现场调试时，可根据空载电流和负载电流的变化状态，对失调的U/f曲线进行修正。根据磁路欧姆定律电动机绕组电流为

$$I = \Phi R_m / N = U R_m / (4.44 f_{N^2}) \tag{4-10}$$

由上式可知，绕组电流I与磁路磁通Φ、电源电压U、磁路磁阻R_m成正比例关系；与电源额定频率f_N成反比例关系。当电动机空载运行时，绕组电流I等于空载电流I_0；在电动机带负载时，绕组电流I由空载电流I_0和负载激励电流I_1组成。电动机的磁路磁通Φ和U/f曲线状态可以通过它的空载电流和带负载激励电流反映出来，因此，空载电流和带负载激励电流的状况能够基本反映U/f调试状态，在了解电动机额定空载电流的情况下，观察实际空载电流和带负载电流的大小，就可判别U/f曲线比例失调的基本情况，

从而修正 U/f 曲线，保证电动机在较好的 U/f 曲线特性下稳定工作。某电动机 U/f 曲线的失调情况及 U/f 曲线的修正方法见表 4-21。

表 4-21　某电动机 U/f 曲线的失调情况及 U/f 曲线的修正方法

序号	U/f 曲线失调状况	产生故障现象	修正 U/f 曲线方法
1	设置电压偏低 ($U_N = 350V$, 误设置为 $U_N = 250V$)	空载电流小,过负荷能力差,工作电流偏大	升高电压,使空载电流恢复为额定值,再适量提升电压补偿转矩
2	设置频率偏小 ($U_1 = U_N, f_1 = 0.67f_N$)	空载电流偏大,带负载电流大,过负荷能力差	升高频率,将空载电流下降到略高于额定空载电流值
3	频率设置严重失调 ($U_1 = U_N, f_1 = 0.5f_N$)	空载电流达 13.2A,常跳过流、过热或堵转	升高频率,使空载电流恢复为额定值。观察带负载能力,然后再细调 U/f 曲线
4	电压频率同时偏小 ($U/f = 1$) ($U_1 = 0.5U_N, f_1 = 0.5f_N$)	空载电流稍小;带负载能力弱。常跳过流、或堵转	提升频率和电压,补偿低端电压,补偿转矩,按 1~3 项再调整 U/f 曲线

对于变频器刚启动过流保护就动作的故障，在调整加速时间（ACC1）无明显好转时，应检查 U/f 曲线设置状况。每条 U/f 曲线都有不同的启动电压，当启动频率和启动电压严重失调时，在启动过程中就容易发生过流保护动作。对此可以根据 U/f 曲线的 U、f 参数来设置启动频率。例如选择 U/f 曲线的 B_1 为 12% 电源电压，因此，启动电压

$$U_{B1} = B_1 \times 380V = 12\% \times 380 = 45.6V$$

按恒转矩特性 U/f 曲线，即启动频率

$$f_1 = (f_N U_{B1}/U_N) \times 80\% \qquad (4-11)$$

式中，f_N 是电源额定频率；U_{B1} 是 U/f 曲线的相应电压百分数，乘以 80% 是减低启动频率，相对于提高启动电压值，以补偿低端启动转矩；U_N 是额定电压。

⑥ 变频器高压停电操作　变频器高压停电操作过程是"合变频器高压"的反操作，一般情况，在按了触摸屏"停止"按钮后，且电动机完全停止转动，才会按"高压分闸"按钮。它是将变频设备转到待机状态的操作，会使变压器和功率柜停电，但旁路柜和控制柜依然带电。

如果只想暂时停止输出，或暂时停止负载的运行，一般无需按下"高压分闸"按钮，只需按触摸屏的"停止"按钮即可。如果计划停止时间较长，可以按此钮分断变频器的高压断路器，以节约电能。如果分断时间较长，且空气湿度较大时，当再次合上变频器高压，应等待几分钟再启动，以使变频器功率单元进行的预热除湿工作结束。

⑦ 紧急停车　变频器正常运行中，如果负载有特殊情况发生，可按"紧急停车"按钮。此操作仅在紧急情况才允许使用，不应过频地操作此功能。

⑧ 工频旁路运行　当变频器出现故障时，变频器自动转入工频旁路运行，此时应及时将控制柜门上的"工频/变频"转换开关打至"工频"位置。当需要停止工频旁路运行时，应按下操作室内远控柜的"高压分闸"按钮，不要在电动机旁直接停车，这会使变频

成套装置整体掉电，增加了上电过程的复杂性。

⑨ 变频器的运行操作　变频器在正常的运行状态下，可按如下步骤进行操作：

a. 启动：在预启动状态下，按触摸屏的"启动"按钮，将使变频器驱动电动机缓慢运转至设置频率。需要注意的是：必须在无故障告警的条件下，此按钮才能起作用。

b. 加速：每按一次触摸屏的"加速"按钮，变频器输出频率将上升1Hz（在变频调速运行中，此按钮才能起作用）。也可以通过P50直接设置为所要达到的频率值。具体方法：在触摸屏上按"设置"按钮，将弹出参数设置图框，在"P参数号:"一栏输入50，在"P参数下传值:"一栏输入预设置的频率值，再按"P参数下设"按钮，确定即可。

c. 减速：按触摸屏的"减速"按钮，变频器输出频率将下降。其步长已经设置为1Hz（在变频调速运行中，此按钮才能起作用）。也可以通过P50直接设置到所要达到的频率值，具体方法见"加速"部分。

d. 停止：按触摸屏的"停止"按钮，变频器输出频率将缓慢下降，直至停止输出。此时，变频器将进入预启动状态。停止后的变频器除检修维护需要分断高压断路器外，一般无需分断高压断路器，可以重新按"启动"按钮启动变频器（待电动机完全停止后方可再次启动变频器）。变频器停止后，虽停止了输出，但自身仍带电，因此决不能打开变频器柜门，否则会有触电的危险。

在调试过程中一旦发生了参数设置类故障后，变频器都不能正常运行，一般可根据说明书进行修改参数。简单的方法是将变频器的所有参数恢复为出厂值，然后按步骤重新设置，对于每一种型号的变频器其参数恢复方式也不相同，操作时应按该变频器的操作技术指导书进行。

第5章

变频器维护与试验及故障信息

5.1 变频器的使用与维护

5.1.1 变频器的正确使用

(1) 变频器的使用要点

在使用变频器时,为确保变频器安全、高效可靠地运行,应掌握以下要点。

① 变频器接地端子必须可靠接地,以有效抑制射频干扰,增强系统的可靠性。系统最好采用独立接地,接地电阻小于 1Ω。系统中的传感器、I/O 接口、屏蔽层等接地线,应与系统接地汇流排独立连接。

② 环境温度对变频器的使用寿命有很大的影响,环境温度每升 10℃,变频器寿命减半,所以变频器周围环境温度及散热问题一定要解决好。为了保证变频器的安全可靠运行,变频器应置于有空气调节的环境里,温度控制在 $25\pm3\text{℃}$,相对湿度 RH≤70%～75%。实践证明,变频器在空调环境下的故障概率要比没有空调环境变频器少得多,系统的可靠性也得到增加。

③ 正确的接线及参数设置。在安装变频器之前一定要详读其手册,掌握其用法、注意事项和接线;安装好后,再根据使用要求正确设置参数。变频器与被驱动电动机之间不宜加装交流接触器,以免在接触器分断瞬间产生过电压而损坏逆变器。变频器输出端不能装设电容补偿装置,以免高次谐波造成电容器过热损坏以及变频器过电流保护误动作。

④ 变频器调速系统的运行和停止,不能使用断路器和接触器直接操作,而要用变频器控制端子或变频器面板键盘来操作,否则会造成变频器失控,并可能造成变频器损坏。

⑤ 避免用变频器驱动与其容量不符的电动机。电动机容量偏小会影响有效力矩的输出,容量偏大则电流的谐波分量会加大,对系统造成不良影响。用一台变频器驱动多台电动机时,除了使电动机运行的总电流小于变频器额定电流外,还至少要考虑最大一台电动机启动电流的影响,以避免变频器过流保护动作。被驱动的电动机设有制动器时,变频器应工作于自由停机方式,且制动器的动作信号须在变频器停车指令发出后才发出。

⑥ 电动机的选择及其最佳工作段是比较重要的问题,如果变频器长时间运行在 5Hz 以下,则电动机发热将成了突出问题。用变频器控制电动机低速运转时,由于电动机冷却

效果下降，引起电动机温升过高，不利于电动机的安全运行，必须保证电动机具有良好通风条件，必要时采取外部通风冷却措施。设计中要避免电动机长期运行在低频区域。

⑦ 变频器可以任意调节电动机的转速，这给调节带来了便利，但是每台电动机都有其一定的固有频率，如果电动机的转速频率正好满足生产要求，但又恰好接近电动机固有频率，将会发生共振，给电动机带来严重的危害，因此，在满足生产要求的前提下，必须考虑尽量避开电动机的临界转速。

⑧ 在符合设计规范的前提下，应尽量缩短变频器与电动机之间接线电缆的长度，以减少接线电缆的分布电容，降低低频工作时电动机调速系统寄生电流的产生。

⑨ 严禁用兆欧表直接测量变频器的绝缘电阻，在进行绝缘摇测时必须先断开变频器及所有弱电元件，这些元件不能用表摇测，变频器不宜做耐压试验。

⑩ 若系统采用工频、变频切换方式运行，工频输出与变频输出的互锁要可靠。而且在工频、变频切换时都要封锁变频器的输出后，再操作接触器。由于触点粘连及大容量接触器电弧的熄灭需要一定时间，在切换的顺序、时间要有最佳的配合。

⑪ 给变频器输入端加装电磁干扰滤波器，可以有效抑制变频器对电网的传导干扰，加装输入端交流和直流电抗器，可以提高功率因数，减少谐波污染，综合效果好。某些电动机与变频器之间距离超过 100m 的场合，需要在变频器输出端设置交流输出电抗器，解决因为输出导线对地分布参数造成的漏电流，以减少对外部的辐射干扰。

（2）噪声、振动及发热问题的对策

电动机采用变频器调速后，将产生噪声和振动，这是由变频器输出波形中含有高次谐波分量影响的。随着运转频率的变化，基波分量、高次谐波分量都在大范围内变化，很可能引起与电动机的各个部分产生谐振。

① 噪声问题及对策　用变频器驱动电动机时，由于输出电压电流中含有高次谐波分量，气隙的高次谐波磁通增加，故噪声增大。电磁噪声的特征是：变频器输出中的低次谐波分量与转子固有机械频率谐振，则转子固有频率附近的噪声增大。变频器输出中的高次谐波分量与铁芯机壳轴承架等谐振，在这些部件的各自固有频率附近处的噪声增大。

变频器驱动电动机产生的刺耳噪声与 PWM 控制的开关频率有关，尤其在低频区更为显著。抑制方法是在变频器输出侧设置交流电抗器。如果电磁转矩有余量，可将 U/f 设定小些。采用特殊电动机在较低频段噪声较严重时，要检查与轴系统（含负载）固有频率的谐振。

② 振动问题及对策　变频器工作时，输出波形中的高次谐波引起的磁场对许多机械部件产生电磁振动力，振动力的频率总能与这些机械部件的固有频率相近或重合，而产生共振。对振动影响大的高次谐波主要是较低次的谐波分量，在 PAM 方式和方波 PWM 方式时有较大的影响。但采用正弦波 PWM 方式时，低次的谐波分量小，影响变小。

减弱或消除振动的方法是在变频器输出侧设置交流电抗器，以吸收变频器输出电流中的高次谐波电流成分。使用 PAM 方式或方波 PWM 方式变频器时，可改用正弦波 PWM 方式变频器，以减小脉动转矩。电动机振动的原因可分为电磁与机械两种。

① 电磁原因引起的振动表现为：较低次的谐波分量与转子的谐振，使固有频率附近的振动分量增加，由于谐波产生的脉动转矩的影响发生振动。特别是当脉动转矩的频率同电动机转子与负载构成的轴系扭转固有频率一致时将发生谐振。

② 机械原因引起的振动表现为：电动机轴上有外伸重量，轴系统的固有频率降低时，如果电动机高速运转，全旋转频率与轴系统固有频率接近，则振动加剧。转子残余不平衡引起离心力与转速的二次方成比例增加，所以用变频器驱动电动机高速运转时，振动加大。

③ 发热问题及对策　变频器是电子装置，所以温度对其寿命影响较大。通用变频器的环境温度一般要求−10～+50℃，如果能降低变频器运行温度，就延长了变频器的使用寿命，性能也稳定。变频器发热是由于内部的损耗产生的，以主电路为主，约占总损耗的98%，控制电路占2%。为保证变频器正常可靠运行，必须对变频器进行散热。主要方法有：

① 采用风扇散热：变频器的内装风扇可将变频器柜体内部热量带走。

② 采用单独的变频器室，内部安装空调，保持温度在+15～+20℃。

以上所阐述的变频器发热是指变频器在额定范围之内正常运行的损耗，当变频器发生非正常运行（如过流，过压，过载等）产生的损耗必须通过正常的选型来避免此类现象的发生。

(3) 通用变频器使用注意事项

通用变频器使用注意事项见表 5-1。

表 5-1　通用变频器使用注意事项

电动机类型	技术条件	备注
驱动通用电动机	400V 级通用电动机的变频器驱动	变频器驱动 400V 级通用电动机场合，可能电动机的绝缘会受损。应按照电动机制造商的确认，必要时在变频器输出电路使用滤波器(OFL)。使用富士电动机的电动机不需要用输出电路滤波器，因富士电动机的电动机都采用强化绝缘
对电动机适用性方面的考虑	转矩特性和温度上升	由变频器驱动通用电动机时，其温升要比使用交流网电源时略高。另外在低速运行时，电动机的冷却效果下降，允许的输出转矩相应下降（若必要在低速恒转矩运行，则可使用变频电动机或者装备外通风的电动机）
	振动	由变频器驱动通用电动机时，单电动机本身不增加多少振动。但是，电动机连接负载机械时，可能发生包含负载机械在内的固有振动频率的共振
		考虑采用弹性联轴器和防振橡胶等
		利用变频器的"跳跃频率"控制功能，能有效避开共振点的运行
		2 极电动机在 60Hz 以上运行时，可能发生异常振动，应予充分注意
	噪声	由变频器驱动通用电动机时，其噪声要比用交流网电源时多少要大一些。为降低噪声，变频器要设定高载频运行。另外，60Hz 以上高速运行时，风阻噪声增大，应予注意

电动机类型	技术条件	备注
配用特殊电动机	防爆型电动机	由变频器驱动防爆型电动机场合,变频器和电动机的组合必须预先获得审定。富士电动机有获得审定的用于这方面的专用系列,需要时请与富士电动机联系
	潜水电动机潜水泵	潜水电动机和潜水泵的额定电流一般比通用电动机的大。选择变频器容量时,应注意额定电流值
		由于电动机的热特性不同于通用电动机,应配合潜水电动机设定较小的电子热继电器的"热时间常数"
	带制动器的电动机	使用带有并联式制动器的电动机时,制动器电源应连接于变频器初级的交流网电源。若误接于变频器的输出电路,则将引起故障
		不推荐使用变频器驱动带串联式制动器的电动机
	齿轮电动机	使用带有油润滑齿轮箱或变/减速机等动力传动机构场合,如只在低速区连续运行,则必须注意油润滑可能会变差
	同步电动机	要考虑对应不同种类同步电动机的软对策
	单相电动机	变频器变速驱动不适合用于单相电动机
		*即使使用单相单源,变频器的输出仍是三相,只能驱动三相电动机
与外围设备的协调	设置场所	使用变频器的环境温度范围为(−10~50℃)
		对22kW机种,使用于超过+40℃场合,应取去变频器上的通风盖
		变频器本体和制动电阻的表面,根据运行条件,有时温度较高,所以应安装于不可燃材料(金属等)上
		另外,设置场所应满足变频器规范中"环境条件"的规定
	设置配线保护断路器	为了保护变频器初级配线,建议设置配线保护断路器或带有漏电保护的断路器
	次级电磁接触器	为了切换到交流网电源运行等,在变频器的次级要设置电磁接触器,请在变频器和电动机都停止状态下进行
		对交流网电源/变频器的切换运行,可方便使用新的"交流网电源−变频器切换运行"功能
	初级电磁接触器	不要频繁(每小时不多于1次)操作初级电磁接触器,否则可能引起变频器故障
		在必要频繁运行/停止场合,应使用控制端子的信号进行控制

Chapter 1

Chapter 2

Chapter 3

Chapter 4

Chapter 5

电动机类型	技术条件	备注
与外围设备的协调	电动机保护	一台变频器驱动一台电动机场合,可应用变频器的"电子热继电器"功能保护电动机
		设定"动作值"外,还应设定电动机的种类(通用电动机、变频专用电动机)
		对高速电动机和水冷却电动机应设定较小的"热时间常数",再结合另外的检测"冷却系统中断"信号进行保护
		一台变频器驱动多台电动机时,每台电动机连接各自的热继电器,并设定变频器的"电子热继电器"进行保护
		使用电子热继电器保护电动机场合,变频器至电动机的配线长时,由于流过配线的分布电容的高频电流的影响,有时电流比热继电器设定值小亦会跳闸。在这种情况下,可降低载频或连接输出电路用滤波器(OFL)
	功率因数改善用电容器的撤销	在变频器初级连接功率因数改善用电容器没有效果,所以请不要使用
		为改善变频器的功率因数,可使用"直流电抗器"
		另外亦不能在变频器输出侧连接功率因数改善用电容器,因这将引起变频器过电流跳闸而不能运行
	干扰对策	一般为对应 EMC 指令,建议使用滤波器和屏蔽线
	电涌对策	变频器停止中或轻负载运行过程发生"过电压跳闸",可认为是电源系统的进相电容器接入和断开时的电涌电压引起的。作为抑制变频器产生电涌,建议使用"直流电抗器"
	绝缘测试	变频器本体的绝缘试验使用 500V 兆欧表。试验必须严格遵照"使用说明书"中的规定步骤进行
配线	控制电路的配线距离	需要远方操作时,变频器和操作箱之间的配线距离应在 20m 内,配线使用双绞屏蔽线
	变频器和电动机之间的配线距离	变频器和电动机之间配线距离长时,由于流过各相线间的分布电容高频电流的影响,变频器可能过热和发生过电流跳闸等。一般对 3.7kW 限制为约小于 50m,更大容量的小于 100m。超过上述范围时,可降低载频或使用输出电路滤波器(OFL)
		配线距离大于 50m,选用动态转矩矢量控制或带 PG 的矢量控制时,为确保控制性能,应进行自整定(离线)
	电线尺寸	参阅变频器一览表中提供的电流值和推荐电线尺寸时,应选用足够大的电线尺寸
	接地线	应使用变频器的接地端子,可靠接地

电动机类型	技术条件	备注
容量选择	驱动通用电动机	一般按照变频器一览表中的"标准适配电动机"的适用容量(kW)选定
		如需要大的启动转矩或要在短时间内完成加/减速过程,则变频器容量可选大 1 级
	驱动特殊电动机	一般按照"变频器额定电流大于电动机额定电流"的条件选定
运输-保管		变频器的运输和保管应符合变频器规范规定的"环境条件",选定合适的方法和场所
		当变频器已配套安装于设备上运输和保管时,亦应符合规范规定的"环境条件"

5.1.2　变频器的日常维护保养

(1) 变频器维护保养周期标准

　　随着工厂自动化技术的发展,变频器日益成为重要的驱动和控制设备,因此保障变频器可靠运行也成为设备保养、降低故障停机时间的重要议题。要确保变频器可靠连续地运行,关键在于日常维护保养。根据日本电动机工业会的推荐,通用变频器的保养项目与定期检查的周期标准如表 5-2 所示。从表 5-2 中可以看出,除日常的检查外,所推荐的检查周期一般为 1 年。在众多的检查项目中,重点要检查的是主回路的平波电容器、逻辑控制回路、电源回路、逆变回路中的电解电容器、冷却系统中的风扇等。除主回路的电容器外,其他电容器的测定比较困难,因此主要以外观变化和运行时间为判断的基准。

表 5-2　通用变频器维护保养周期标准

检查部位	检查项目	检查事项	检查周期 日常	检查周期 定期 1 年	检查周期 定期 2 年	备注
整机	周围环境	确认周围温度、湿度、尘埃、有毒气体、油雾等	√			如有积尘应用压缩空气清扫并考虑改善安装环境
	整机装置	是否有异常振动、异常声音	√			
	电源电压	主回路电压、控制电压是否正常	√			测量各相线电压,不平衡应在 3%以内
主回路	整体	用兆欧表检查主回路端子与接地端子间电阻			√	与接地端子之间的电阻应在 5MΩ
		各个接线端子有无松动		√		
		各个零件有无过热的迹象		√		
		清扫		√		

Chapter 1

Chapter 2

Chapter 3

Chapter 4

Chapter 5

续表

检查部位	检查项目	检查事项	检查周期 日常	检查周期 定期 1年	检查周期 定期 2年	备注
主回路	连接导体、电线	导体有无歪倒		√		
		电线表皮有无破损、劣化、裂缝、变色等		√		
	变压器、电抗器	有无异臭、异常嗡嗡声	√	√		
	端子盒	有无损伤		√		如有锈蚀应考虑减少湿度
	平滑电容器	有无漏液		√		有异常时及时更换新件,一般寿命为5年
		安全阀是否突出、膨胀			√	
		测定静电容容量和绝缘电阻		√		静电容容量应在额定值的80%以上,电容器端子与接地端子的绝缘电阻不少于5MΩ
	继电器、接触器	动作时有无嘶嘶声		√		
		计时器的动作时间是否正确		√		有异常时及时更换新件
		接点是否粗糙接触不良		√		
	制动电阻	电阻的绝缘是否损坏		√		有异常时及时更换新件
		有无断线		√		阻值变化超过10%时应更换
逻辑控制、电源、逆变驱动与保护回路	动作确认	变频器单独运行时,各相输出电压是否平衡		√		各相之间的差值应在2%以内
		作回路保护动作试验,判断保护回路是否异常		√		
	零件	全体	有无异臭、变色		√		
			有无明显生锈		√		
		铝电解电容器	有无漏液、变形现象		√	如电容器顶部有凸起,体部中间有膨胀现象应更换新板,一般寿命期为5年

检查部位	检查项目	检查事项	检查周期			备注
			日常	定期		
				1 年	2 年	
冷却系统	冷却风扇	有无异常振动、异常声音	√			有异常时及时更换新件，一般使用 2～3 年应考虑更换
		接线部位有无松动用压缩空气清扫	√	√		
显示	显示	显示是否缺损或变淡	√			显示异常或变暗时更换新板
		清扫		√		
	外接表	指示值是否正常	√			

变频器在实际应用中，变频器受周围的温度、湿度、振动、粉尘、腐蚀性气体等环境条件的影响，其性能会有一些变化。如使用合理、维护得当，则能延长使用寿命，并减少因突然故障造成的生产损失。如果使用不当，维护保养工作跟不上去，就会出现运行故障，导致变频器不能正常工作，甚至造成变频器过早损坏，而影响生产设备的正常运行。因此日常维护与定期检查是必不可少的。

在变频器运行过程中，可以从设备外部目视检查运行状况有无异常，可以通过键盘面板转换键查阅变频器的运行参数，如输出电压、输出电流、输出转矩、电动机转速等，掌握变频器日常运行值的范围，以便及时发现变频器及电动机问题。此外，还要注意以下几点：

① 设专人定期对变频器进行清扫、吹灰，保持变频器内部的清洁及风道畅通。

② 保持变频器周围环境清洁、干燥，严禁在变频器附近放置杂物。

③ 每次维护变频器后，要认真检查有无遗漏的螺钉及导线等，防止小金属物品造成变频器短路事故。

④ 测量变频器（含电动机）绝缘时，应当使用 500V 兆欧表。如仅对变频器进行检测，要拆去所有与变频器端子连接的外部接线。清洁器件后，将主回路端子全部用导线短接起来，将其与地用兆欧表试验，如果兆欧表指示在 5MΩ 以上，说明是正常的，这样做的目的是减少摇测次数。

日常维护保养的具体内容可以分为：运行数据记录，故障记录。每天要记录变频器及电动机的运行数据，包括变频器输出频率，输出电流，输出电压，变频器内部直流电压，散热器温度等参数，与合理数据对照比较，以利于早日发现故障隐患。变频器如发生故障跳闸，务必记录故障代码，和跳闸时变频器的运行工况，以便具体分析故障原因。

对于连续运行的变频器，可以从外部目视检查运行状态。定期对变频器进行巡视检查，检查变频器运行时是否有异常现象。变频器的日常检查工作的内容主要包括：

① 环境温度是否正常，要求在 −10～+40℃ 范围内，以 25℃ 左右为好。湿度是否符合要求，门窗通风散热是否良好；变频器下进风口、上出风口是否积尘或因积尘过多而

堵塞。

② 变频器显示面板显示的输出电流、电压、频率等各种数据是否正常，控制按键和调节旋钮是否失灵。

③ 显示部分是否正常，显示面板显示的字符是否清楚，是否缺少字符。

④ 用测温仪器检测变频器是否过热，是否有异味。

⑤ 变频器风扇运转是否正常，有无异响、过热、变色、异味、异声和异常振动，散热风道是否通畅。

⑥ 变频器运行中是否有故障报警显示。

⑦ 检查变频器交流输入电压是否超过最大值，380V 级变频器的极限电压是 418V（380V×1.1），如果主电路外加输入电压超过极限电压，即使变频器没运行也会对变频器线路板造成损坏。

⑧ 检查变频器、电动机、变压器、电抗器等有否过热及是否有异味，电动机声音是否正常，变频器主回路和控制回路的电压是否正常，电容器是否出现局部过热，外观有无鼓泡或变形，安全阀是否破裂。

⑨ 已停用变频器柜内加热器工作是否正常。

（2）变频器的日常维护保养

变频器上电之前应先检查周围环境的温度及湿度，温度过高会导致变频器过热报警，严重的会直接导致变频器功率器件损坏、电路短路；空气过于潮湿会导致变频器内部直接短路。在变频器运行时要注意其冷却系统是否正常，如：风道排风是否流畅，风机是否有异常声音。一般防护等级比较高的变频器如：IP20 以上的变频器可直接敞开安装，IP20以下的变频器一般应是柜式安装，所以变频柜散热效果如何将直接影响变频器的正常运行。

在变频速器的日常维护中也要按照规程去做，若发现变频器故障跳停时，不要立即打开变频器进行维修，因为即使变频器不处于运行状态，甚至电源已经切断，由于其中有电容器，变频器的电源输入线、直流端子和电动机端子上仍然可能带有电压。断开开关后，必须等待几分钟后，使变频器内部电容器放电完毕，才能开始工作。当发现变频调速系统跳停，就立即用兆欧表对变频器拖动的电动机进行绝缘测试，从而判断电动机是否故障的方法是很危险的，易使变频器被烧。因此，在电动机与变频器之间的电缆未断开前，绝对不能对电动机进行绝缘测试，也不能对已连接到变频器的电缆进行绝缘测试。

在日常使用中，应根据变频器的实际使用环境状况和负载特点，制订出合理的检修周期和制度，在每个使用周期后，将变频器整体解体、检查、测量等全面维护一次，使故障隐患在初期被发现和处理。每台变频器每季度要清灰保养 1 次。保养要清除变频器内部和风路内的积灰、脏物，将变频器表面擦拭干净；变频器的表面要保持清洁光亮；在保养的同时要仔细检查变频器，察看变频器内有无发热变色部位，水泥电阻有无开裂现象，电解电容有无膨胀漏液防爆孔突出等现象，PCB 有否异常，有没有发热烧黄部位。保养结束后，要恢复变频器的参数和接线，送电后启动变频器带电动机工作在 3Hz 的低频约1min，以确保变频器工作正常。

变频器的维护保养的内容主要包括：

① 日常。每天进行一次检查记录运行中的变频器输出三相电压，并注意比较它们之

间的平衡度；检查记录变频器的三相输出电流，并注意比较它们之间的平衡度；检查记录环境温度，散热器温度；察看变频器有无异常振动，声响，风扇是否运转正常。

② 定期。利用每年一次的大修时间，将重点放在变频器日常运行时无法检查的部位。

a. 除尘。对变频器进行除尘，重点是整流柜、逆变柜和控制柜，必要时可将整流模块、逆变模块和控制柜内的线路板拆出后进行除尘。将变频器控制板、主板拆下，用毛刷、吸尘器清扫变频器线路板及内部 IGBT 模块、输入输出电抗器等部位。线路板脏污的地方，应用棉布沾上酒精或中性化学剂擦除。

清扫空气过滤器冷却风道及内部灰尘，变频器下进风口、上出风口是否积尘或因积尘过多而堵塞。变频器因本身散热要求通风量大，故运行一定时间以后，表面积尘十分严重，须定期清洁除尘。对线路板、母排等除尘后，进行必要的防腐处理，涂刷绝缘漆，对已出现局部放电、拉弧的母排须去除其毛刺后，再进行处理。对已绝缘击穿的绝缘板，须去除其损坏部分，在其损坏附近用相应绝缘等级的绝缘板对其进行隔绝处理，紧固并测试绝缘并认为合格后方可投入使用。

b. 检查交、直流母排有无变形、腐蚀、氧化，母排连接处螺钉有无松脱，各安装固定点处螺钉有无松脱，固定用绝缘片或绝缘柱有无老化开裂或变形，如有应及时更换，重新紧固，对已发生变形的母排须校正后重新安装。

c. 检查整流柜、逆变柜内风扇运行及转动是否正常，停机时，用手转动，观察轴承有无卡死或杂音，必要时更换轴承或维修。

d. 对输入、整流及逆变、直流输入快速熔断器进行全面检查，发现烧毁和老化的要及时更换。

e. 中间直流回路中的电容器有无漏液，外壳有无膨胀、鼓泡或变形，安全阀是否破裂，有条件的可对电容容量、漏电流、耐压等进行测试，对不符合要求的电容进行更换，对新电容器或长期闲置未使用的电容器，更换前须对其进行钝化处理。滤波电容器的使用周期一般为 5 年，对使用时间在 5 年以上，电容容量、漏电流、耐压等指标明显偏离检测标准的，应酌情部分或全部更换。

f. 对整流、逆变部分的二极管、IGBT 用万用表进行电气检测，测定其正向、反向电阻值，并在事先制订好的表格内认真做好记录，看各极间阻值是否正常，同一型号的器件一致性是否良好，必要时进行更换。

g. 对进线的主接触器及其他辅助接触器进行检查，仔细观察各接触器动静触头有无拉弧、毛刺或表面氧化、凹凸不平，发现此类问题应对其相应的动静触头进行更换，确保其接触安全可靠。

h. 仔细检查端子排有无老化、松脱，是否存在短路隐性故障，各连接线连接是否牢固，绝缘层有无破损，各电路板接插头接插是否牢固。进出主电源线连接是否可靠，连接处有无发热氧化等现象，接地是否良好。

③ 变频器长时间不使用要做的维护有：电解电容器不通电时间不要超过 3～6 个月，因此要求间隔一段时间通一次电，新买来的变频器如离出厂时间超过半年至一年，也要先通低电压空载，经过几小时，让电容器恢复充放电性能后再使用。

④ 如条件允许的情况下，要用示波器测量开关电源输出各路电压的平稳性，如：5V、12V、15V、24V 等电压。测量驱动电路各路波形的方波是否有畸变。U、V、W 相

间波形是否为正弦波。接触器的触点是否有打火痕迹，严重的要更换同型号或大于原容量的新品；确认控制电压的正确性，进行顺序保护动作试验；确认保护显示回路无异常；确认变频器在单独运行时输出电压的平衡度。

（3）备件更换

变频器由多种部件组成，其中一些部件经长期工作后其性能会逐渐降低、老化，这也是变频器发生故障的主要原因，为了保证设备长期的正常运转，易损件超出使用周期必须对其进行更换，易损件更换主要依据变频器使用年限以及日常检查的结果决定，变频器易损件更换项目见表5-3。

表 5-3　变频器易损件更换项目

	器件状况判别	更换方法	更换后的检验
风扇	风扇是变频器的常用备件,风扇损坏分为电气损坏和轴承损坏。电气损坏风扇会不运转,这在日常检查中就可以发现,发现后立即更换。轴承损坏,可以发现风扇在运转时的噪声和振动明显增大,这时要尽快予以更换/也可以根据变频器说明书的建议,在风扇使用到达一定年限后(一般风扇的寿命大约为 10～40kh,一般 3 年左右)统一予以更换	推荐使用原装的风扇备件,但有时原装的备件很难买到或订货周期长,则可以考虑使用替代品。替代品必须保证外形与安装尺寸与原装的完全一致,电源、功耗、风量和质量与原装的接近。直接冷却风扇有二线和三线之分,二线风扇其中一线为正极,另一线为负极,更换时不要接错;三线风扇除了正、负极外还有一根检测线,更换时千万注意,否则会引起变频器过热报警。交流风扇一般为 220V、380V 之分,更换时电压等级不要搞错	更换以后要试运行,观察风扇的风量、运行噪声和振动情况,连续运转大约半小时,再观察整机的温升,如果一切正常,则可以判定更换或替换成功
主滤波电容	主滤波电容是变频器的常用备件,如果电容凡是漏液或膨胀或防爆孔破裂的现象,要立即更换。要尽快更换,也可以根据相关变频器的说明书,电容器运行 3～5 年后,在使用达到一定年限后应强制更换。中间电路滤波电容主要作用就是平滑直流电压,吸收直流中的低频谐波,它的连续工作产生的热量加上变频器本身产生的热量都会加快其电解液的干涸,直接影响其容量的大小,每年定期检查电容容量一次,一般其容量减少 20% 以上应更换。主回路滤波电解电容的使用寿命与变频器的环境温度有较大关系,如果平时使用注意,变频器安装环境良好,则可以大大延长电解电容的使用寿命	推荐使用原装的电容备件,但有时原装的备件很难买到或订货周期长,则可以考虑使用替代品。替代品必须保证安装尺寸与原装的完全一致,长度小于或等于原装的,耐压和标称工作温度大于或等于原装的,总电容量与原来的相近	更换以后要试运行,满载运行 2h,如果电容本体没有严重发热,则可以确认更换成功

	器件状况判别	更换方法	更换后的检验
大功率电阻	观察大功率电阻的表面颜色,如果是水泥电阻的话要观察电阻表面是否有裂缝,如果电阻老化现象明显(颜色变黑、严重开裂)则要求更换	推荐使用原装的电阻备件,但也可以用替代品。替代品首先功率和电阻值要与原装的电阻相近,其次要求安装方式和安装尺寸要与原来的一致	更换后要试运行,断电、送电重复3次,注意断电再送电之间的时间间隔,再带满载运行半小时,如果一切正常则可以确认更换成功
接触器或继电器	接触器或继电器一般有累计动作次数寿命,超过应予以更换,日常检查发现有触点接触不良,要立即更换	推荐使用原装的备件,但也可以用替代品,替代品的触点容量和线圈要与原装的一致,安装方式和安装尺寸也要与原来的相同,质量也要相同	更换后要试运行,令接触器反复动作多次,再带满载运行半小时,如果一切正常则可确认更换成功
结构件	变频器的塑料外壳有可能被损坏,视具体情况决定是否更换,内部安装螺钉如有打滑或生锈的情况,应当予以更换	外壳更换一定要用原装备件,螺钉等结构件则可以用相同规格相同质量的替代产品	螺钉更换以后一定要拧紧,并带满载试验,确保不会因为接触电阻太大而引起发热
操作显示单元	变频器的操作显示单元如果有显示缺失或按键失效的现象,则要予以更换	更换要用原装的产品或兼容的升级替代产品	更换后要上电检查显示和动作是否完全正常
印刷线路板	印刷线路板原则上不去更换,但如在日常检查中发现有严重发热烧毁的现象,则可以考虑予以更换	在定期检修中最好进行喷膜处理,可以抗腐蚀性,增强绝缘性能。在进行喷膜处理时,特别要注意保护好各类接插件口,不要让膜层保护剂喷入,以免引起接触不良。具体做法,接插件口可先用遮盖剂或塑料胶带遮后再喷膜。更换一定要用原装备件	更换后要做满载试验1h,逐项正常才能确认更换成功

5.2 变频器的测量与实验

5.2.1 变频器的测量

由于通用变频器的输入和输出含有高次谐波,所以,在测量变频器参数时,应根据要求选择合适的仪表及合适的测量方法,以便得到较准确的数据。测量变频器的电路如图5-1所示。

Chapter 1

Chapter 2

Chapter 3

Chapter 4

Chapter 5

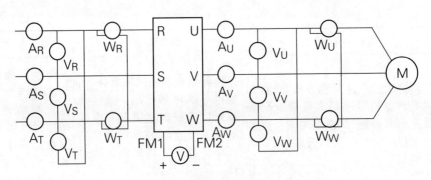

图 5-1 测量变频器的电路

（1）输入侧参数测量及仪表选择

① 输入电压。因输入电压是工频正弦电压，故各类仪表均可使用，但以采用电磁式交流电压表测量误差较小。

② 输入电流。使用动圈式电流表测量电流有效值，当电流不平衡时，取其平均值，用下式计算：

$$I_{1a}=(I_R+I_S+I_T)/3 \tag{5-1}$$

③ 输入功率。使用电动式仪表测量，通常采用图 5-1 所示的两个功率表测量即可。如额定电流不平衡超过 5%，则采用三个功率表测量，电流不平衡率计算式：

$$\gamma_1=\frac{I_{1max}-I_{1min}}{I_{1a}}\times100\% \tag{5-2}$$

式中，γ_1 为电流不平衡率；I_{1max} 为最大电流；I_{1min} 为最小电流；I_{1a} 为三相平均电流。

④ 输入功率因数测量。由于输入电流包括高次谐波，测量输入电流时产生较大误差，因此输入功率因数用下式计算

$$\cos\varphi=\frac{P_1}{3U_1I_{1a}} \tag{5-3}$$

式中，P_1 为输入功率；U_1 为输入电压。

（2）输出侧参数测量及仪表选择

对变频器的输出参数进行测量时，因变频器的输出含有高次谐波，而电动机转矩主要依赖于基波电压有效值，测量输出电压时，主要是测量基波电压值，使用整流式电压表，其测量结果最接近数字频谱分析仪测量值，而且与变频器的输出频率有极好的线性关系。数字表容易受干扰，测量有较大的误差。输出电流测量包括基波和其他高次谐波在内的总有效值，因此常用的测量仪表是动圈式电流表（在电动机负载时，基波电流有效值和总电流有效值差别不大）。当采用电流互感器时，在低频情况下电流互感器可能饱和，所以，必须选择适当容量的电流互感器。

① 输出电压的测量 变频器输出电压指变频器输出端子间的基波方均根电压，图 5-2 为使用快速傅里叶级数分析仪（FFT）、0.5 级整流式电压表、0.5 级电磁式电压表和数字式交流电压表同时测量时所得结果。整流式电压表测量的输出电压值接近于用 FFT 测量得的基波电压方均根值，并且相对输出频率成线性关系，数字式电压表不适合变频器输出电压的测量。

图 5-2 中 1 为数字式交流电压表；2 为 0.5 级电磁式电压表；3 为快速傅里叶级数分

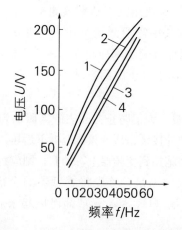

图 5-2　输出电压的测量结果比较

析仪；4 为 0.5 级整流式电压表。

　　为了进一步改善输出电压的测量精度、可以采用阻容滤波器与整流式电压表配合使用，如图 5-3 所示，将会得到更精确的输出电压值。

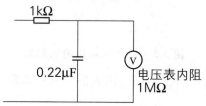

图 5-3　阻容滤波器的使用

　　② 输出电流测量　输出电流是指流过变频器输出端子总的方均根电流，即包括高次谐波在内的总的方均根电流值，可以使用 0.5 级电动式电流表，也可以使用 0.5 级电磁电流表。图 5-4 给出的是在电阻性负载下测量结果，由图 5-4 可见，用电磁式电流表测量与用电动式电流表测量，其结果相近。

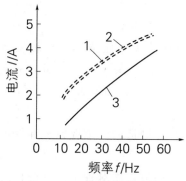

图 5-4　输出电流测量结果比较

　　图 5-4 中 1 为 0.5 级电磁式电流表；2 为 0.5 级电热式电流表；3 为快速傅里叶级数分析仪。

　　③ 输出功率测量　它同输入侧测量类似，用电动式功率表，可用两个功率表测量，

但当电流不平衡率超过 5%时，应使用三个功率表测量。

④ 变频器效率　变频器的效率需要测量出输入功率 P_1 和输出功率 P_2，按 $\eta=(P_2/P_1)\times100\%$ 计算。测量时电压综合畸变率应小于 5%，否则应加入交流电抗器或直流电抗器，以免影响输入功率因数和输出电压的测量结果。

（3）绝缘电阻的测量

① 外接线路绝缘电阻的测量。为了防止兆欧表的高压加到变频器上，在测量外接线路的绝缘电阻时，必须把需要测量的外接线路从变频器上拆下后再进行测量，并应注意检查兆欧表的高压是否有可能通过其他回路施加到变频器上，如有，则应将所有有关的连线拆下。

② 变频器主电路绝缘电阻的测量。首先将变频器的全部外部端子接线拆除，并把所有进线端（R、S、T）和出线端（U、V、W）都连接起来后，再测量其绝缘电阻，如图 5-5 所示。

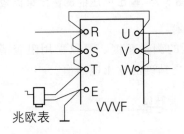

图 5-5　变频器绝缘电阻测量

③ 控制电路绝缘电阻的测量。采用万用表的高阻挡来测量，不要用兆欧表或其他有高电压的仪器仪表进行测量。

5.2.2　变频器试验方法

（1）变频器试验条件

① 电气使用条件　在变频器试验时应考虑试验电源频率变化、电压变化、电压不平衡、电源阻抗、电源谐波及一些异常条件等。如频率为 $f_{LN}\pm2\%$；额定输入电压的变化限值为 $\pm10\%$；电源电压不平衡度不超过基波额定输入电压（U_{LN1}）3%的情况下应能够正常运行。

② 环境使用条件　主要包括使用气候条件和机械安装条件，如环境温度 $+5℃\sim+40℃$；湿度应小于 90%，变频器应安装于室内坚固的基座上，在其安装区域内或附加的机壳内对通风或冷却系统不会造成严重的影响。

（2）试验类型

① 型式试验。对按照某一设计制造的一个或数个部件进行的试验，用于说明该设计满足特定的技术要求。

② 出厂试验。在制造期间或制造之后对各个部件进行的试验，用于确定其是否符合某一准则。

③ 抽样试验。在一批产品中随机抽取的一些产品进行的试验。

④ 选择（专门）试验。除型式试验和出厂试验之外，经过制造厂和用户协商而进行的试验。

⑤ 车间试验。为了验证设计，在制造厂的实验室里对部件或设备进行的试验。

⑥ 验收试验。合同上规定的、用以向用户证明该部件满足其技术规格中某些条件的试验。

⑦ 现场调试试验。在现场对部件或设备进行的试验，用于验证安装和运行的正确性。

⑧ 目击试验。在厂方和用户在场的情况下进行的上述任何一种试验。

（3）试验标准和项目

① 国家标准　从完善产品全过程的质量控制出发，我国已制订了 6 项电气传动调速系统的国家及行业标准是：GB/T 3886.1—2002、GB/T 12668.1—2003、GB/T 12668.2—2003、GB 12668.3—2004、GB/T 12668.4—2004、JB/T 10251—2001。

《GB/T 12668.2—2003 调速电气传动系统第 2 部分：一般要求—低压交流变频电气传动系统额定值的规定》适用于一般用途的交流调速传动系统，该系统由电力设备（包括变流器部分、交流电动机和其他设备，但不限于馈电部分）和控制设备（包括开关控制，如通/断控制，电压、频率或电流控制，触发系统、保护、状态监控、通信、测试、诊断、生产过程接口/端口等）组成的系统。本标准不适用于牵引传动和电动车辆传动；适用于连接交流电源电压 1kV 以下、50Hz 或 60Hz，负载侧频率达 600Hz 的电气传动系统。本标准给出了关于变频器额定值、正常使用条件、过载情况、浪涌承受能力、稳定性、保护、交流电源接地和试验等性能的要求。

② 变频器标准试验项目　变频器标准试验项目见表 5-4。

表 5-4　变频器标准试验项目

试验	型式试验	出厂试验	专门试验	试验方法
绝缘	×	×		GB/T 3859.1 中 6.4.1
轻载和功能	×	×		GB/T 3859.1 中 6.4.2
额定电流	×			GB/T 3859.1 中 6.4.3
过电流能力			×	GB/T 3859.1 中 6.4.10
纹波电压和电流的测量			×	GB/T 3859.1 中 6.4.17
功率损耗的确定	×			GB/T 3859.1 中 6.4.5
温升	×			GB/T 3859.1 中 6.4.6
功率因数的测定			×	GB/T 3859.1 中 6.4.7
固有电压调整率的测定			×	GB/T 3859.1 中 6.4.8
检验辅助备件	×	×		GB/T 3859.1 中 6.4.11
检验控制设备性能	×	×		GB/T 12668.2 中 7.3.3
检验保护器件	×	×		GB/T 3859.1 中 6.4.13
电磁干扰性	×			GB/T 12668.3 中第 5 章
电磁发射	×			GB/T 12668.3 中第 6 章
音频噪声			×	GB/T 3859.1 中 6.4.16
附加试验			×	GB/T 3859.1 中 6.4.21

a. 绝缘试验的目的在于检查变频器的绝缘状况，为了防止不必要的破坏，在试验之前，可先用 1000V 兆欧表测量受试部分的绝缘电阻。在环境温度 20±5℃ 和相对湿度为 90% 的情况下，其数值应不小于 1MΩ，但所测绝缘电阻只作为耐压试验的参考，不作

考核。

b. 轻载和功能试验的目的是为了验证变频器电气线路的所有部分以及冷却系统的连接是否正确，能否与主电路一起正常运行，设备的静态特性是否能满足规定要求。本试验作为出厂试验时，变频器仅在额定输入电压下运行，而型式试验时，则应在额定电压的最大值和最小值下检验设备的功能。

c. 额定电流试验是为了检验变频器能否在额定电流下可靠运行。

d. 过电流能力试验是负载试验的一部分，是在额定运行情况下，在规定的时间间隔施加规定的短时过电流值，变频器均能正常工作。

e. 纹波电压和电流的测量是在用户提出要求时才予以实施，并按 GB/T3859.2 电气试验方法和产品分类标准的规定进行。

f. 功率损耗可以在测量的基础上进行计算，或直接测定。间接冷却的变流器的功率损耗可以从测得的热转移媒质所转移的热量（用量热的方法）和估算通过变频器机壳的热流量来计算。

g. 温升试验的目的在于测定变频器在额定条件下运行时，各部件的温升是否超过规定的极限温升。试验应在规定的额定电流和工作制，以及在最不利的冷却条件下进行。

h. 一般情况下，不需要测量功率因数，当要求测量时，应测定总功率因数。

i. 固有电压调整率测量是在变频器电压等于额定值下，根据轻载试验、额定电流试验取得的数据计算的（见 GB/T 3859.2）。

j. 辅助部件的检验主要在于对变频器电气元件、风机等辅助装置的性能进行检验。但只要这些元件具备出厂合格证，可只检验其在变频器中的运行功能，不必重复进行出厂试验。

k. 控制设备的性能检验最好采用类似额定功率的电动机对设备进行检验，也可采用较低功率的电动机在反馈量适当换算的情况下来进行。

l. 保护器件的检验主要包括各种过电流保护装置的过流整定，快速熔断器和快速开关的正确动作。各种过电压保护设施的正确工作，装置冷却系统的保护设施的正常动作，作为安全操作的接地装置和开关的正确设置以及各种保护器件的互相协调。

m. 电磁抗扰性是通过试验验证变频器各个子部件的性能，如电力电子电路、驱动电路、保护电路、控制电路及显示和控制面板对电磁干扰的抗扰度。电磁干扰有低频干扰和高频干扰。低频干扰包括谐波、换相缺口电压畸变、电压变化波动、电压跌落和短时中断、电压不平衡和频率变化及电源的影响。高频干扰包括对公共环境、工业环境及对电磁场的抗扰度。

n. 对电磁发射的要求是应尽可能地与其实际的工作环境条件相适应，为了确保基本的保护要求，分别规定了对公共环境、工业环境的低频基本发射限值和高频基本发射限值。

o. 音频噪声试验应在周围 2m 内没有声音反射面的场所进行，测试时应尽可能避免周围环境噪声对测量结果的干扰。

p. 附加试验是上述试验项目未包括的其他性能有要求，应在订货时提出，并取得协议后的试验。

（4）变频器相关试验

① 稳态性能　变频器稳态性能试验包括应试验变频器传动变量，如输出转速、转矩等的稳态性能。用选取的偏差带（稳态）来评价反馈控制系统的稳态性能，应满足规定的工作和使用偏差的变量范围。

② 动态试验

a. 电流限值和电流环。这些试验用来表征变频器的动态性能，与被传动设备无关。应在接近 0、50%、100% 基本转速和弱磁最大转速（N_M）下进行，试验有以下三项：

• 电流限值。增大负载，使变频器达到其预设的电流限值点（另一种方法是增大转速阶跃量至足够大的转动惯量，产生一个瞬态负载，使变频器达到设定的电流限值点）。这时就可对电流上升时间、超调量和持续时间以及阻尼特性进行分析。

• 电流环带宽。通过对电流设定和电流测量（反馈）之间响应的谐波分析，可以确定电流环的带宽。必须检查幅值和位移。该试验应在线性或准线性区域内进行。

• 对电流设定的阶跃响应。

b. 转速环。提供并正确选择转速给定的阶跃以适应下列试验，该测试可在空载或轻载条件下进行。

• 达到电流限值并进行检查。

• 在未达到任何限值情况下，测量传动输出转速响应（通常在 50%、100% 基本转速和弱磁最大转速 N_M 下进行）。

c. 转矩脉动。若轴上耦合有相当灵敏的转速测量器件，通过在空载条件下转速的变化，可测量出气隙转矩脉动的相关等级。

d. 自动再启动。若设有自动再启动功能的，则应在规定的断电期间对其进行检验，这种功能应与紧急停车相协调。

e. 能耗制动和能耗减速。能耗制动和能耗减速是两个操作功能，其特性应由用户和制造厂来商定，其他性能要求由买方或制造厂一起确定。

（5）变频器负荷特性测试

① 测试系统构成　负荷特性测试是对变频器综合性能的动态测试，测试变频器的最佳负载是交流电动机。根据变频器的使用说明，一般要求变频器负载不低于额定功率的10%，采用 3kW 左右的电动机来实现 15kW 以下等级变频器的负载测试。用 15kW 的电动机来实现 150kW 以下等级变频器的负载测试。电动机负载可使用一台磁粉制动机来模拟电动机负载，磁粉制动机可以通过改变输入电压来改变磁粉的间隙，从而达到改变负载的目的。以实现模拟变频器实际负载的目的，但还需要检测其他一些辅助参数，如输入电压、电流，输出电压、电流，以及三相的平衡情况，输出波形的谐波分量。测试系统所需要的设备有：

三相交流电动机，主要参数：3kW，15kW。

磁粉制动器，主要参数：350N·m。

电流传感器，主要参数：测量范围内 0～50A，输出 0～50mA。

电压传感器，主要参数：测量范围内 0～1000V，输出 0～100mA。

模拟电流显示表头，主要参数：0～50A，输入 0～50mA。

模拟电压显示表，主要参数 0～1000V，输入 0～100mA。

1：3 减速器。

小水泵，用途：磁粉制动机的冷却。

16 位 16 通道 A/D 转换卡：主要参数为输入 0～10V。

16 位 D/A 转换卡：主要参数为输出 0～10V。

信号部分，输入、输出信号分别为 0～10V 电压信号、0～20mA 电流信号、开关量和脉冲信号。

计算机和多功能打印机各 1 台。

测试系统的结构示意图如图 5-6 所示。

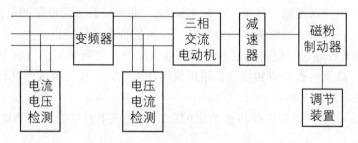

图 5-6　测试系统结构示意图

② 单台滑差电动机堵转法　本方法是直接采用单台滑差电动机，将滑差电动机主轴输出通过机械与机座硬连接，此时，输出主轴的速度一直为零。通过在励磁线圈上加载直流电压来调节励磁电流的大小和输出转矩大小，从而用于调节负载的大小，如图 5-7 所示。

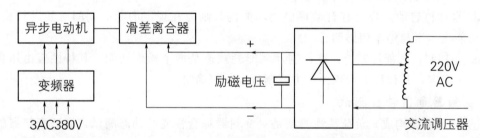

图 5-7　单台滑差电动机堵转法示意图

该方法需要一台 0～90V/2～8A（最大）的直流可调电压源。如果无合适的电源，可以采用调压器加整流滤波电路来实现，另外，由于滑差电动机一般附带了调速器，因此可以通过取消原滑差电动机调速器中的电压闭环控制部分改制成单相 SCR 调压电路来实现。但是这种方法的缺点是电压输出为非线性，在起始段，输出电压变化缓慢，加载较慢，在高输出电压的时候，输出电压变化较快，负载调整比较困难。

该方法的优点是简单，成本低，适用于中小功率变频器中高速加载试验场合。由于不能够实现快速的加减载，故不能实现动态性能的测试，也不能实现发电状态的性能测试。由于低速时，滑差电动机滑差头相对运行速度低，不能够实现低速加载。

③ 两台异步电动机通过滑差电动机对拖法　本方法是采用一台滑差电动机与另外一台异步电动机同轴连接，两台电动机可以通过两台变频器分别来驱动，如图 5-8 所示。本方法可以通过在励磁线圈上加载直流电压来调节负载大小，也可以通过调节两台电动机的相对速

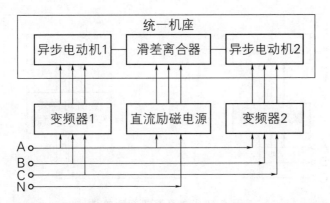

图 5-8　两台异步电动机通过滑差电动机对拖法示意图

度来调整负载大小。即可以实现反向电动运行的加载，也可以实现同相发电运行的加载。可以实现零速或者低速加载。缺点是由于滑差电动机加载采用电磁感应滑差离合器实现，加载响应速度慢，不能够实现快速加载，因此还不能够进行高精度、快速的性能测试。

④ 两台交流电动机对拖法　本方法是采用两台同功率的异步电动机同轴连接，两台电动机通过两台变频器分别来驱动，如图 5-9 所示。其中一台电动机通过测试变频器驱动，另外一台电动机通过具有精确转矩控制功能的闭环矢量控制变频器来驱动。改变转矩的大小和方向，就可以实现作为被测电动机的负载，就可以验证测试变频器的性能。

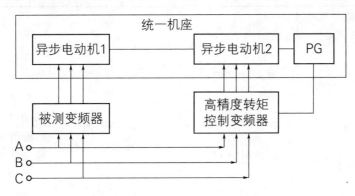

图 5-9　两个交流电动机对拖法

本方法可以实现反向电动运行的加载，也可以实现同相发电运行的加载。由于为闭环转矩控制，可以实现零速、低速和高速的高转矩高精度的加载。由于电动机连接为机械硬连接，异步电动机的转矩响应相比滑差电动机较快，加载响应速度较快，可以满足大多数场合的测试要求，但是对于高精度、快速的性能测试还不能够完全满足。

⑤ 交直流电动机与交流电动机对拖法　本方法是采用一台直流电动机和另外一台异步电动机同轴连接，如图 5-10 所示。其中异步交流电动机通过被测变频器来驱动，直流电动机通过一台可以四象限运行的直流调速器来驱动。直流电动机通过精确的转矩控制，改变测试转矩的大小和方向，就可以实现被测电动机负载的任意变化，可以验证测试变频器的性能。

本方法可以实现反向电动运行的加载，也可以实现同向发电运行的加载。由于采用直流电动机闭环转矩控制，可以实现零速、低速和高速的高转矩高精度的加载。由于电动机

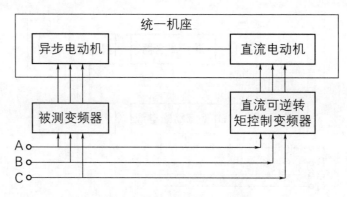

图 5-10　交直流机组对拖法

连接为机械硬连接,直流电动机的转矩响应快,加载响应速度就快,基本可以满足绝大多数场合的测试要求,是目前最理想的测试方法。

5.3　变频器故障信息及处理方法

(1) 三菱变频器故障报警信息及处理方法

三菱变频器故障报警信息及处理方法见表 5-5。

表 5-5　三菱变频器故障报警信息及处理方法

显示代码 FR-DU04	参数单元 FR-PU04	故障名称	故障原因	处理方法
E. OC1	OCDuringAcc	加速时过电流保护动作	当变频器输出电流达到或超过大约额定电流的 200% 时,保护回路动作,停止变频器输出	加速时间太短,增加加速时间 检查输出是否短路或接地
E. OC2	SteadySpdOC	定速时过电流断路		检查负荷是否突变,保持负荷稳定 检查输出是否短路或接地
E. OC3	OCDuringDec	减速时停止时过电流保护动作		减速时间太短,增加减速时间 检查输出是否短路或接地
E. OV1	OVDuringAcc	加速时再生过电压保护动作	来自电动机的再生能量使变频器内部直流主回路电压上升达到或超过规定值,保护回路动作,停止变频器输出。也可能是由于电源系统的浪涌电压引起的	加速太快,增加加速时间
E. OV2	SteadySpdOV	定速时再生过电压保护动作		检查负荷是否突变,保持负荷稳定
E. OV3	OVDuringDec	减速时停止时再生过电压保护动作		减速太快,增加减速时间

显示代码 FR-DU04	参数单元 FR-PU04	故障名称	故障原因	处理方法
E. THM	MotorOverload	电动机过负荷保护动作	电动机过负荷	减轻负荷,经常发生时,可根据工艺要求更换增加变频器和电动机的容量
E. THT	Inv. Overload	变频器过负荷保护动作	变频器过负荷	
E. IPF	Inst. Pwr. Loss	瞬间停电保护		恢复电源
E. UVT	UnderVoltage	低电压保护	供电回路中有大容量电动机启动	检查供电系统,避免回路中频繁启动的大容量电动机的影响
E. FIN	H/SinkO/Temp	散热片过热	环境温度过高	加强通风的同时减轻负荷
E. BE	Br. Cct. Fault	制动晶体管报警	制动率设定是否正常	降低制动率的设置
E. GF	GroundFault	输出侧接地故障过电流保护	电动机或电缆存在接地故障	解决接地故障
E. OHT	OHFault	外部热继电器动作	检查电动机是否过热	降低负荷,解决机械故障
E. OLT	StllPrevSTP	失速防止(动作时显示 OL)	电动机过负荷	减轻负荷,经常发生时,可根据工艺要求更换增加变频器和电动机的容量
E. OPT	OptionFault	选件报警	选件接口松脱	可靠连接
E. PE	CorruptMemry	参数错误	输入参数的次数太多,变频器死机	恢复出厂设置后重新设置参数。无法恢复时,更换变频器
E. PUE	PULeaveOut	面板脱出发生		牢固安装好操作面板
E. RET	RetryNoOver	再试次数超出	再试设定次数内运行没有恢复,变频器停止输出	检查异常发生前的一个异常
E. P24		直流 24V 电源输出短路		检查 PC 端子是否短路,修复短路。需要复位时用面板复位或关断电源重新合闸
E. CTE		操作面板电源短路		操作面板连接电缆存在短路现象。修复短路

显示代码 FR-DU04	参数单元 FR-PU04	故障名称	故障原因	处理方法
E. CPU	CPUFault	CPU 错误		检查松脱的接口,可靠连接
E. MB1～ E. MB7		顺序制动错误		检查抱闸顺序是否正常
E. 3	Fault3	选件异常	通信选件设定错误或接触不良	检查选件设定,操作是否有误。选件接头插座确实连接好
E. 6	Fault6	CPU 错误	内置 CPU 发生通信异常时,变频器停止输出	CPU 通信异常错误发生,变频器停止输出。停电复位重新启动
E. 7	Fault7	CPU 错误		
E. LF	E. LF	输出缺相保护	当变频器输出三相中有一相断开时,变频器停止输出	检查断开的输出相
FN	FanFailure	风扇故障		冷却风扇是否正常,更换风扇
OL	OL	失速防止过电流	电动机是否在过负荷情况下使用	减轻负荷
oL	oL	失速防止过电压	是否急速减速运行	延长减速时间
PS	PS	面板停止	远方控制运行时是否使用了操作面板的"STOP"键进行停止	检查负荷状态
Err		操作错误		准确地进行运行操作

(2) 富士 FREG11UD 变频器故障报警信息及处理方法

富士 FREG11UD 变频器故障报警信息及处理方法见表 5-6。

表 5-6 富士 FREG11UD 变频器故障报警信息及处理方法

报警名称	键盘面板显示			动 作 内 容
	LED	LCD		
过电流	OC1	OCDURINGACC	加速时	电动机过电流,输出电路相间或对地短路,变频器输出电流瞬时值超过过电流检出值时,过电流保护功能动作
	OC2	OCDURINGDEC	减速时	
	OC3	OCATSETSPD	恒速时	

报警名称	键盘面板显示		动 作 内 容	
	LED	LCD		
过电压	OU1	OVDURINGACC	加速时	由于电动机再生电流增加,使主电路中间电压超过过电压检测值时,保护功能动作(200V 系列:400VDC,400V 系列:800VDC),但是,变频器输入侧错误地输入过高电压时,不能保护
	OU2	OVDURINGDEC	减速时	
	OU3	OVATSETSPD	恒速时	
欠电压	LU	UNDERVOLTAGE		运行中,电源电压降低等使主电路直流中间电压低于欠电压检测值时,保护功能动作(欠电压检测值:200V 系列:200VDC,400V 系列:400VDC)。另外,当电压低至不能维持变频器控制电路电压值时,将不能显示
电源输入缺相	Lin	PHASELOSS		连接的 3 相输入电源 L1/R、L2/S、L3/T 中缺任何一相及变频器在 3 相电源电压不平衡状态下运行时,可能造成主电路整流二极管和主滤波电容损坏。在这种情况下,变频器报警并停止运行
散热片过热	OH1	FINOVERHEAT		如冷却风扇发生故障等,则散热片温度上升,保护功能动作
外部报警	OH2	EXTALARM		当控制电路端子(THR)连接制动系统、制动电阻或外部热继电器等外部装置的报警接点时,在外部装置故障时发出报警信息
变频器内过热	OH3	HIGHAMBTEMP		如变频器内通风散热不良等,则其内部温度上升,保护功能动作
电动机 1 过载	OL1	MOTOR1OL		选择功能码 F10 电子热继电器 1 时,若电动机电流超过设定的电动机 1 的动作电流值时,则保护功能动作
超速	OS	OVERSPEED		电动机速度若超过最高频率、上限频率、120Hz 中的最小值的 1.2 倍时,保护功能动作
超过速度偏差	Pg	PGBREAK		超过速度偏差时保护功能动作
存储器错误	Er1	MEMORYERROR		如发生数据写入异常等存储器异常时,保护功能动作
键盘面板通信异常	Er2	KEYPDCOMERR		由键盘面板运行模式检测键盘面板和控制部之间信息传送出错或传送停止时,保护功能动作
CPU 异常	Er3	CPUERROR		由于干扰等造成 CPU 出错时,保护功能动作

续表

报警名称	键盘面板显示		动 作 内 容
	LED	LCD	
操作步骤出错	Er6	OPRPROCDERR	用 STOP 指令强制停止时,该功能动作。或者,在 o39~o46 上设定 2 处相同值时,该功能动作
输出接线出错	Er7	TUNNGERROR	自整定时,如果变频器输出电路连接线断线或开路,则保护功能动作
RS-485 通信出错	Er8	RS485COMERR	使用 RS-485 通信出错时,保护功能动作

（3）安川变频器故障报警信息及处理方法

安川变频器故障报警信息及处理方法见表 5-7。

表 5-7 安川变频器故障报警信息及处理方法

异常表示	故障内容	说明	处理对策
UV1	主回路低电压(PUV)	运转中主回路电压低于"低电压检出标准"15ms(瞬停保护 2s)低电压检出标准 200V 级:约 190V 以下,400V 级:约 380V 以下	检查电源电压及配线 检查电源容量
UV2	控制回路低电压(CUV)	控制回路电压低于低电压检出标准	
UV3	内部电磁接触器故障	运转时预充电接触器开路	
UV	瞬时停电检出中	主回路直流电低于低电压检出标准 预充电接触器 控制回路电压低于低电压检出标准	
OC	过电流(OC)	变频器输出电流超过 OC 标准	检查电动机的阻抗绝缘是否正常 延长加减速时间
GF	接地故障(GF)	变频器输出侧接地电流超过变频器额定电流的 50% 以上	检查电动机是否绝缘劣化 变频器及电动机间配线是否有破损
OV	过电压(OV)	主回路直流电压高于过电压检出标准 200V 级:约 400V,400V 级:约 800V	延长减速时间,加装制动控制器及制动电阻
SC	负载短路(SC)	变频器输出侧短路	检查电动机的绝缘及阻抗是否正常

异常表示	故障内容	说明	处理对策
PUF	保险丝断(FI)	主回路晶体模块故障 直流回路保险丝熔断	检查晶体模块是否正常 检查负载侧是否有短路,接地等情形
OH	散热座过热(OH1)	晶体模块冷却风扇的温度超过允许值	检查风扇功能是否正常,及周围是否在额定温度内
OL1	电动机过负载(OL1)	输出电流超过电动机过载容量	减小负载
OL2	变频器过负载(OL2)	输出电流超过变频器的额定电流值150% 1min	减少负载及延长加速时间
PF	输入欠相	变频器输入电源欠相 输入电压三相不平衡	检查电源电压是否正常 检查输入端点螺钉是否锁紧
LF	输出欠相	变频器输出侧电源欠相	检查输出端点螺钉及配线是否正常 电动机三相阻抗检查
RR	制动晶体管异常	制动晶体管动作不良	变频器送修
RH	制动控制器过热	制动控制器的温度高于允许值	检查制动时间与制动电阻使用率
OS	过速度(OS)	电动机速度超过速度标准(F1-08)	
PGO	PG断线(PGO)	PG断线(PGO)	检查PG连线 检查电动机轴心是否堵住
DEV	速度偏差过大(DEV)	速度指令与速度回馈之值相差超过速度偏差(F1-10)	检查是否过载
EF	运转指令不良	正向运转及反向运转指令同时存在0.5s以上	控制时序检查,正反转指令不能同时存在
EF3-EF8	端子3~8输入信号异常	端子3~8外部信号输入异常	由U1-10确认异常信号输入端子 依端子设定的异常情况进行检修
OPE01	变频器容量设置异常	变频器容量参数(02-04)设定不良	调整设定值
OPE02	参数设置不当	参数设定有超出限定值	调整设定值
OPE03	多功能输入设定不当	H1-(01-06)的设定值未依由小到大顺序设定或重复设定相同值	调整设定值

续表

异常表示	故障内容	说明	处理对策
OPE10	U/f 参数设置不当	E1-(04-10)必须符合下列条件：F_{max} 大于等于(E1-04)，F_A 大于(E1-06)　F_B 大于等于(E1-07)，F_{min} 大于等于(E1-09)	调整设定值
OPE11	参数设定不当	C6-01 大于 5kHz，C6-02 小等于 5kHz　C6-03 大于 6，但 C6-02 小等于 C6-01	调整设定值
ERR	EEPROM 输入不良	参数初始化时正确信息无法写入 EEPROM	控制板更换
CALL	SI-B 传输错误	电源投入时控制信号不正常	传输机器控制信号从新检查
ED	传输故障	控制信号送出后 2s 内未收到正常响应信号	传输机器控制信号从新检查
CPF00	控制回路传输异常 1	电源投入后，5s 内操作器与控制板连接异常发生	从新安装数字操作器检查控制回路的配线
CPF01	控制回路传输异常 2	MPU 周边零件故障	更换控制板
CPF02	基极阻断 (BB) 回路不良		
CPF03	EEPROM 输入不良		
CPF04	CPU 内部 A/D 转换器不良	变频器控制板故障	更换控制板
GPF05	CPU 内部 A/D 转换器不良		
CPF06	周边界面卡连接不良	周边界面卡安装不正确	周边界面卡从新更换
CPF20	模块指令卡的 A/D 转换器不良	AI-14B 卡的 A/D 变换器动作不良	更换 AI-14B 卡

（4）日立变频器故障报警信息及处理方法

日立变频器故障报警信息及处理方法见表 5-8。

表 5-8　日立变频器故障报警信息及处理方法

故障信息	说明	原因	措施	备注
E01	恒速运转过流	负荷突然变小、输出短路、L-PCB 与 IPM-PCB 连接缆线出错、接地故障	增加变频器容量、使用矢量控制方式	CT 检测

故障信息	说明	原因	措施	备注
E02	减速运转过流	速度突然变化、输出短路、接地故障、减速时间太短、负载惯量过大、制动方法不合适	检查输出各项、延长减速时间、使用模糊逻辑加减速、检查制动方式	CT 检测
E03	加速运转过流	负荷突然变化、输出短路、接地故障、启动频率调整太高、转矩提升太高、电动机被卡住、加速时间过短、变频器与电动机之间连接电缆过长	使用矢量控制 A0 选 4、转矩提升、延长加速时间、增大变频器的容量、使用模糊逻辑加减速控制功能、缩短变频器与电动机之间距离	CT 检测
E04	停止时过流	CT 损坏、功率模块损坏		CT 检测
E05	过载	负荷太重、电子热继电器门限设置过小	减轻负荷、增大变频器的容量、增大电子热继电器门限值	
E06	制动电阻过载保护	再生制动时间过长、L-PCB 与 IPM-PCB 连接缆线出错	减速时间延长、增大变频器的容量、A38 设定为 00、提高制动使用率	
E07	过压	速度突然减小、负荷突然脱落、接地故障、减速时间太短、负荷惯性过大、制动方法有问题	延长减速时间、增大变频器的容量、外加制动单元	
E08	EEPROM 故障	周围噪声过大、机体周围环境温度过高、L-PCB 损坏、L-PCB 与 IPM－PCB 连接线松动或损坏、变频器制冷风扇损坏	移去噪声源、机体周围应便于散热、空气、流动良好、更换制冷风扇、更换相应元器件、重新设定一遍参数	
E09	欠压	电源电压过低、接触器或空开触点不良、10min 内瞬间掉电次数过多、启动频率调整太高、F11 选择过高、电源主线端子松动、同一电源系统有大的负载启动、电源变压器容量不够	改变供电电源质量、更换接触器或空开、将 F11 设为 380V、将主线各节点接牢、增加变压器容量	
E10	CT 出错	CT 损坏、CT 与 IPM－PCB 上 J51 连线松了、逻辑控制板上 OP1 损坏	大部分问题是 OP1 损坏	

续表

故障信息	说明	原因	措施	备注
E11	CPU 出错	周围噪声过大、误操作、CPU 损坏	重新设置参数、移去噪声源、更换 CPU	
E12	外部跳闸	外部控制线路有故障	检测外部控制线路	
E13	USP 出错	当选择此功能时,一旦 INV 处于运行状态时,突然来电会发生此故障信息	变频器停止运行操作时应该将运行开关关闭后再拉掉电源、不能直接拉电源	
E14	INV 输出接地故障	周围环境过于潮湿,电缆绝缘性下降或电动机绝缘性下降、变频器输出接地不好、电动机接地不好、加、减速时间过短、CT 故障、L-PCB 故障、IPM 损坏、L-PCB 与 IPM－PCB 连接线松动、或损坏、如果使用电控柜,可能输出输入电缆磨损与电控柜连接一体带电、变频器输出电缆断线、输出端子松动、电动机线圈断线、电动机功率太小、由于噪声引起的误动作	断开 INV 的输出端子,用兆欧表检查电动机的绝缘性、换线缆,或烘干电动机、更换其他零部件,有时 IPM-PCB 是好的,但 DM 损坏	
E15	电源电压过高	电源电压过高、F11 设置过低、AVR 功能没有起作用	能否降低电源电压、根据实际情况选择 F11 值、输入侧安装 AC 电抗器	
E16	瞬间电源故障	电源电压过低、接触器或空开触点不良		
E17～E20	选件板故障			
E21	变频器内部温度过高	制冷风扇不转 / 变频器内部温度过高、散热片堵塞		SJ300 SJ200
E23	CPU 与驱动电路连接故障	复杂		SJ300
E24	缺相保护	三相电源缺相、接触器或空开触点不良、L-PCB 与 IPM-PCB 连线不良、IPM 与 DM 连线不良（仅限 30kW 以上）	检查供电电源、更换接触器或空开 换一块 L-PCB 仍旧不好、再换连线仍旧不好,则 IPM-PCB 损坏	
E30	IGBT 故障	暂态过流	（SJ300 无 E31、E32、E33 等）	

故障信息	说明	原因	措施	备注
E31	恒速过流	负荷突然改变、变频机体温升过高、周围环境过于潮湿，电缆绝缘性下降或电动机绝缘性下降、变频器输出接地不好、电动机接地不好、IPM 损坏	E31、E32、E33、E34 主要是输出侧的原因，解决办法使用模糊控制，即 A59:2	
E32	减速过流	减速时间设置不当、速度突然变化、输出短路、接地故障、IPM 损坏		
E33	加速过流	速度突然增加、负荷突然变化、输出短路、接地故障、启动频率调整太高、转矩提升太高、电动机被卡住、IPM 损坏、载波频率过高IPM-PCB 损坏、PM 与底座的散热硅胶涂抹不均匀	（仅限 J300-750HFE4 以上型号）	
E34	停止时过流	变频器振动过大、IPM 损坏、变频器没有垂直安装、环境温度过高、内部电源损坏、制冷风扇不转		
E35	电动机过热	热敏电阻与变频器智能端子连接后、如果电动机温度过高,变频器跳闸		
E60 ----	通信故障;上面四横杠	通信网络看门狗超时、复位信号被保持、面板和变频器之间出现错误	按下 1 键或 2 键即能恢复再一次接通电源	
----	中间四横杠	关断电源时显示		
＿U		输入电压不足时		
----	下面四横杠	无任何跳闸历史时显示		
——	闪烁	逻辑控制板损坏、开关电源损坏		

注：发生故障保护后，应该详细检测变频器的各个部位及使用情况，如无意外，请按复位键"STOP"，然后继续运行。

(5) EDS2000/EDS2800 变频器故障报警信息及处理方法

EDS2000/EDS2800 变频器故障报警信息及处理方法见表 5-9。

表 5-9　EDS2000/EDS2800 变频器故障报警信息及处理方法

故障代码	故障类型	故障原因	故障对策
E001	变频器加速运行过电流	加速时间太短	延长加速时间
		U/f 曲线不合适	调整 U/f 曲线设置,调整手动转矩提升量或者改为自动转矩提升
		对旋转中电动机进行再启动	设置为检速再启动功能
		电网电压偏低	检测输入电源
		变频器功率太小	选用功率等级大的变频器
E002	变频器减速运行过电流	减速时间太短	延长减速时间
		有势能负载或大惯性负载	增加外接能耗制动组件的制动功率
		变频器功率偏小	选用功率等级大的变频器
E003	变频器恒速运行过电流	负载发生突变或异常	检查负载或减小负的突变
		加减速时间设置太短	适当延长加减速时间
		电网电压偏低	检查输入电源
		变频器功率偏小	选用功率等级大的变频器
E004	变频器加速运行过电压	输入电压异常	检查输入电源
		加速时间设置太短	适当延长加速时间
		对旋转中电动机进行再启动	设置为检速再启动功能
E005	变频器减速运行过电压	减速时间太短	延长减速时间
		有势能负载或大惯性负载	增加外接能耗制动组件的制动功率
E006	变频器恒速运行过电压	输入电压异常	检查输入电源
		加减速时间设置太短	适当延长加减速时间
		输入电压异常变动	安装输入电抗器
		负载惯性较大	使用能耗制动组件
E007	变频器控制电源过电压	输入电压异常	检查输入电源或寻求服务
E008	变频器过载	加速时间太短	延长加速时间
		直流制动量过大	减小直流制动电流,延长制动时间
		U/f 曲线不合适	调整 U/f 曲线和转矩提升量
		对旋转中的电动机进行再启动	设置为检速再启动功能

故障代码	故障类型	故障原因	故障对策
E008	变频器过载	电网电压过低	检查电网电压
		负载过大	选择功率更大的变频器
E009	电动机过载	U/f 曲线不合适	调整 U/f 曲线和转矩提升量
		电网电压过低	检查电网电压
		通用电动机长期低速大负载运行	长期低速运行,需选择变频电动机
		电动机过载保护系数设置不正确	正确设置电动机过载保护系数
		电动机堵转或负载突变过大	检查负载
E010	变频器过热	风道阻塞	清理风道或改善通风条件
		环境温度过高	改善通风条件,降低载波频率
		风扇损坏	更换风扇
E011	保留	保留	保留
E012	保留	保留	保留
E013	逆变模块保护	变频器瞬间过流	参见过电流对策
		输出三相有相间短路或接地短路	重新配线
		风道堵塞或风扇损坏	清理风道或更换风扇
		环境温度过高	降低环境温度
		控制板连线或插件松动	检查并重新连线
		输出缺相等原因造成电流波形异常	检查配线
		辅助电源损坏,驱动电压欠压	寻求厂家或代理商服务
		控制板异常	寻求厂家或代理商服务
E014	外部设备故障	非操作键盘运行方式下,使用急停 SHIFT 键	查操作方式
		失速情况下使用急停 SHIFT 键	正确设置运行参数
		外部故障急停端子闭合	处理外部故障后断开外部故障端子

故障代码	故障类型	故障原因	故障对策
E015	电流检测电路故障	控制板连线或插件松动	检查并重新连线
		辅助电源损坏	寻求厂家或代理商服务
		霍尔器件损坏	寻求厂家或代理商服务
		放大电路异常	寻求厂家或代理商服务
E016	RS-232/485 通信故障	波特率设置不当	适当设置波特率
		串行口通信错误	按 STOP/RESET 键复位,寻求服务
		故障告警参数设置不当	修改 F2.19、F2.20 及 F9.12 的设置
		上位机没有工作	检查上位机工作与否、接线是否正确
E017	保留	保留	保留
E018	保留	保留	保留
E019	保留	保留	保留
E020	系统干扰	干扰严重	按 STOP/RESET 键复位或在电源输入侧外加电源滤波器
		主控板 DSP 读写错误	按键复位,寻求服务
E021	保留	保留	保留
E022	保留	保留	保留
E023	E^2PROM 读写错误	控制参数的读写发生错误	按 STOP/RESET 键复位寻求厂家或代理商服务

(6) SINE003 系列变频器故障报警信息及处理方法

SINE003 系列变频器故障报警信息及处理方法见表 5-10。

表 5-10　SINE003 系列变频器故障报警信息及处理方法

故障代码	故障类型	故障原因	故障对策
SC	短路故障	变频器三相输出相间或接地短路。功率模块同桥臂直通。模块损坏	调查原因,实施相应对策后复位
OH	过热	周围环境温度过高。变频器通风不良。冷却风扇故障	变频器运行环境应符合规格要求。改善通风环境。更换冷却风扇
LP	缺相	输入 R、S、T 缺相	检查输入电源

故障代码	故障类型	故障原因	故障对策
EC	存储器错误	干扰使存储器读写错误。存储器损坏	按 STOP/RESET 键复位,重试
HOU	瞬时过压	减速时间太短,电动机再生能量太大。电网电压太高	延长减速时间。将电压降到规格范围内
SOU	稳态过压	电网电压太高	将电压降到规格范围内
HLU	瞬时欠压	输入电源缺相。瞬时停电。输入电源接线端子松动。输入电源变化太大	检查输入电源。旋紧输入接线端子螺钉
SLU	稳态欠压	输入电源缺相。输入电源接线端子松动。输入电源变化太大	检查输入电源。旋紧输入接线端子螺钉
HOC	瞬时过流	变频器输出侧短路。负载太重,加速时间太短转矩提升设定值太大	调查原因,实施相应对策后复位。延长加速时间。减小转矩提升设定值
SOC	稳态过流	变频器输出侧短路。负载太重,加速时间太短。转矩提升设定值太大	调查原因,实施相应对策后复位。延长加速时间。减小转矩提升设定值
OL	过载	加减速时间太短。转矩提升太大。负载转矩太重	延长加减速时间。减小转矩提升设定值。更换与负载匹配的变频器
STP	自测试取消	自测试过程中按下键盘 STOP/RESET 键	按 STOP/RESET 键复位
SEE	自测试自由停车	自测试过程中外部端子 FRS = ON	按 STOP/RESET 键复位
SRE	定子电阻异常	电动机与变频器的 U、V、W 三相输出未连接。电动机未脱开负载。电动机故障	检查变频器与电动机之间的连线。电动机脱开负载。检查电动机
SCE	空载电流异常	电动机与变频器的 U、V、W 三相输出未连接。电动机未脱开负载。电动机故障	检查变频器与电动机之间的连线。电动机脱开负载。检查电动机

（7）神源变频器故障报警信息及处理方法

神源变频器故障报警信息及处理方法见表 5-11。

表 5-11　神源变频器故障报警信息及处理方法

故障码	功能	名称	原因	处理方法
过电流保护(o.C)	当输出电流超过变频器额定电流的200%以上时,切断变频器的输出并停止运行。过流限制(电流失速),一旦过载,变频将自动调整输出频率使输出电流下降在电流失速电平(参数E-039)设定的过流限制值以下。(过载能力为150%额定电流,1min)	运行中过流	输出短路或负载突变	查明原因,采取相应对策后进行复位。若仍无法解决,请寻求技术支持
		加速中过流	加速时间设定值过小;转矩补偿电压值设定有误	增大加速时间值;增大或减小转矩补偿电压值
		减速中过流	减速时间设定值过小;输出短路或负载突变	增大减速时间值;消除短路或负载突变
过电压保护(o.E)	电动机减速时的再生能量使主回路直流电压上升到大约400V(单相220V系列)或800V(三相380V系列)时,切断输出并停机。过压限制(电压失速),若输出频率急剧下降,来自电动机的再生能量将使主回路的直流母线电压上升,此时为使该直流电压不超过设定值而自动调整输出频率	运行中过压	电源电压过高;负载转速有波动	使电源电压在规定范围内;减小负载转速的波动
		加速中过压	负载惯量(GD^2)过大	改变减速时间使其适合于负载惯量外接制动单元
		减速中过压		
智能功率模块保护(F.Lt)	当智能功率模块发生故障时,切断输出并停止运行	智能功率模块保护	智能功率模块上下桥臂发生短路故障 其他原因引起的瞬时电流过大	查明原因,采取相应对策后进行复位。若仍无法解决,寻求技术支持
欠电压保护(P.oFF)	在运转中,如果由于停电或电压下降使变频器的供电电源电压低于大约170V(单相220V系列)或300V(三相380V系列)时,切断输出并停机	瞬时停电或欠压故障	在运行过程中出现了电源电压下降或瞬时电源故障	检查电源状态和输入侧的接线
过热保护(o.T)	检测散热器的温度,大约在85℃时切断输出并停机	变频器过热	冷却风扇有异常 周围温度过高 通风口堵塞	检查风扇的运转 使变频器运行环境符合要求 消除通风口等处的灰尘和脏物
过载保护(o.L)	启用电子(参数b-024设为1)功能,当负载超过设定的输出特性(参数b-025)时切断输出并停机(出厂值为150%额定电流,1min)	过载	电动机过载 U/f特性或转矩的补偿量不确定	减轻负载或换上更大容量的变频器 增大或减小转矩补偿电压

故障码	功能	名称	原因	处理方法
自诊断 (-. Err)	检测内部的 CPU、外围电路以及数据存储是否异常	写数据错误	E^2PROM 在存入数据时出现错误	用 SET 键重新存储该参数，或者用参数 E-057 初始化，然后切断电源再重新上电
EMS		紧急停止	端子输入 EMS 动作	确认信号的连接线

神源变频器异常的原因和对策见表 5-12。

表 5-12 神源变频器异常的原因和对策

异常事项	原因	对策
电动机不转	输入、输出错误或发生了输出缺相 负载过重或电动机发生了堵转 紧急停车 EMS 端子有信号输入 设定频率为 0 变频器的输出端子无输出电压 由于故障停止	检查输入和输出的接线 减轻负载 检查是否有 EMS(紧急停车)信号输入 确认偏置(参数 E-029)和增溢(参数 E-030)的值是否有误 测量输出电压，确认三相输出是否平衡 若有故障发生，请排除故障后再运行
电动机逆运转	输出端子 U、V、W 的顺序接反	调整 U、V、W 的接线顺序
电动机虽然运转但速度不变	负载过重 上限频率(参数 b-010)过低 频率设定信号过低	减轻负载 确认上限频率值(参数 b-010) 确认信号值和回路连接
电动机不能平滑加减速	加、减速时间的设定值过短	增大加、减速时间的值
电动机运转速度发生变动	负载的波动大或负载过重 变频器和电动机的额定值与负载不符	降低负载波动或减轻负载 请选择与负载相符的变频器和电动机
电动机运转速度与设定值不符	电动机的极数或电压有误 最高频率(参数 b-009)或基底频率(参数 b-008)的设定值有误 电动机端子的电压偏低	确认电动机的规格 检查最高频率(参数 b-009)或基底频率(参数 b-008)的设定值 用粗线输出

(8) A737G 通用变频器故障报警信息及显示内容

A737G 通用变频器故障信息及显示内容见表 5-13。

表 5-13　A737G 通用变频器故障代码

故障信息代码	显示内容	实际内容
F0	F0	闪烁显示
F1		故障时的输出频率
F2	数据（同时提示单位）	故障时的设定频率
F3		故障时的输出电流
F4	FOR／E	运行方向：FOR,正向；E,反向
F5	ACC/DEC/CON	运行状态：ACC,加速；E,减速；CON,稳态
F6	CL／UL	失速保护：CL,电流限幅；UL,过电压失速
F7	F7	前第一次故障
F8	F8	前第二次故障
F9	F9	前第三次故障

（9）iF 系列变频器故障排除及维护

① 故障显示　当变频器故障出现时，变频器关断输出，同时在 LED 中显示故障状态。同时保存了故障发生时的运行状态。故障显示及描述见表 5-14。

表 5-14　故障显示及描述

显示	保护功能	描述
ocA	加速过电流保护	加速运行时,如果变频器的输出电流大于额定值200%,则关断输出
ocn	恒速过电流保护	恒速运行时,如果变频器的输出电流大于额定值200%,则关断输出
ocd	减速过电流保护	减速运行时,如果变频器的输出电流大于额定值200%,则关断输出
SC	IGBT 短路	如果 IGBT 短路或者输出短路时,变频器关断输出
ou	过压保护	主电路的直流电压高于额定值,变频器关断输出
Lu	欠压保护	当输入电压下降,直流电压低于可以检测到的等级时,关断输出
oH	散热片过热	测得散热片温度过热时,变频器关断输出
oL	过载保护	当输出电流达到额定值的 180% 并超过限制时间时,变频器关断输出
EF	外部故障	由外部设备输入了错误信号时
cpu	CPU 故障	CPU 有故障
Enxxx	参数错误	变频器相应 xxx 参数的错误设置
Euxxx	参数错误	参数拷贝单元相应 xxx 参数的错误设置

② 故障复位及排除　有 3 种方法复位变频器：用操作面板的复位（STOP）键复位；

短路变频器控制端子的 RST-CM；关掉变频器电源后，重新上电。iF 系列变频器故障排除见表 5-15 和表 5-16。

表 5-15　iF 系列变频器故障排除（一）

故障现象	原因	排除方法
IGBT 短路	在上部和下部 IGBT 出现了短路 在变频器的输出端出现短路 与负载的 GD^2 相比, 加速/减速时间太短	检查 IGBT 检查变频器的输出配线 增加加速/减速时间
过电压保护	与负载的 GD^2 相比, 加速/减速时间太短 在输出有再生负载 线电压太高	增加加速时间 使用再生电阻选项 检查线电压
过流保护 (过载保护)	负载比变频器额定的大 选择了不正确的变频器容量	增加电动机和变频器的容量 选择正确的变频器容量
散热片过热	冷却扇损坏或者外物进入 冷却系统故障 周围环境温度过高	更换冷却扇或者消除异物 检查散热片中的其他异物 保持环境温度在 40℃ 以下
欠压保护	线电压过低 连接至线的负载超过了线容量 变频器的输入端磁性开关损坏	检查线电压 增加线容量 更换磁性开关
外部故障	出现外部故障	在连接至外部故障端子的电路处消除故障或消除外部故障输入的原因
参数错误	设置了不适宜的参数	重新设置适宜的参数

表 5-16　iF 系列变频器故障排除（二）

条件	检查点
电动机不转	主电路检查:输入(线)电压正常否？ 变频器的 LED 是否亮？ 电极连接是否正确 输入信号检查:有无运行信号输入至变频器？ 是否正转和反转信号输入同时进入变频器？ 指令频率信号输入是否进入了变频器 参数设定检查:反向禁止功能是否设定？ 运行方式设定是否正确？ 指令频率是否设定成 0 负载检查:负载是否过大或者电动机容量有限(机械制动) 报警是否显示在操作面板上或者报警 LED(STOP　LED 闪烁)是否亮 是否处于停止锁闭状态。例如 n_002＝2～3 时,停止后不能立刻启动
电动机向指定的反方向旋转	输出端子的 U、V、W 的相序是否正确 开始信号(正转/反转)连接是否正确

条件	检查点
转速与给定偏差太大	频率给定信号正确与否(检查输入信号等级) 上限频率,下限频率,模拟频率增益参数设定是否正确 输入信号线是否受外部噪声的干扰(使用屏蔽电缆) 是否选择了图形运行或 PID 运行方式
变频器加速/减速不平滑	减速/加速时间是否设定太短 负载是否过大 是否转矩补偿值过高导致电流限制功能堵转保护功能不工作
电动机电流过高	负载是否过大 U/f 图形设定是否正确(将导致电动机电压过高或过低) 是否转矩补偿值过高(将导致低速时电动机电压过高)
转速不增加	上限限制频率值正确与否 设定是否在避振区(频率跳跃区间) 负载是否过大 是否转矩补偿值过高导致电流限制功能堵转保护功能不工作
当变频器运行时转速不稳定	负载检查:负载不稳定 输入信号检查:是否频率给定信号不稳定 当变频器使用 U/f 控制时是否配线过长(大于 500mm)

③ iF 系列变频器维护　iF 系列变频器是带有高级半导体元件的工业电子产品,可是它依然受到温度、湿度、振动和部件老化的影响。为了避免这些发生,建议进行常规检查。

在进行维护时,一定要断开驱动电源的输入。一定要在检查了总线放电后才能进行常规检查。在电路中的总线电容器在电源断开后依然可以放电。正确的输出电压仅能由校正过的电压计来测量。其他电压计诸如数字电压计由于输出的高压 PWM 波的影响,可能显示不正确的值。日常和定期检查项目见表 5-17。

表 5-17　日常和定期检查项目

检查地点	检查项目	检察内容	周期			检察方法	标准	测量仪表
			每天	一年	二年			
全部	周围环境	有无灰尘环境温度和湿度是否正常	√			参考注意事项	温度:－10～＋40℃;湿度:50% 以下没有露珠	温度计湿度计记录仪
	设备	有无异常振动和噪声	√			看,听	无异常	

检查地点	检查项目	检察内容	周期			检察方法	标准	测量仪表
			每天	一年	二年			
全部	输入电压	主电路输入电压是否正常	✓			测量端子(单相 L、N；三相 R、S、T)之间的电压		数字万用表/测试仪
主电路	全部	高阻表检查(主电路和地之间)有无固定部件活动		✓		松开变频器，将端子短路，在端子和地之间测量	超过 5MΩ 没有故障	DC500 类型高阻表
		每个部件是否有过热的迹象		✓		紧固螺钉肉眼检查		
		清洁		✓				
	导体配线	导体生锈配线外皮损坏		✓		肉眼检查	没有故障	
	端子	有损坏		✓		肉眼检查	没有故障	
	滑动电阻器	是否有液体渗出？安全针是否突出？有没有测量电容的膨胀	✓	✓		肉眼检查,用电容测量设备测量	没有故障,超过额定容量的 85%	电容测量设备
			✓					
	继电器	在运行时有没有抖动噪声？触点有无损坏		✓		听检查肉眼检查	没有故障	
				✓				
	电阻	电阻的绝缘有无损坏？在电阻器中的配线有无损坏		✓		肉眼检查断开连接中的一个,用测试仪测量	没有故障,误差必须在显示电阻值的 ±10% 以内	数字万用表/模拟测试仪
				✓				
控制电路	运行检查	在输出电压的每相是否不平衡？		✓		测量输出端子 U、V、W 之间的电压	每相电压差不能超过 4V	数字万用表/校正伏特计
		在执行了顺序保护运行后,在显示电路不能有错误		✓		短路和打开变频器保护电路输出	根据次序故障点起作用	
冷却系统	冷却扇	是否有异常振动或噪声	✓			关断电源后,用手旋转风扇紧固连接	必须平滑旋转没有故障	
		是否连接区域松动		✓				

续表

检查地点	检查项目	检察内容	周期			检察方法	标准	测量仪表
			每天	一年	二年			
显示	表	显示的值是否正确	√			检查在面板外部的测量仪的读数	检查指定和管理值	伏特计/电表等
电动机	全部	是否有异常振动或噪声 是否有异常气味	√ √			听,感官,肉眼检查,检查过热或者损坏	没有故障	
	绝缘电阻	高阻表检查(在输出端子和接地端子之间)			√	松开 U、V、W连接和紧固电动机配线	超过 5MΩ	500V 类型高阻表

参 考 文 献

［1］ 周志敏，周纪海等．变频器——工程应用电路．电磁兼容．故障诊断．北京：电子工业出版社，2005.

［2］ 周志敏，周纪海．变频电源实用技术——设计与应用．北京：中国电力出版社，2005.

［3］ 周志敏，周纪海．变频调速系统设计与维护技术．北京：中国电力出版社，2007.

［4］ 周志敏，周纪海．变频器使用与维修技术问答．北京：中国电力出版社，2008.

［5］ 周志敏，周纪海等．变频调速系统工程设计与调试．北京：人民邮电出版社，2009.

［6］ 周志敏，周纪海等．变频调速系统——工程设计、参数设置、调试维护．北京：电子工业出版社，2008.

欢迎订阅自控类图书

书　　名	定价/元	书号
自控软件		
MATLAB 实用教程——控制系统仿真与应用	48	9787122049889
MATLAB 语言与控制系统仿真实训教程(附光盘)	38	9787122060617
LabVIEW 虚拟仪器程序设计与应用	48	9787122103321
组态软件应用指南——组态王 Kingview 和西门子 WinCC	68	9787122104748
仪器仪表		
自动抄表系统原理与应用	29	978712212683
LabWindows/CVI 虚拟仪器测试技术及工程应用(附光盘)	85	9787122113702
热工仪表与自动控制技术问答	35	9787122052735
有毒有害气体检测仪器原理和应用	20	9787122038463
污水处理在线监测仪器原理与应用	28	9787122029218
仪表工程施工手册	98	9787502567415
传感器手册	75	9787122014702
在线分析仪表维修工必读	55	9787122009319
在线分析仪器手册	148	9787122024398
过程控制技术及施工		
从新手到高手——过程控制系统基础与实践	48	9787122117342
从新手到高手——自动调节系统解析与 PID 整定	48	9787122138200
集散控制系统应用技术	48	9787122110343
现场总线系统监控与组态软件	28	9787122030030
油库电气控制技术读本	28	9787122027122
过程控制系统及工程(二版)	30	9787502538514
过程自动检测与控制技术	20	9787502593322
工业过程控制技术——应用篇	65	7502577955
石油化工自动控制设计手册(三版)	138	9787502526962
自动化及仪表技术基础	28	9787122026316
电视监控系统及其应用	36	9787122012579
人机界面设计与应用	36	9787122014016
PLC 技术		
PLC 现场工程师工作指南	59	9787122121868
西门子 S7-300/400PLC 快速入门手册	58	9787122138545
PLC 编程和故障排除	30	9787122037947
西门子 S7 系列 PLC 电气控制精解	46	9787122083708
西门子 S7-200 系列 PLC 应用实例详解	36	9787122072313
可编程控制器使用指南	38	9787122036407

书名	定价/元	书号
可编程序控制器原理及应用技巧(二版)	30	7502544062
PLC 技术及应用	18	9787122012203
西门子 PLC 工业通信网络应用案例精讲(附光盘)	48	9787122099655
变频器技术丛书		
变频器实用手册	68	9787122103338
变频器故障排除 DIY	38	9787122032973
变频器使用指南	40	9787122036520
变频器应用问答	22	9787122038890
变频器应用技术丛书——变频器的使用与维护	29	9787122047649
变频器应用技术丛书——变频器应用实践	29	9787122047625
变频器应用技术丛书——电气传动与变频技术	30	9787122093271
变频器的使用与节能改造	28	9787122102515
变频器应用技术及实例解析	23	9787122023469
单片机系列		
单片机应用入门——AT89S51 和 AVR	33	9787122029515
单片机系统设计与调试(吉红)	29	9787122087010
单片机 C51 完全学习手册(附光盘)	68	9787122035820

以上图书由化学工业出版社电气分社出版。如需以上图书的内容简介、详细目录以及更多的科技图书信息,请登录 www.cip.com.cn。

邮购地址:(100011)北京市东城区青年湖南街 13 号 化学工业出版社

服务电话:010-64519685,64519683(销售中心)

如要出版新著,请与编辑联系。联系方法:010-64519262,sh_cip_2004@163.com